건축 [실패] 사례

신뢰받는 설비공사의 현장관리

(사)한국건축시공학회 감수
임남기 정순성 역
나카자와 마사이치 저

기문당

머 리 말

설비공사는 설계단계부터 건축공사와 분리되어 진행되기 때문에 건축과 설비와의 연계성이 지켜지지 않고 설계도가 발행되는 경우가 많다. 실제로 건축현장에 있어서도 마찬가지로 건축과 설비 상호간에 공사관리가 분담되어 담당자에게 맡겨지는 상태이다. 이렇게 건축과 설비의 종합적인 조정이 부족한 상태에서 현장의 일이 진행된다면 당연히 발주자가 요구하는 성능의 건물을 만드는 것은 불가능하다.

또한, 공정계획의 불충분으로 전기공사와 공조공사 혹은 건축공사와의 전후관계 및 연결이 명확하지 않은 상태에서 시공되는 경우도 많이 발생한다. 대규모 공정계획을 필요로 하는 경우, 작업원과 중기의 수배는 수개월 전부터 실시할 필요가 있음에도 불구하고 그것을 이해하지 못하고 그때그때 넘기기 식의 공정관리를 해서는 절대로 만족할 만한 작업을 할 수 없다.

이러한 문제를 해결하기 위해서는 관계자를 모아 사전에 실시하는 kick off meeting 등의 회의가 많은 의미를 갖는다. 이 미팅에서는 큰 범위의 개념만 이야기하는 것에 그치지 않고 관계업종과의 관계 속에서 발생 가능한 상황을 상정하면서 심도있게 검토할 필요가 있다. 장래 발생할 수 있는 문제에 관해서는 현장관리자와 작업을 실시하는 사람이 공사초기단계에 구체적인 대안에 관해 공통인식이 가능한 환경을 만드는 것이 필요하다.

이 책에서는 과거에 발생한 여러 가지 실패 사례의 현상이나 원인, 대책에 대해서 사진과 그림을 중심으로 해설한 것이다. 따라서 본 서는 현장관리자가 시공에 접하여 의문을 느꼈을 때나 관계자와의 회의에서 참고서로 활용되어 안전하고 신뢰받는 현장관리실현에 도움이 되었으면 한다.

마지막으로 이 책을 정리하는 데 도움을 준 많은 분들께 마음으로부터 감사의 인사를 드린다.

나카자와 마사이치

감수의 글

1990년대 초반에 5개 신도시 공동 건축물에 있어서 콘크리트의 강도 부족과 염화물 사용에 따른 재료의 품질 미확보로 인한 시공부실로 균열증가 등의 결함 발생, 삼풍백화점 및 성수대교의 시공부실에 의한 붕괴사고 이후에 건축물의 품질에 대한 국민적 관심이 높아지는 계기가 되었다. 이와 같은 시공부실은 건설사의 경우 민원 발생에 의한 이미지 실추가 될 수 있고, 국가적으로는 건축물의 시공에서 철거로 이어지는 내구년한의 단축에 따른 경제적 손실이 매우 크다고 할 수 있다.

건축물이 소요성능을 유지하기 위해서는 건축물을 설계할 때부터 시공 품질을 확보하고, 시공 시에는 공기단축 등에 의한 품질 미비나 예산부족에 기인한 자재의 품질 미확보가 되지 않도록 하여야 하며, 하자없는 완벽한 건축물을 완성할 수 있도록 다각적인 계획을 수립하여야 한다. 이러한 실정을 감안하여 시공 실패 사례를 다방면에서 검토하고 시공부실 방지 방안을 제시한 정보가 있을 경우, 건축물 설계단계에서부터 실시공단계에 이르기까지 품질을 확보하는데 있어 유용할 것이다. 그러나 기존의 실패 사례에 대하여는 시공시의 품질 미확보에 기인한 실패 사례를 수록한 정보집이 많지 않고, 건축물의 유형이나 부위에 따른 시공 실패 사례가 다양하지 못한 점이 아쉬운 실정이다.

본 서는 건축 실패 사례에 대한 구조체공사 편, 마감공사 편, 설비공사 편으로 구분하여 기술하였다. 다양한 실패 사례를 구체적인 데이터와 사진으로 정리하여 현장기술자 및 건축을 공부하는 학생들에게, 경험해보지 못한 실패 내용을 본 서를 통해서 간접경험으로 문제의식을 강화하고 그냥 지나칠 수 있는 공종별 item을 부위별로 다시 한 번 상기시켜서 실패를 최소화할 수 있도록 하는데 그 목적이 있으며, 실무에서도 매우 효과가 있을 것으로 기대된다.

본 서를 통하여 건축시공 과정에서 발생되는 문제를 사전에 Check하여 업무의 효율성과 생산성을 높일 수 있을 것으로 판단되며 동시에 품질관리 및 원가관리에도 기여할 수 있을 것으로 생각된다.

아무쪼록 본 서가 시공현장을 이해하고 적응하는데 커다란 보탬이 되었으면 한다.

2010. 1

한국건축시공학회장 정 상 진

역자서문

건축의 3대 요소는 구조 · 기능 · 미라고 건축의 고전인 비트루비우스의 「건축 10서」에 명시되어 있다. 그래서 전세계의 40대 이상 건축가의 대부분은 아직도 이 정의를 맹신하고 있다. 그러나 세상이 급변하면서 초고층과 초대규모 건설공사가 시도되고 일반화되면서 그동안 건축의 3요소 중 상당히 소외되어 기능의 일부에 지나지 않던 건축설비 분야의 중요도가 급상승하면서 설비, 미, 기능, 구조의 순서로 중요도가 역전되는 경우까지 발생하고 있다.

현장의 이러한 변화에도 불구하고 건설제도 및 시스템은 구시대를 답습하면서 건축설계자가 기본설계를 완료하는 시점에 설비엔지니어링 업무를 하도급주어 설계를 하고 있으며, 납품 직전에 설계의도상 변경된 부분에 대한 정보를 접하고 두, 세 차례 정도의 변경을 거쳐 실시도면이 작성된다. 또 현장에서는 비용절감을 이유로 건축토목기사만으로 초기공사를 진행하다가 설비공사 시점부터 엔지니어를 투입함으로써 사전협의 부족으로 많은 문제점을 야기하고 있다. 구조체는 100년 이상을 보증하지만 내외장재는 5~10년, 설비기구는 10~30년마다 교체가 필요하므로 이제는 유지보수의 중요성도 높아지고 있는 바, 인체의 혈관 · 신경계에 해당하는 설비시스템에 대한 신뢰 확보는 건설공사 전반에 막대한 영향을 끼칠 수 있음을 본 서를 번역하는 과정에서 더욱 실감할 수 있었다.

본 서는 전기 · 공조 · 위생 · 방재 및 방범, 승강기 설비 등 5개 장으로 구성하였으며, 현장에서 건축공사 담당자와의 사전협의가 필요한 다양한 사례를 제공함으로써 간접경험을 통한 정확한 공사를 통하여 건축주나 사용자의 신뢰도 확보는 물론 국가적인 인적 · 물적 자원 낭비를 방지할 수 있을 것으로 확신하면서 본 서를 발간하는데 협조를 아끼지 않은 기문당의 강해작 사장님과 원저자인 나카자와 마사이치 님께 깊은 감사를 드린다.

역 자

Content

[5] 승강기설비 149

이 책의 구성과 이용법

이 책은 전기설비, 공조설비, 위생설비, 방재 · 방법설비, 승강기설비등 5개 분야로 구성되어 있다.

① 수록 실패 사례

159 사례 모두가 1개 페이지씩 완결

② 실패사례해설

설비공사는 건축마감 후에 많은 부분이 가려져 있기 때문에 시공전 · 시공중의 품질관리가 매우 중요하다. 이 책에서는 과거에 발생한 실패사례를 답습하여 같은 실패를 반복하지 않도록 실패에 이른 경위와 원인에 대해 알기 쉽게 해설하였다.

③ 실패 사례 사진 · 그림

실패 사례 및 바른 시공 예에 대해 사진과 그림으로 해설하는 것과 함께 좋은 사례 · 나쁜 사례가 한눈에 알 수 있도록 사진 · 그림번호를 색으로 나누어 표시하였다.

- **청** 실패 사례
- **적** 바른 시공 사례와 실패에 대한 개선책
- **흑** 현장관리자로서 알아두어야 할 기본사항

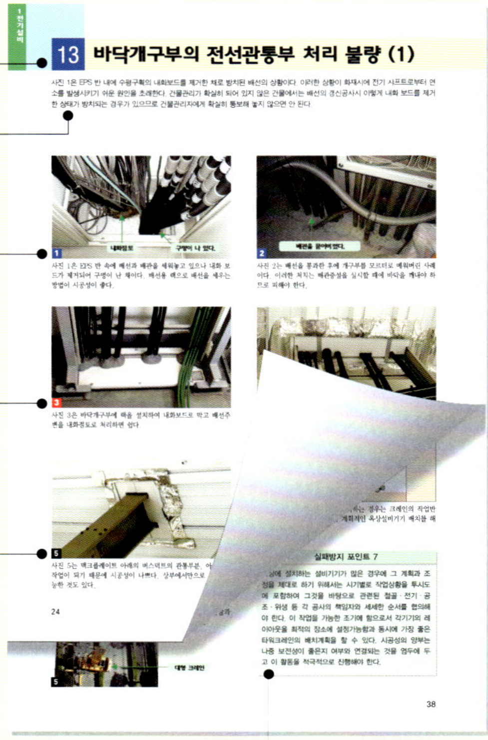

④ 실패 방지 포인트

치명적인 실패와 자주 발생하는 문제점에 대해 그 대체법과 수습법을 실패 방지 포인트로서 모두 25개 항목을 정리하였다.

[1] 전기설비

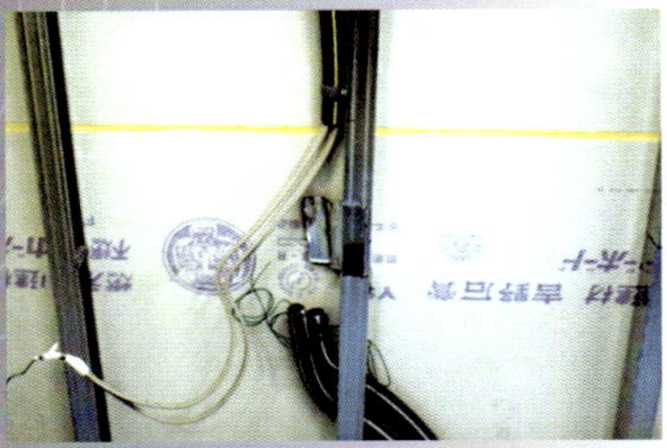

01 리브 천장에서의 기구설치 실패

사례 1은 건물의 대부분의 방에 리브천장을 붙이는 설계였다. 사진 1 · 2는 그 천장의 사진이다. 준공검사에서 리브천장의 방을 돌아본 후, 사진 3의 일반천장의 방에 왔을 때, 발주자로부터 [이곳의 천장은 깨끗해서 기분이 좋다]라는 말을 듣고 매우 큰 충격을 받았다. 좋은 것을 만들어도 그것이 마음에 들지 않는 경우가 있다. 사례 1의 경우, 설계도에 기입된 마감은 발주자가 바라는 것이 아니므로 설계자는 발주자에 대해 충분한 설명책임을 다하지 않은 것이 된다. 일반적인 것보다 비용이 더 드는 부위에 대해서는 그 목적과 효과를 설명하여 승인을 얻어 놓지 않으면 안 된다.

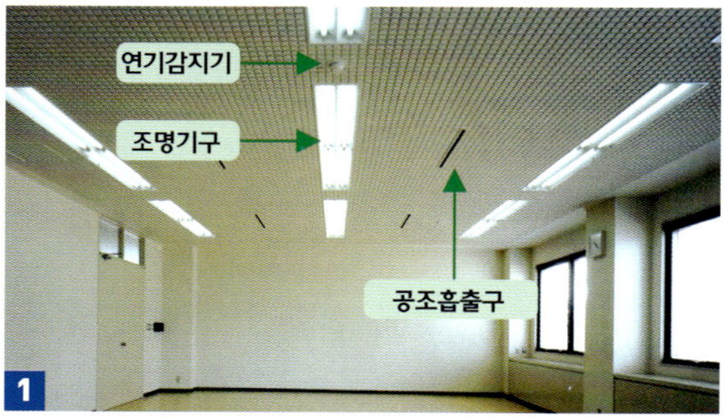

1

2

천장설치 기기류를 말끔히 정리하기 위해 천장도면을 몇장씩 작성해 간신히 승인을 받고 기구설치를 위해 리브를 설치하는 보수도장으로 매우 많은 노력이 소요되었다. 설계자는 자신이 구성도면을 그리지 않으므로 그런 노력을 아무렇지 않게 생각한다. 도면을 완전히 그리지 않은 설계도면은 공사 도중에 구두 지시변경이 많아 매우 많은 노력이 소요된다.

3

사진 3은 보통의 나누어 붙이기로 노력도 거의 들지 않는 일반 천장으로 역시 말끔해 보인다.

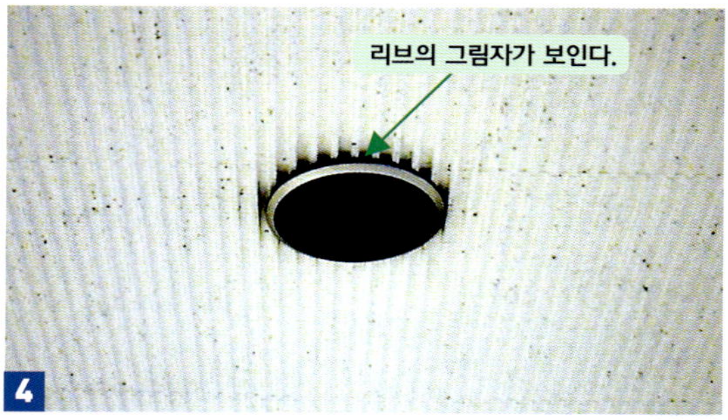

4

사진 4는 다른 건물이나 리브와 기구사이에 별도의 처리가 부족하여 설치하기 때문에 리브의 그림자가 보여 보기 흉하다. 이러한 경우, 기구주변의 리브를 잘라내어 도장을 실시한 후에 기구를 설치하지 않으면 안 된다.

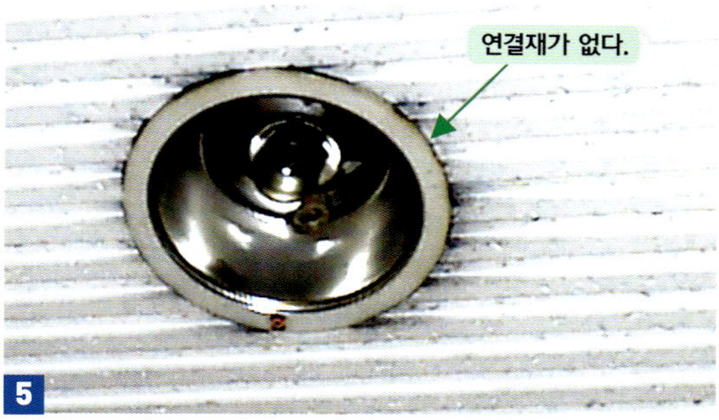

5

사진 5는 리브를 잘라 끼워 넣고 있으나 주변에 연결재가 없어 구멍이 뚫린 것처럼 보인다. 어설프게 사진 1 · 2와 같은 노력을 들이지 않는 것이 보통이다.

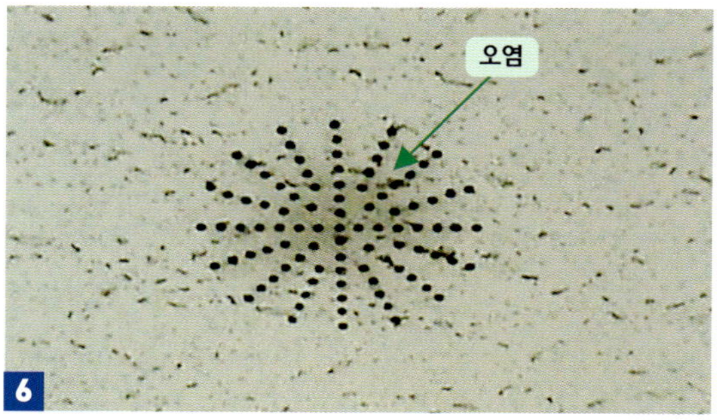

6

천장보드에 스피커용 구멍을 작게 만든 경우이나 멀리서 보면 곰팡이가 슬어 있는 것처럼 보이고 오염물이 부착되기도 쉽다. 또한 고장시에 점검도 불가능하다.

02 리브 천장에서의 기구설치 실패 대책

이 건물도 리브 천장 구성으로 되어 있기 때문에 사례 1처럼 리브천장을 시공한 사진을 설계자에게 보여주고 각각의 사진과 같은 투시도를 작성하여 승인을 얻은 후에 시공을 실시하였다. 물론 충분히 발주자에게도 설명을 하고 납득시켜 좋은 평가를 받을 수 있었다.

1

리브천장은 300×600㎜의 온장을 사용하였고, 리브 부분에는 일절 기구를 설치하지 않도록 계획하였기 때문에 시공성이 좋고 말끔하게 완성되었다.

2

사진 1과 같이 스트라이프 리브천장을 2장 씩 (600㎜폭) 라인형태로 붙인 것. 나중에 기구를 떼어 낼 때에 보드를 상처주어도 일반보드이기 때문에 교체가 용이하다. 처음 단계에서 확실히 계획을 하여 승인을 얻음으로서 시공성이 좋은 고품질의 품질을 제공할 수 있다는 것을 이해해야 한다.

03 전시용 그림에 사용되는 조명의 실패

전시용 그림을 밝히는 조명을 준비했지만 그림이 반입되어 걸린 후에 실패를 알아차리는 경우가 있다. 예를 들면 그림에 조명이 닿지 않고 액자 상부가 밝게 조명을 받는 경우이다. 또한, 조명의 설치에 있어서 그림 5와 같이 엘리베이터 내부의 문의 상부 안내판에 커다란 그늘을 만들어버리는 실패도 신경을 써야 한다.

1

사진 1은 월와셔(Wall Washer)를 천장에 달아 그림을 기울이려 하였으나 실패하고 있다. 커다란 명암(Contrast)을 설치하여 오히려 그림이 보이지 않게 되었다.

2

사진 2는 간접조명 벽면에 그림을 배치한 것이나 그림이 어두워 보기 어렵다.

3

그림을 걸어 두는 경우 간접조명은 없는 것이 좋다. 그림과 간접조명은 어울리지 않는다는 것을 인식해야 한다.

4

그림을 특히 의식하지 않고 사진 4와 같이 벽면전체를 밝게 하는 편이 깔끔하게 보인다.

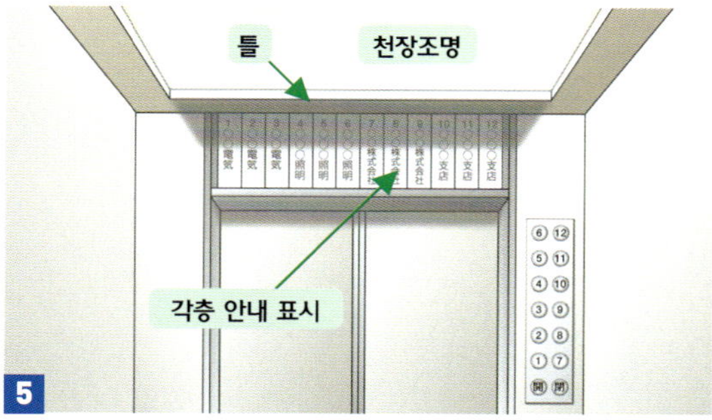

5

위의 그림은 엘리베이터 내부 문위에 설치되어 있는 각층의 안내표시판 상부의 층수 표시가 천장조명으로 인한 그늘이 생겨 보이지 않게 되어버린 사례.

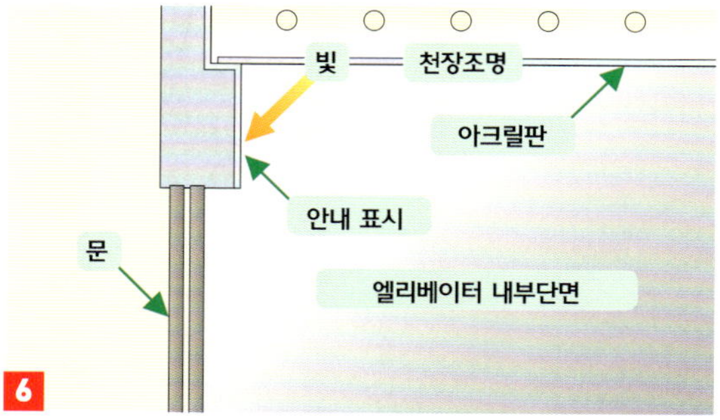

6

안내 표시가 보기 쉽게 처리된 것으로써 디자인을 할 때에는 이러한 부분에 신경을 쓰지 않으면 안 된다.

04 높은 천장에 있는 조명의 전구교환

조명기구의 전구가 수명이 다할 때의 대응을 충분히 생각하지 않은 건물이 있다. 준공사진만 촬영하고 나면 나중 일은 모른다는 식은 곤란하다. 전구가 수명이 다할 때마다 위험한 자세로 작업하는 유지보수 작업자를 고려한 설계를 해야 한다.

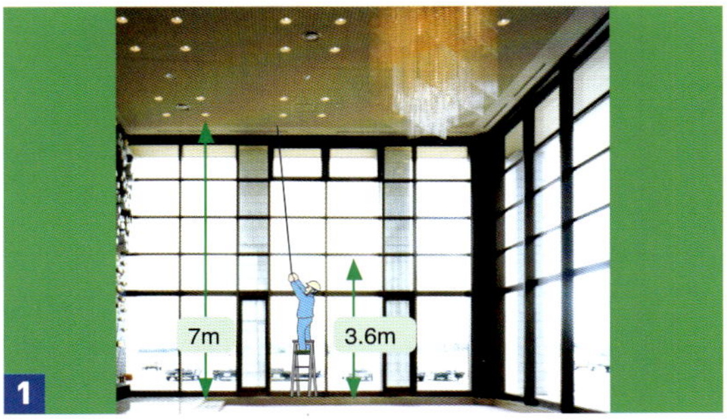

사다리에 올라 손이 닿는 높이는 겨우 3.6m 정도이다. 사진 1에서는 전구를 돌리는 긴 봉을 준비하였으나 작업은 불안정해질 수 밖에 없다.

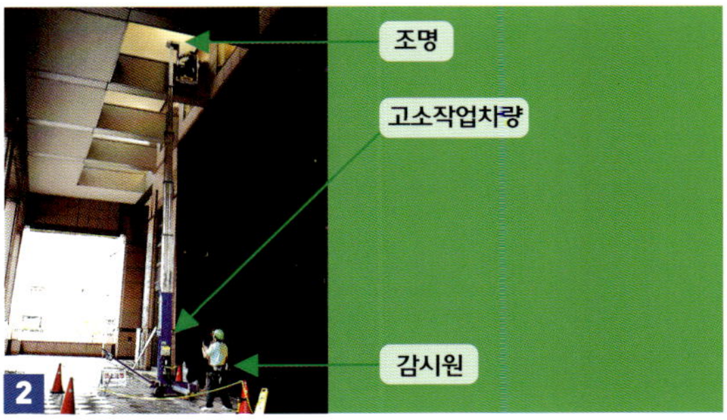

조명기구의 전구 수명이 다한 1개를 교체하기 위해 어느 정도 비용이 소요될 지를 고려하여 설계하는 자세를 가져야 한다.

주차장이나 기계실의 조명도 레이아웃을 정하여 낮은 위치에 조명을 배치하면 밝으면서 당연히 유지보수도 하기 쉽다.

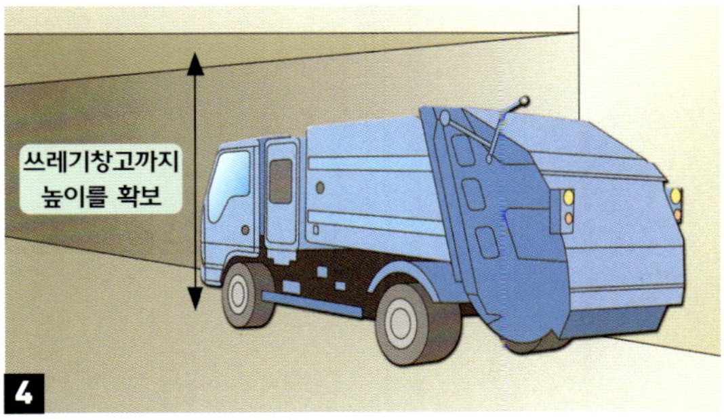

쓰레기 수거차량이나 마이크로버스가 들어오는 부분은 천장높이를 통행이 가능하도록 고려한 후에 모든 조명기구의 전구 교체가 용이해지도록 배려한다. (벽 설치 조명 등)

사진 5는 오토리프트장치가 설치되어 있는 체육관의 사례로 조명이 전동으로 승강한다.

실패방지 포인트 1

오토리프트장치를 설치했으니까 괜찮다는 생각은 위험하다. 최악의 경우, 전동장치가 고장이 난 경우에는 고소작업차가 들어가도록 개구부의 크기를 검토해 놓는 것이 필요하다. 인도 시 서류에 그러한 스케치를 명시해 놓으면 매우 기뻐할 것이다.
또한 기계실의 조명이 슬래브면에 부착된 설계가 있으나 이는 전구교체가 어려울 뿐 아니라 하부 덕트나 배선함이 배치되면 어두워지므로 미리 설계자에게 변경을 요구하는 것이 낫다.

05 천장설치 기구용 개구부 작업 실패

퍼티마감 도장에서 넓은 음영을 준 호화로운 마감의 높은 홀 천장에서 특별히 주문한 조명기구를 설치하게 되었다. 도장마감 전에 천장 매립 기구의 개구부를 도려내었다. 도장 공정이 종료되어 마지막으로 기구 설치를 하고 발판을 해체할 예정이었으나 사진 1과 같이 천장의 도려낸 구멍이 기구보다 컸다. 결국 보드를 벗겨내고 매우 많은 노력을 들여 재시공을 하게 되어 공정의 지연을 불러일으키는 결과가 되었다.

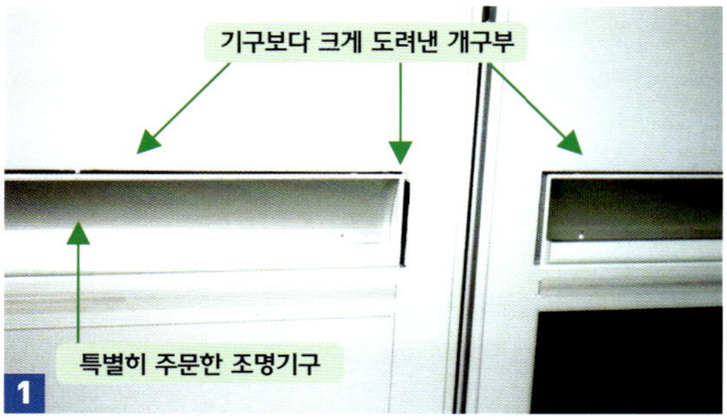

1
기구의 폭이 255㎜, 천장에 있는 구멍이 240㎜인 것을 모두 255㎜로 구멍을 뚫어 버린 것이 원인이었다.

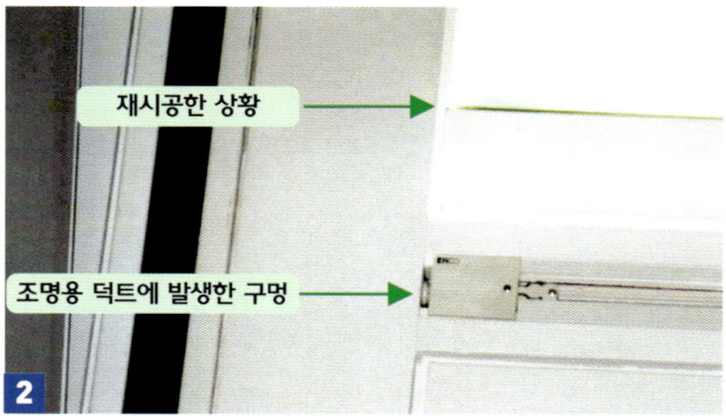

2
사진 2는 시간과 노력을 들여서 재시공한 것. 조명 주변은 말끔해 졌으나 조명용 덕트 부분에도 같은 구멍을 크게 뚫어 보기 싫은 구멍이 발생하였다.

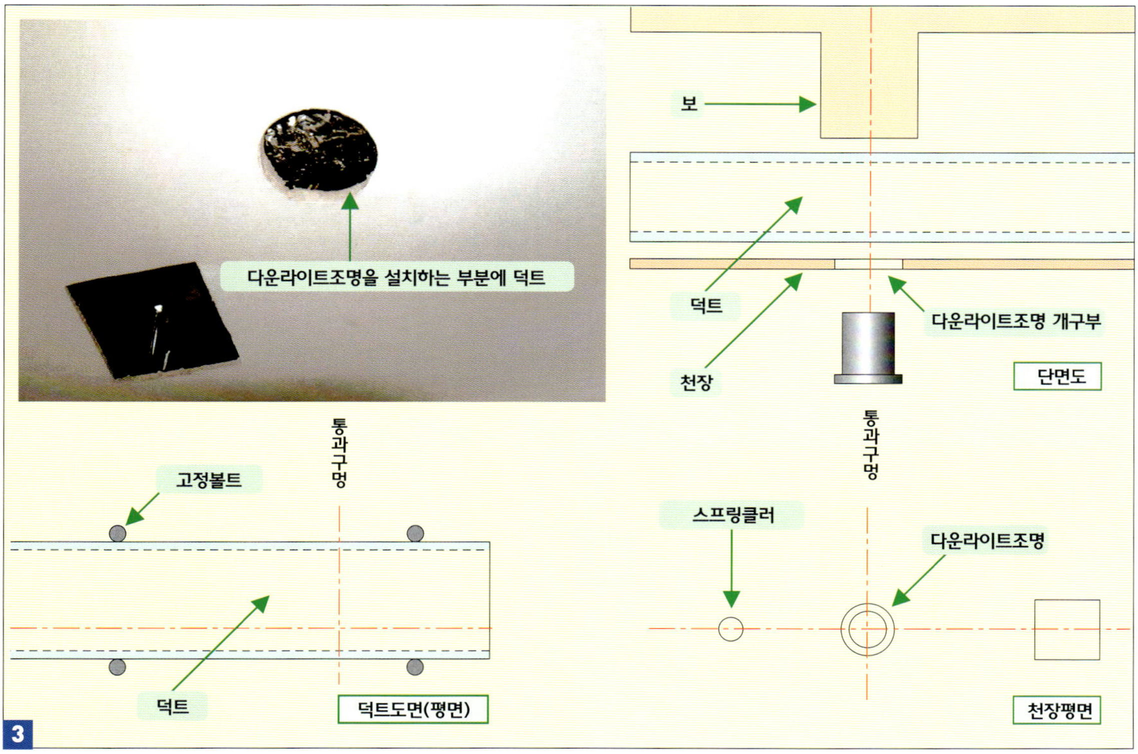

3
전기와 공조 각각 설계도대로 마감한다면 다운라이트조명을 구성할 수 없다. 천장 도려내기를 실시한 단계에서 덕트가 보여 그 시점에서 재시공을 한다면 불필요한 도장공사를 없엘 수 있다. 미리 확인되었거나 혹은 누군가 한사람이 이상하다는 보고를 해주었을 것이라 생각되나 이러한 대책을 취하지 않은 채 같은 형태의 실패가 지금까지도 이어지고 있다. 천장도면상에 점선으로 덕트와 기기를 넣어 확인하는 신중함이 필요한 사례이다.

06 조명기구를 점등한 후 소음 발생

준공직후인 사무소 빌딩의 응접실에서 조명을 점등하고 조금 있으면 [치치치]하는 높은 음이 발생한다는 클레임이 있었다. 원인을 찾아보니 열에 의한 영향임을 알 수 있었다. 제품화 되어있는 일반 조명기구와 달리 이 현장처럼 특별히 설계한 특별주문품에 있어서 이러한 문제가 발생하기 쉬우므로 주의해야 한다. 이 사례 이외에도 보드를 도려내는 길이에 여유가 없는 경우에도 기구의 열팽창에 의한 음이 발생하는 경우가 있다.

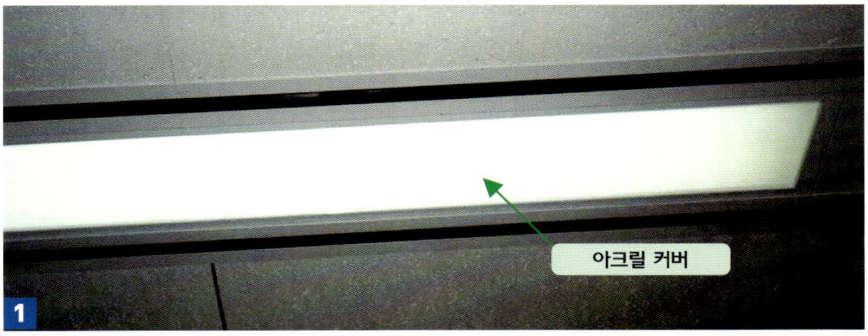

사진 1과 같은 시스템천장 라인조명의 안쪽 면에 특별히 주문한 아크릴커버를 설치한 부분이 음의 발생원인 것을 알았다.

아크릴커버를 벗겨내어 조명을 점등하면 음의 발생이 없었기 때문에 원인은 아크릴 커버에 있음을 알아냈다.

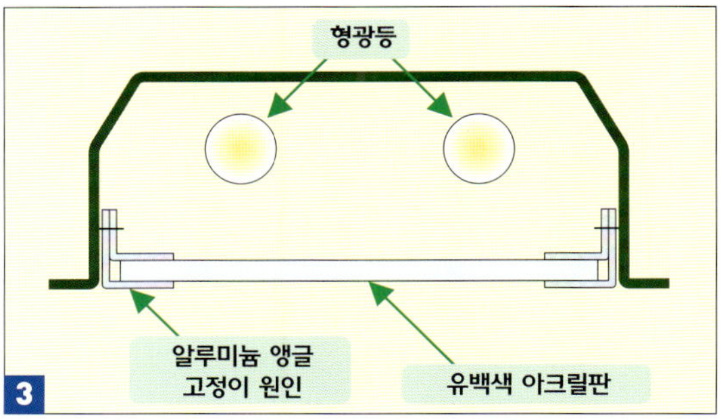

유백색의 아크릴판이 위의 그림과 같이 알루미늄 앵글로 양측에서 고정되어 있어 형광등을 점등하면 열에 의한 팽창으로 앵글에 걸려 음이 발생하였다.

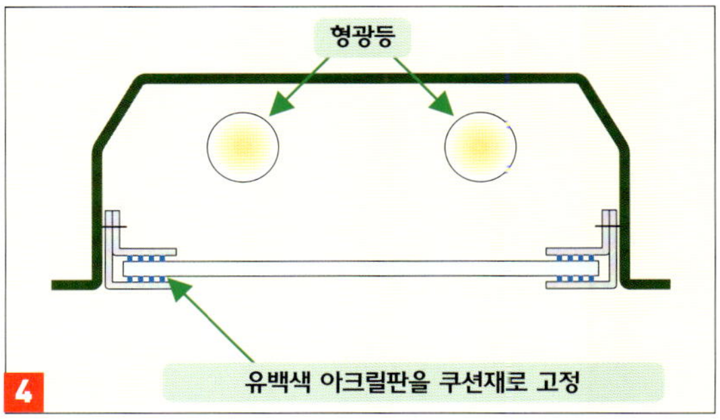

앵글 사이에 쿠션재를 넣음으로서 해결된다. 팽창수축에 의한 불량 대책이 충분하여야 한다.

07 천장조명식 사인설치시 감전사고 발생

어느 건물의 준공직전에 천장용 조명식 사인의 추가공사 지시가 있어 전선을 인입하기 위해 전기 작업원이 가까운 천장점검구를 천장 속에 들어가 엎드린 자세로 전선작업을 실시하다가 감전되어 버렸다.

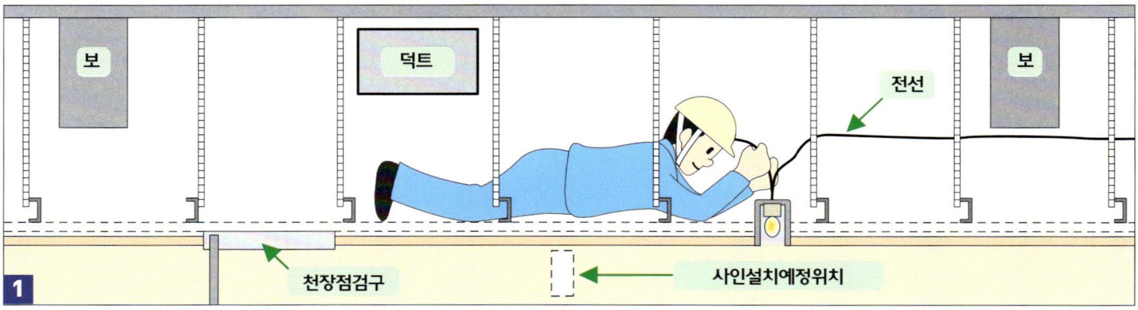

위의 그림과 같은 자세로 여름철 천장내에서 작업하는 경우에는 땀으로 인하여 감전되기 쉽다. 또한, 천장보드를 부수지 않기 위해 팔꿈치를 C챤넬 위에 두어야 하므로 손의 자유를 확보하기 어렵다.

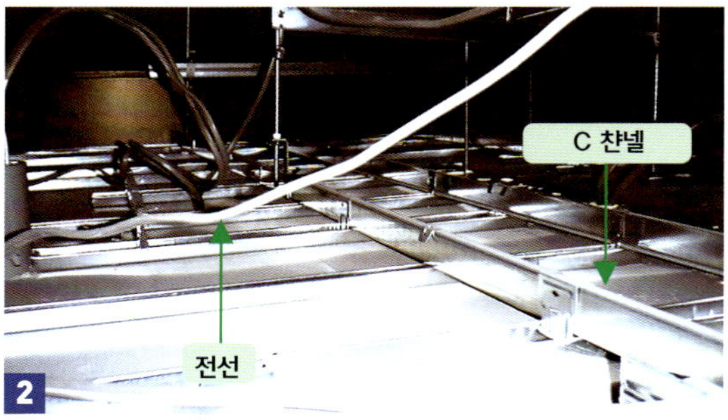

이러한 천장내부에서의 작업은 매우 불안정한 작업이 되므로 현장책임자는 이 상황을 확인해야 한다.

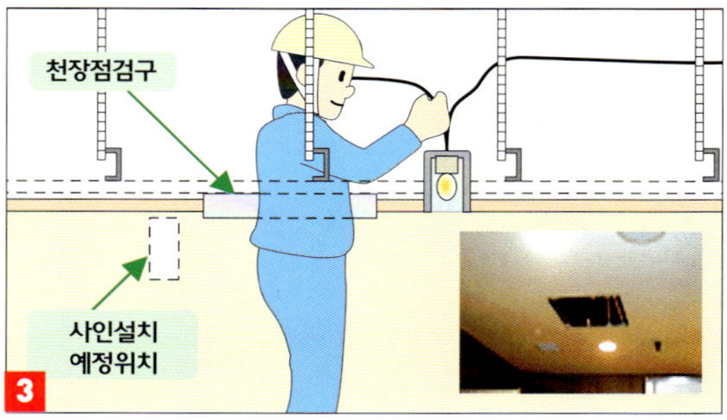

제대로 검토하여 위의 그림과 같이 천장점검구를 신설함으로써 사다리 위에서 작업이 가능한 아이디어를 생각할 수 있다.

셔터공사에서는 이러한 감전사고방지를 위해 나이프스위치를 이용한 전원관리가 표준화되어 있다.

실패방지 포인트 2

베테랑 전기작업원이 되면 전기의 취급에 익숙해져 100V의 전선작업에서 아무렇지도 않게 작업하는 경우가 있다. 하지만, 그러한 상황에서 보통의 상태로 실시한다면 언급한 바와 같이 천장내부에서 실시하는 것은 전혀 다른 상황이 발생한다. 이러한 사고를 막기 위해서는 현장에서 실물을 보고 시공하는 사람과 작업순서를 잘 합의하는 것이 중요하다. 또한, 거꾸로 생각해보면 사인공사 계획이 천장을 구성하기 전에 불가능했다는 것에는 문제가 있다. 발주자에 대해 충분한 사전설명을 실시하여 구조체 단계에서 현지를 보고 사인 이미지를 만들어 가는 노력이 필요하다.

08 외부 조명기구설치 실패

내부에 설치하는 기구와 비교할 때 외부는 비바람의 영향을 받기 쉽다. 가능한 한 비바람의 영향을 받지 않도록 설치방법을 보다 안전하도록 배려하지 않으면 안 된다. 또한, 바다와 가까우면 염해에 의해 녹이 진행되므로 시공지역도 고려하여 시공계획을 입안할 필요가 있다.

사진 1은 조명기구가 쳐져버린 상황이다. 우수의 영향을 받기 쉬운 부분에서 플레이트에 끼워 넣는 탭핑피스는 녹에 의해 떨어지기 쉬우므로 피하는 것이 좋다.

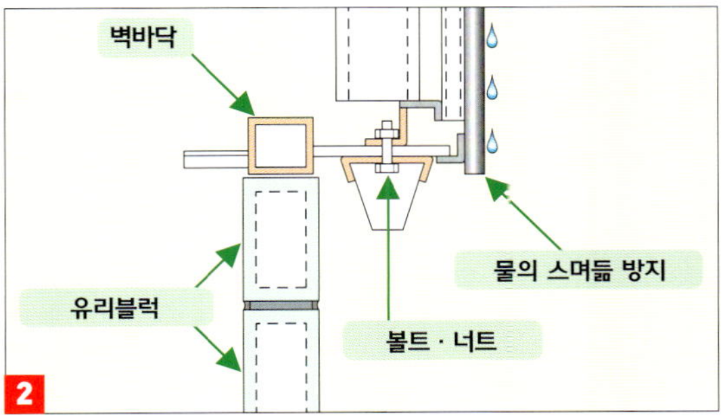

사진 1과 같은 사례의 경우는 위의 그림과 같이 볼트 · 너트로 외부 조명기구를 설치하고 우수가 내부로 흘러들어가는 것을 방지하기 위해 벽면을 조금 내려 물을 끊도록 해야 한다.

사진 3은 외벽에 설치된 배선 중단 박스의 아래가 우수 등의 영향에 의해 녹슬어 탈락된 사례이다.

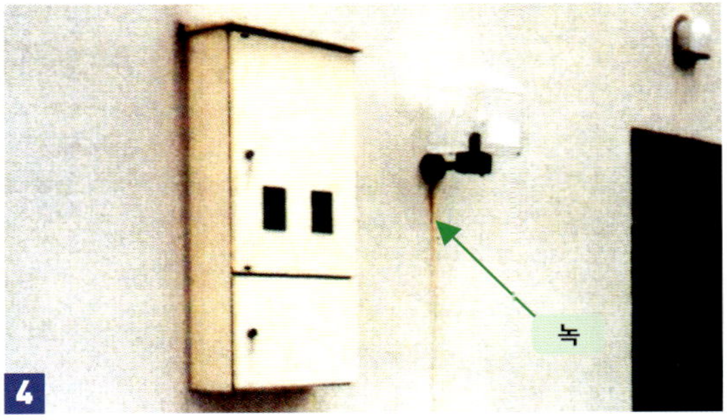

사진 4는 역시 우수 등의 영향에 의해 벽면에 설치한 브라켓 조명의 지지대가 부식되어 벽에 녹이 흘러버린 사례이다.

사진 5는 바다와 가까운 건물의 현관에 설치한 조명기구의 주변이 녹슬어버린 사례이다. 외부에는 외부용 조명기구를 사용하지 않으면 안 된다.

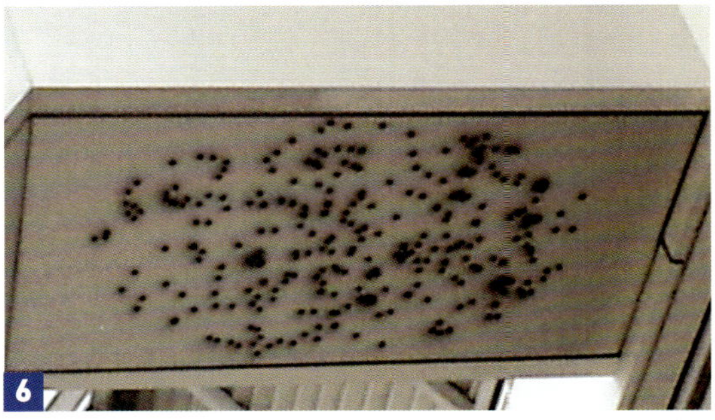

사진 6은 패널 하부에 작은 전구를 설치한 조명기구이다. 어두운 때에는 아름다운 빛이나 낮에는 이렇게 벌레 먹은 것처럼 보인다.

09 벽설치 기구류의 실패 (1)

사진 1은 구조체 공사완료후의 집합주택의 현관부분이다. 구조체에 일단 상자로 장소를 확보해 놓았으나 공간부족으로 인해 많은 부분을 파쇄하지 않으면 안 되게 되었다. 이러한 상황은 하도급자인 전기담당자의 능력부족으로 판단할 수밖에 없으나 실제로는 비용절감을 위해 전담당자가 현장에 늦게 배치되어 설비 하도급자를 제대로 관리하지 못하고 콘크리트가 일단 타설될 수밖에 없었던 결과이다. 이 악순환이 반복되면 현장은 최악의 상황에 처하게 되는데 사진 4는 구조체를 파쇄하여 확실히 품질을 떨어뜨린 사례이다.

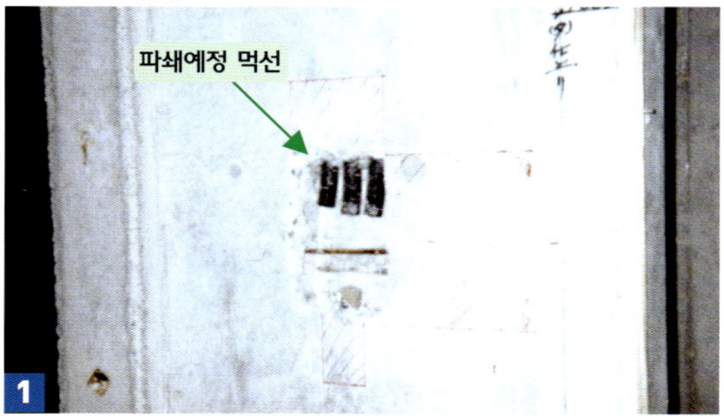

1 일단 BOX를 설치하였으나 파쇄가 발생하고 있다. 한번의 검토 부족이 전 가구수에 영향을 주고 말았다.

2 제대로 시공계획이 되어 있었다면 이렇게 버림 박스를 콘크리트에 끼워 넣는 방법을 사용하므로써 사진 1과 같은 불필요한 공사를 하지 않아도 되었다.

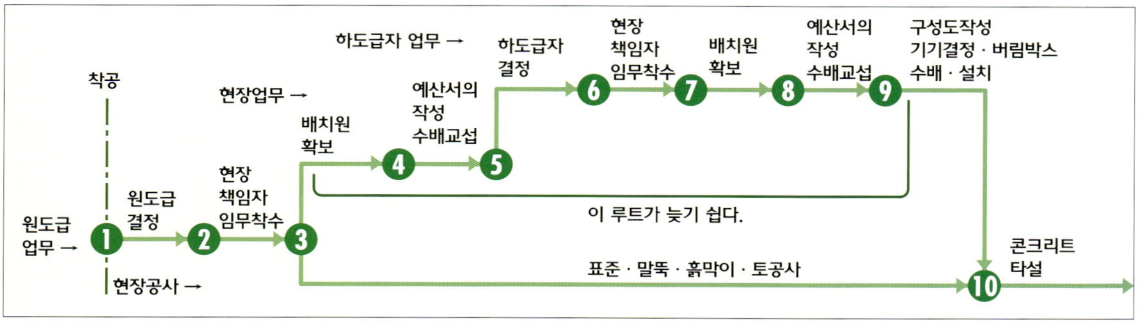

실패 원인의 많은 경우를 위의 그림과 같은 네트워크공정표로 나타내었다. ③ → ⑩의 현장공사 추진과 비교하여 ③ → ④ → ⑤ → ⑥ → ⑦ → ⑧ → ⑨ → ⑩의 업무가 늦어지는 경우가 있다. 설비담당자의 [조금 더 준비의 시간이 있다면]이라는 이야기에 귀를 기울이지 않으면 안 된다. 또한, 도중에 변경이 발생하지 않도록 발주자에게 설계도상의 기기변환유무에 대한 확인을 태만해서는 안 된다.

4 사진 4는 타설한 콘크리트마감의 기계실 내부의 유도등의 배선을 일부러 벽을 깨고 묻어서 숨기고 있다. 어떠한 의도를 가지고 시공하였는지가 불분명한 사례이다.

5 위의 그림과 같이 노출배관으로 하는 편이 구조체의 손상도 적고, 외관이 좋다고 생각된다.

10 벽설치 기구류의 실패 (2)

기구류를 콘크리트에 끼워 넣는 경우와 비교하여 경량철골 아래에 설치되는 기기류의 계획은 약간의 여유가 있어야 하나 타이밍 좋게 도면을 작성하여 검토하지 않으면 사진 1과 같은 시공이 발생된다. 또한, 사진 5는 OA플로어 아래의 배선용 개구부분이 건축 및 전기공사의 설계도서 모두에서 누락되고 서로 비용부담을 미루면서 계획에 잡히지 않는 작업이 된 사례이다.

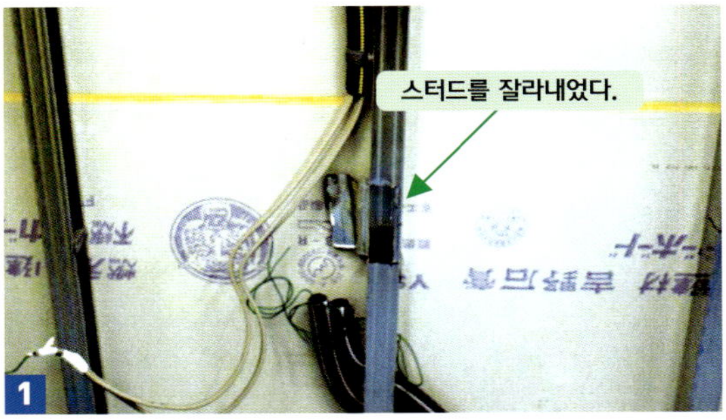

1

사진 1은 버림 박스 위치가 겹치는 스터드를 매우 많은 수고를 들여 잘라 내어버려 벽 강도를 확실히 저하시키고 있다.

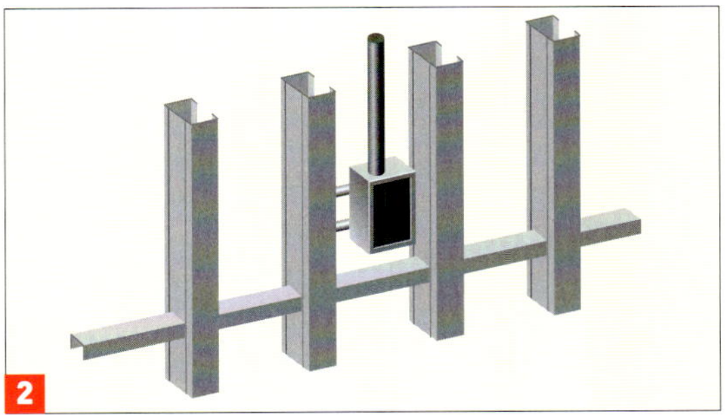

2

위의 그림과 같이 제대로 스터드의 위치를 조정해 놓으면 불필요한 노력을 들이지 않고 확실한 시공이 가능하였다.

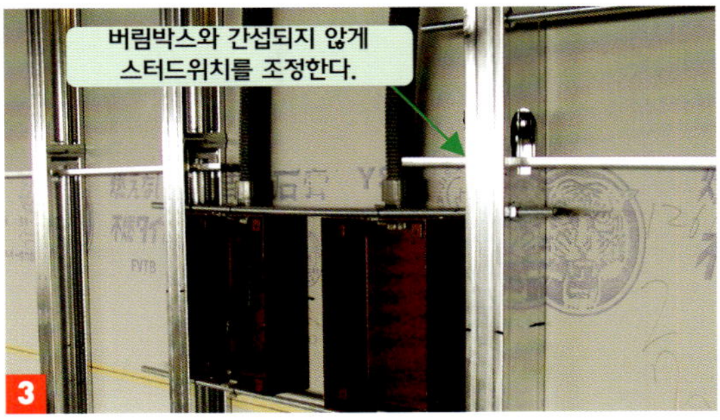

3

사진 3은 확실히 나눔을 해 구성한 사례이다. 갈라짐 방지 챤넬이 방해가 되어 배관이 통과하지 않는 경우는 보강을 해야 한다.

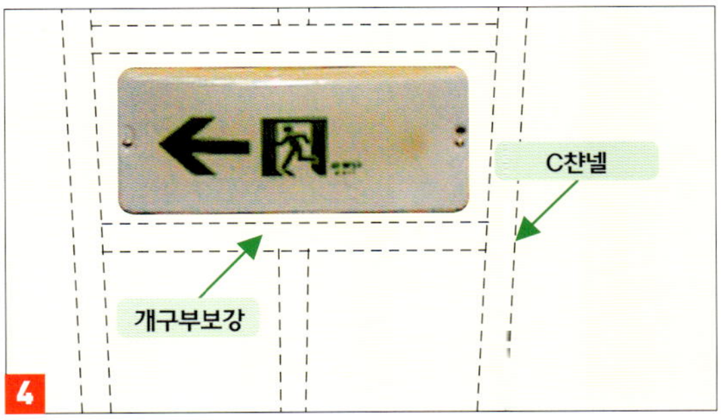

4

벽설치 통로유도등은 폭이 커 스터드와 충돌하기 쉬우므로 조정이 필요하다. 특히 병원의 경우에는 스트렛쳐의 높이를 고려하지 않으면 안 된다.

5

사진 5는 OA플로어 아래의 관통공사부분의 상황이다. 제대로 개구부를 시공하지 않았기 때문에 보드가 보기 흉하게 부서져 있다.

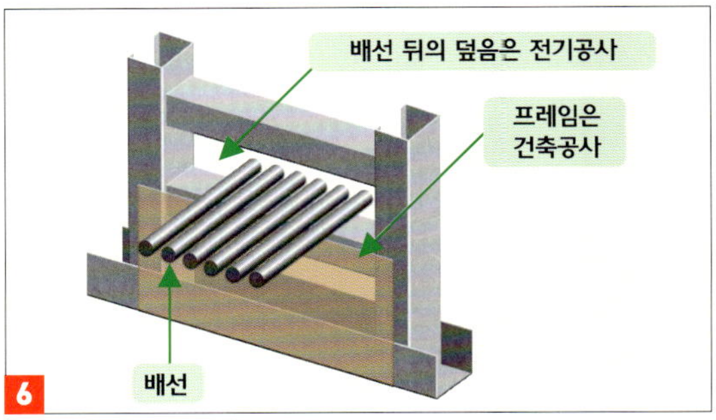

6

위의 그림과 같이 공사 책임범위를 설계도서에 명기해 놓으면 확실한 시공이 된다.

11 정원등의 넘어짐

정원등은 안이하게 시공되곤 하므로 어린이등의 놀이터가 되는 장소에서는 설치장소와 설치방법을 고려하지 않으면 안 된다. 또한, 식재를 다시 하는 경우가 있음을 고려하여 배선이 절단되지 않도록 계획하는 것이 필요하다.

공원보도 가까이에 설치된 정원등이 어린이의 장난으로 기울어지거나, 넘어지는 경우가 있다. 전원이 절단되면 위험하므로 설치장소 · 설치방법을 충분히 검토한다.

기초 아래의 흙은 식재용의 부드러운 상태이기 때문에 작은 힘으로도 전도해 버리기 쉽다는 점을 고려해야 한다.

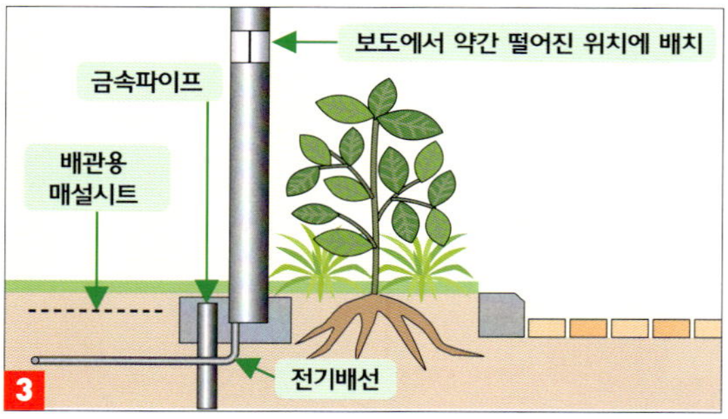

정원등의 설치는 보도에서 약간 안쪽에 배치하며, 기초부분에는 금속파이프를 넣어 기초콘크리트를 흘려보내면 좋다.

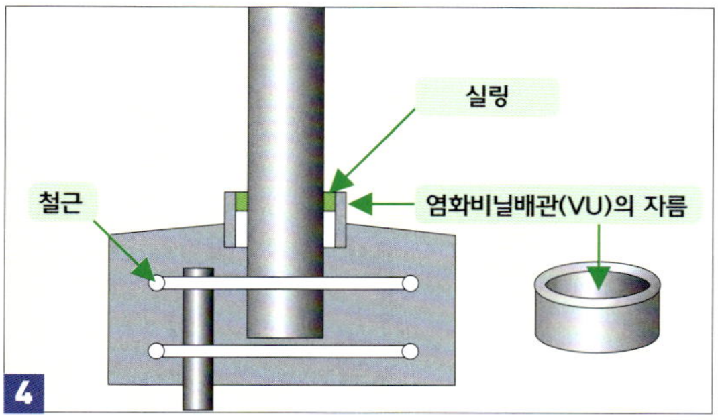

위의 그림과 같은 시공은 정원등 본체와 토대의 설치부분의 녹에 의한 부식을 막기 위해 유효하다.

실패방지 포인트 3

외부 식재주변의 조명을 어떻게 할지는 발주자의 기본적인 방침이 없으면 안된다. 즉, 밝게하여 사람을 불러들일 것인가 또는 전기절약을 위해 조명을 설치하지 않을 것인가 또, 점등한다면 그 점멸은 타이머나 자동점멸방식인지 여부 등이 있다. 꼼꼼하게 검토되지 않으면 변경이 많이 발생된다. 조명용 배선은 이식과정에서 상처가 나서 누전이나 감전사고가 발생하지 않도록 확실한 매설시트를 사용하고, 조명기구는 충분한 방수기구가 있는 것을 선정해야 한다.

12 식재에 가려져 버린 정원등

식물처럼 생장하는 것과 관련된 건축설비는 현상황뿐 아니라 장래에 생장된 모습을 예측하여 조명기구등의 선정 및 설비위치를 생각할 필요가 있다. 살수전의 배관이 나무 뿌리의 성장에 의해 넘어져 버릴 수도 있으므로 나무는 [생장과 함께 움직임이 발생한다.]라는 시간의 상황을 인식하지 않으면 안 된다. 또한, 벚나무를 심은 장소에도 아래를 향하는 정원등이 없는 경우가 있다. 사진 3과 같이 수종별로 아름다운 연출을 하는 조명위치의 효과적인 설치방법도 잘 검토하지 않으면 안 된다.

사진 1은 정원등이 나무 사이에 묻혀 그 역할을 하지 못하는 상태를 보여주는데 준공시에 작은 나무를 중심으로 밸런스를 잡았기 때문이다.

사진 2처럼 커다란 나무 아래로부터 밝혀 연출하는 방법에서는 뿌리나 풀에 의해 기구나 전선이 상처입지 않도록 배려가 필요하다.

벚꽃은 아래로 향해 피므로 이러한 장소에서는 사진 3과 같이 아래에서 밝히는 조명이 효과적이다. 봄에만 한정되는 것이나 고려해야 한다.

13 바닥개구부의 전선관통부 처리 불량 (1)

사진 1은 EPS 반 내에 수평구획의 내화보드를 제거한 채로 방치된 배선의 상황이다. 이러한 상황이 화재시에 전기 샤프트로부터 연소를 발생시키기 쉬운 원인을 초래한다. 건물관리가 확실히 되어 있지 않은 건물에서는 배선의 갱신공사시 이렇게 내화 보드를 제거한 상태가 방치되는 경우가 있으므로 건물관리자에게 확실히 통보해 놓지 않으면 안 된다.

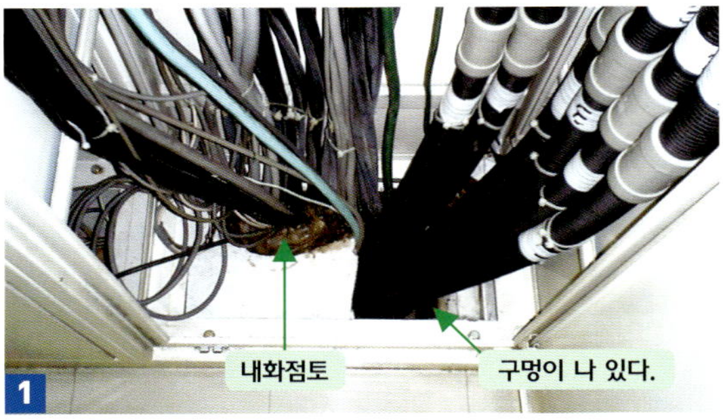

사진 1은 EPS 반 속에 배선과 배관을 세워놓고 있으나 내화 보드가 제거되어 구멍이 난 채이다. 배선용 랙으로 배선을 세우는 방법이 시공성이 좋다.

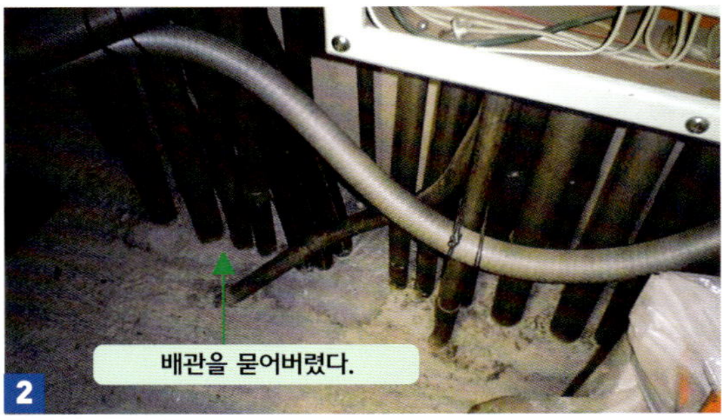

사진 2는 배선을 통과한 후에 개구부를 모르터로 메워버린 사례이다. 이러한 처치는 배관증설을 실시할 때에 바닥을 깨내야 하므로 피해야 한다.

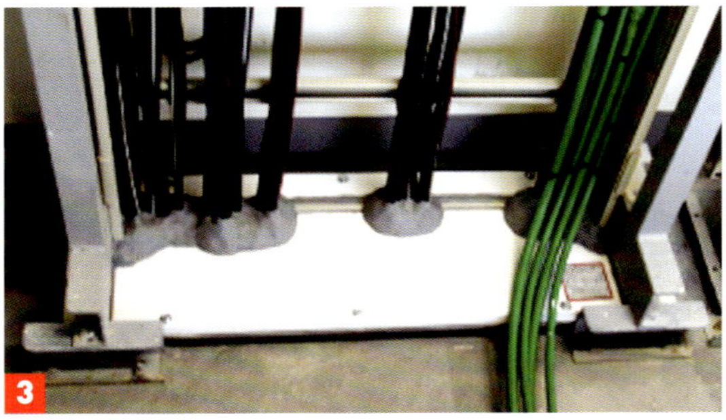

사진 3은 바닥개구부에 랙을 설치하여 내화보드로 막고 배선주변을 내화점토로 처리하면 쉽다.

사진 4는 덱크플레이트 하부의 요철을 평평하게 한 후에 내화보드를 붙여야 한다. 매우 노력이 소요되는 작업이므로 이러한 해결방법을 23페이지 · 그림 4에서 소개한다.

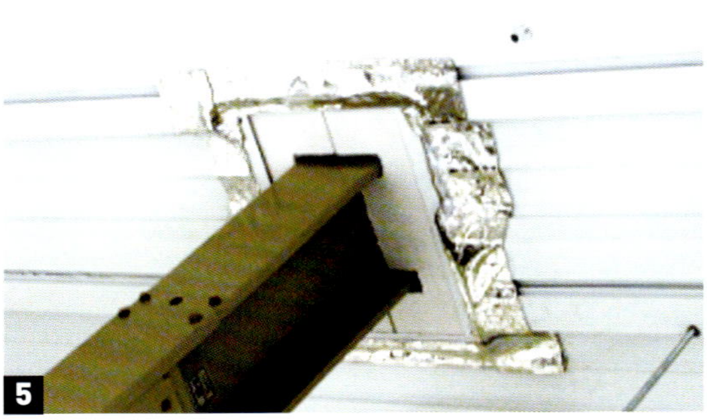

사진 5는 덱크플레이트 아래의 버스덕트의 관통부분. 아래에서 작업이 되기 때문에 시공성이 나쁘다. 상부에서만으로 구획 가능한 것도 있다.

내화보드 가공. 한 장씩 현장에서 수고를 들여 가공하고 있다.

14 바닥개구부의 전선관통부 처리 불량 (2)

사진 1은 코어용 개구부에서 커버를 벗긴 상태로 배선을 실시하고 있다. 또한, 사진 2와 같이 덱크플레이트의 절단부분은 깨끗이 처리되기 힘들어, 절단부분에서 전선에 손상이 가는 경우가 있다. 건축과 설비가 상호 협력하여 품질 및 작업성이 좋은 방법을 현장책임자가 리더십을 가지고 진행하지 않으면 안 된다.

1

사진 1은 슬래브 단부의 콘크리트 코어 개구부가 예각이 되어 배선에 손상을 주고 있다.

2

사진 2와 같이 콘크리트 아래의 덱크플레이트가 절단된 위치에서 간선을 올리면 덱크플레이트의 절단부에서 간선이 손상될 우려가 있다.

3

사진 3과 같이 나중에 덱크플레이트에 개구부를 뚫기 위해 가스로 절단하지 않으면 안 된다. 이 절단부분은 깨끗하게 처리되기 어렵다.

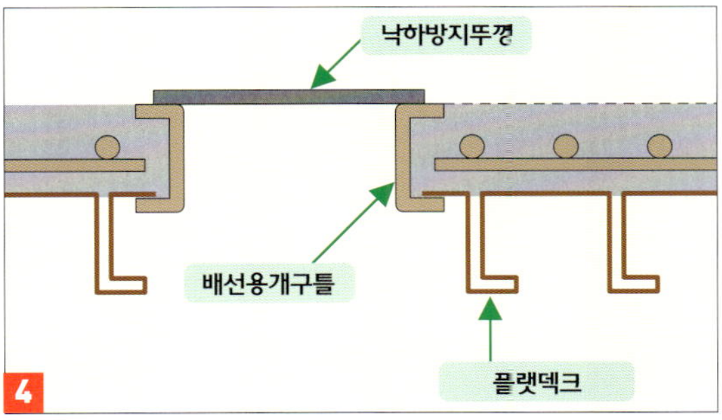

4

위의 그림과 같은 배선용 개구틀을 미리 준비하면 그 주변의 덱크플레이트를 배치하는 것으로 벗겨 내거나 절단하는 불필요한 시공이 해결된다.

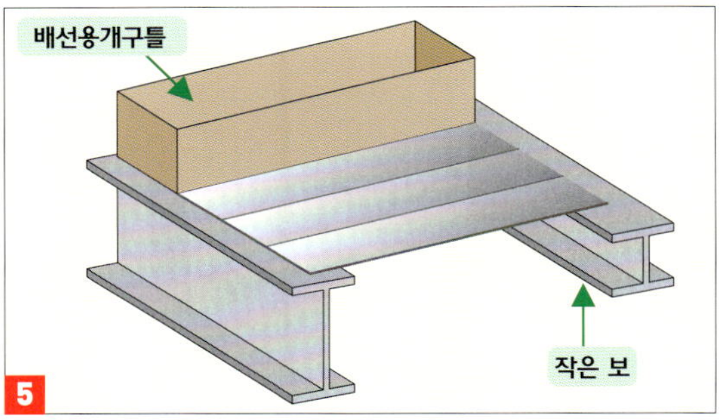

5

덱크플레이트를 절단하지 않아도 될 수 있도록 위의 그림과 같이 덱크플레이트 아래에 작은 보를 설치하여 보와 보 사이에 개구부를 만들면 깔끔히 마감된다.

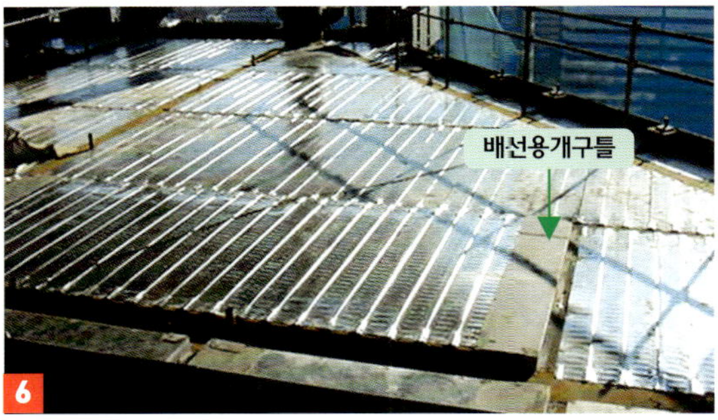

6

사진 6은 그림 5의 실사례이다. 덱크플레이트방향으로 개구부를 설치하면 강도면에서도 문제가 없어진다.

15 EPS 내부의 레이아웃

EPS 안은 협소하므로 시공성이 매우 나쁠 수 있다. 그럼에도 불구하고, 그 속에서도 시공성을 충분히 생각한 경우가 부족하여, 재시공을 발생시키고 있다. 또한, EPS 내에서는 준공 후의 변경공사가 자주 발생하나 시공성이 나쁘기 때문에 공사금액이 높아지는 것을 고려해야한다. 또한, 아래의 EPS의 방화구획에 대해서도 논하고 있으나, 방화계획과 지도 등에 의해 EPS 주변의 벽 모두를 방화구획으로 하지 않으면 안되므로 주의가 필요하다.

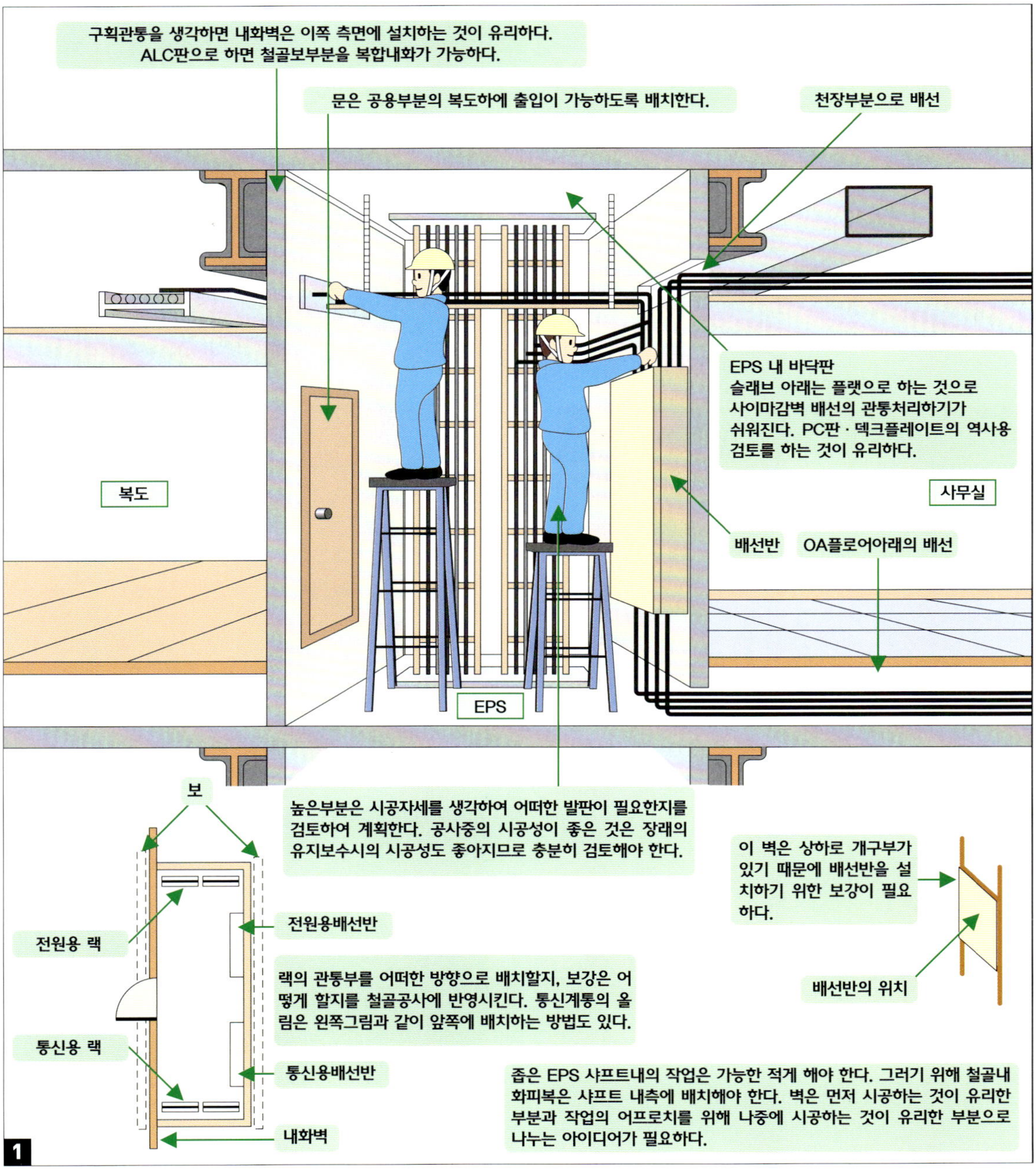

16 OA플로어 접속부에 있는 EPS의 검토 부족

EPS 배치가 나쁘다던지, 배선랙의 세움 위치가 나빠 배선공사를 하기 힘든 EPS가 있다. 설비를 생각하지 않은 인테리어 도면과 단선으로 나타내어 이해가 곤란한 설비설계도를 자세히 검토하지 않고 진행해버린 현장책임자로 인하여 이러한 EPS가 되어버린다. 그 후의 배선을 갱신하기 위해 매우 높은 노무비를 지불하는 것은 그 건물주인이나 임대자라는 것을 잘 인식해야 한다.

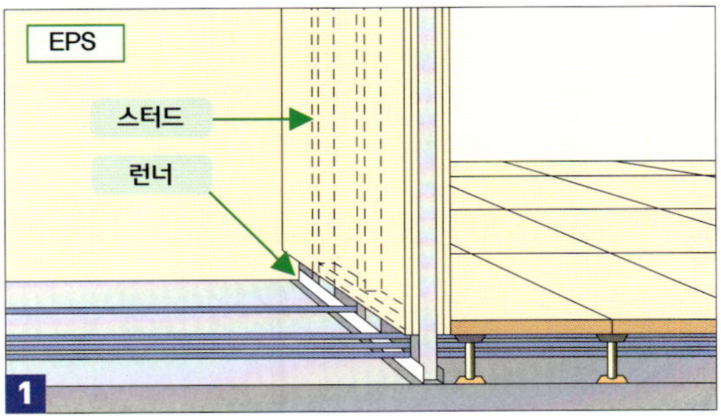

위의 그림은 충돌하는 배선의 상황이다. EPS에서 사무소측의 OA플로어 아래로의 배선루트가 좁아 스터드 런너 위에 배선을 통과시킨 사례이다.

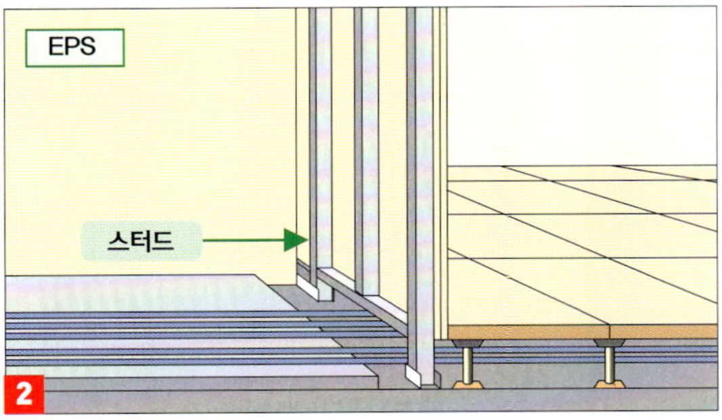

배선량을 생각하여 통과시키는 범위를 결정하지 않으면 안 된다. 또한, 누수대책으로서 마루올림을 하는 경우 위의 그림과 같이 그 위치를 고려할 필요가 있다.

사진 3은 EPS에서 배선이 나온 상황(개수공사로 절단하였다.) 각개소에서 교차하는 일이 적어지도록 이 위치에서 계통별로 정리해 놓아야 한다.

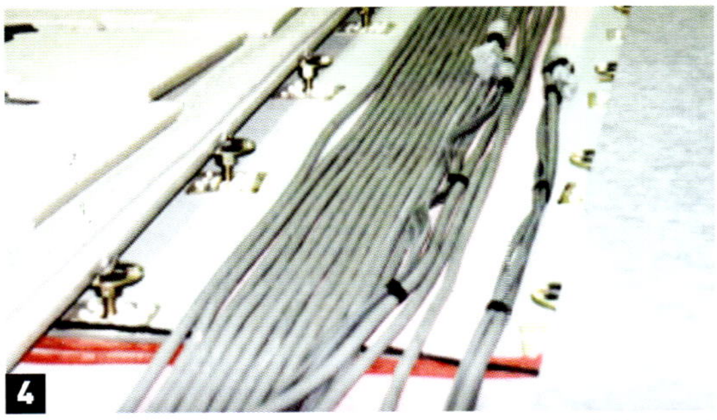

OA플로어의 높이가 작으면 교차하는 부분에서 공간이 부족한 경우가 있다.

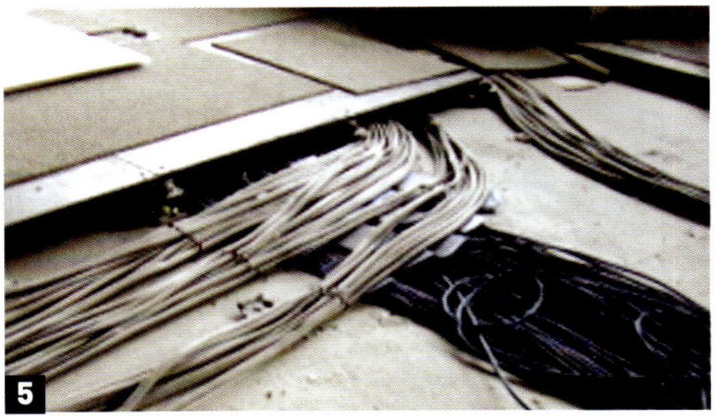

배선이 교차하는 부분

전원 · OA배선용 박스. 레이아웃 변경 때마다 교체하는 공사가 발생하여 비용이 소요된다.

17 배선반 내의 화재와 감전사고

배선반내의 작업으로 감전사고나 화재가 발생하는 일이 발생하지 않는 배려가 된 제작법을 채택할 필요가 있다.

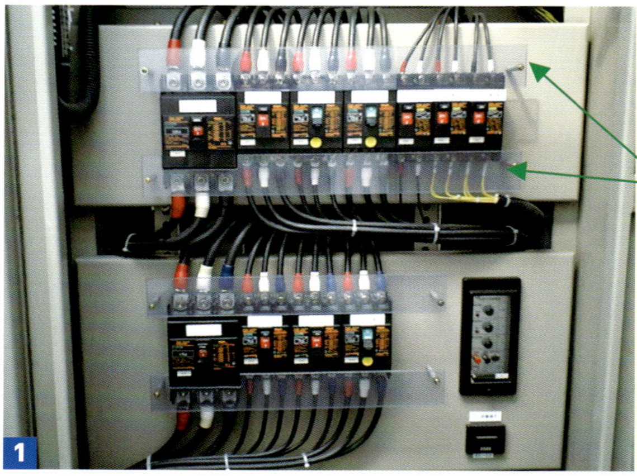
1

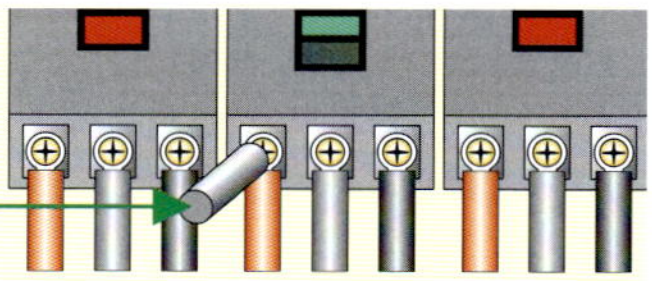

충전부 보호커버

배선교체 시에는 공통으로 되어 있는 충전부의 보호커버를 제거하고 교체하고자 하는 회로의 공사를 실시하나 다른 회로는 전기를 끄지 않고 작업을 한다. 그 때에 오류로 인해 공구나 손을 다른 회로단자에 접촉하여 감전되는 사고가 많은데 이를 방지하기 위해서는 각 회로의 보호커버를 공통으로 하지 말고 독립시켜 놓아야 한다.

2

배선반 내부의 시인성

배선반 제작에서 중요한 것은 점검시 시인성이 좋아야 한다. 자세가 나쁜 상황에서 검사를 하면 감전의 우려가 있기 때문에 검사에서 중요성이 높은 것의 배치를 적정히 실시하여야 된다. 또한 배선반의 무리한 개조는 위험하므로 어느 정도의 여유를 가진 설계로 해 놓아야 한다.

3

단자의 조임

배선반의 배선단자접속부는 설치시점에서 체결하고 통전한 후에 열의 영향 등으로 뜨거워지는 경우가 있다. 뜨거워지면 스파크가 발생하여 화재에 이르는 경우가 있기 때문에 한번 체결 후에 마킹하여 눈으로 확인할 수 있도록 해야 한다.

18 옥상배선 루트의 실패

어떻게 이러한 일을 알아내지 못하였는가라고 완성된 상태를 보고 생각하는 일이 있다. 사진 1이 바로 그런 예이다. 귀중한 옥상의 통로가 배선용 랙으로 덮여버렸다. 이러한 부조합은 전기 · 공조 · 건축담당자가 미리 의견을 모아 제대로 된 투시도를 작성하여 검토하는 것으로 해결될 수 있다.

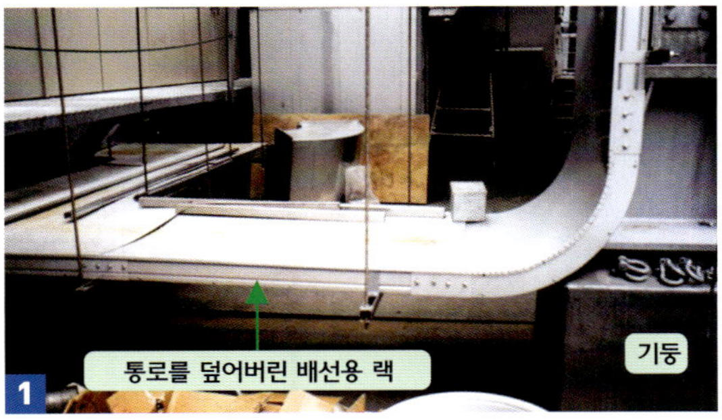

설비받침용 철골기둥에 용접하여 배선용 랙을 올렸기 때문에 통로를 덮고 있다.

사진 1의 배선용 랙은 이 위의 설비받침의 공조기 기제어반으로 이어져 있다.

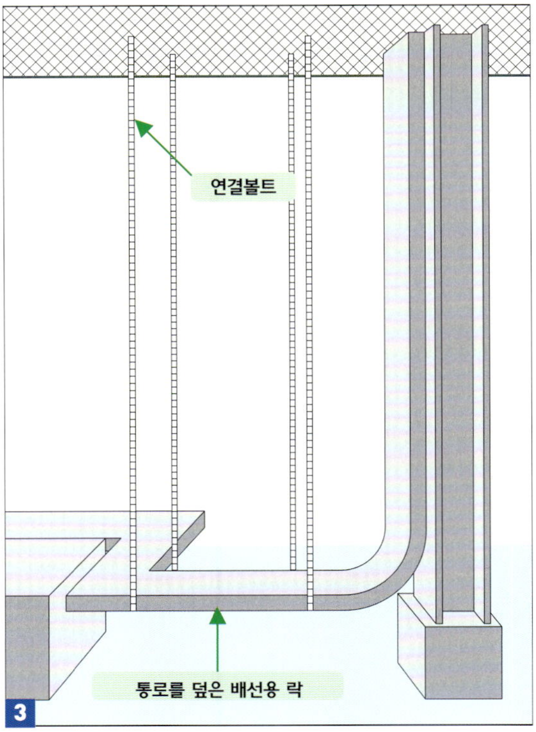

통로를 덮은 상황. 배선의 올림에 기둥을 이용하는 것은 좋으나 그곳까지의 루트를 생각하지 않으면 안 된다.

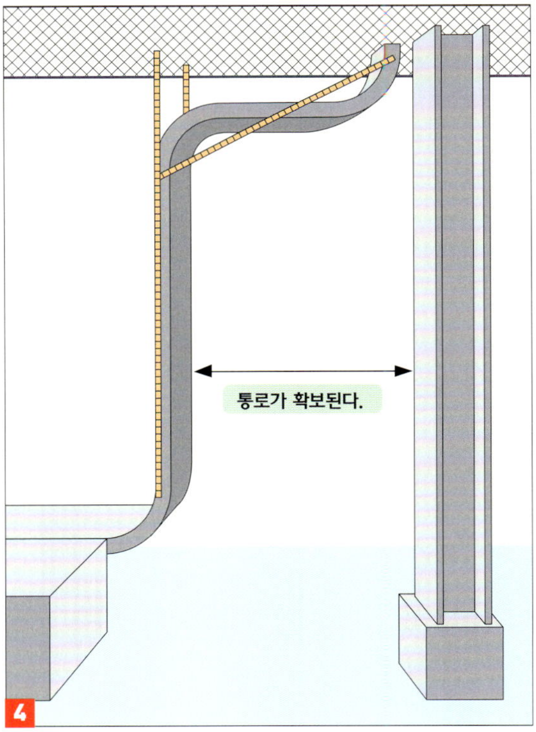

이러한 형태로 할지, 아니면 아래층에서의 배선을 세우는 위치를 기둥과 가깝게 배치하는 방법이 합리적이다.

19 휴대전화수신설비

건물 내부의 어디라도 휴대전화가 통하도록 하고 싶다라는 요구가 많아지고 있다. 특히 지하부분에는 특별한 수신설비를 설치하지 않으면 수신이 불가능한 경우가 많다. 공통의 장소 이외의 건물 내에 그러한 설비를 설치하면 고액의 비용이 소요되므로 제대로 협의하지 않으면 안 된다.

1

사진 1과 같이 휴대전화수신설비는 매우 많은 공간을 차지하므로 그 배치에 대해서도 검토가 필요하다. 당초의 계획에 없었기 때문에 공조기계실에 배치하는 경우보다는 습기를 피해야 하므로 통신관련 실에 공간을 확보하든지 전용실을 설치해야 한다.

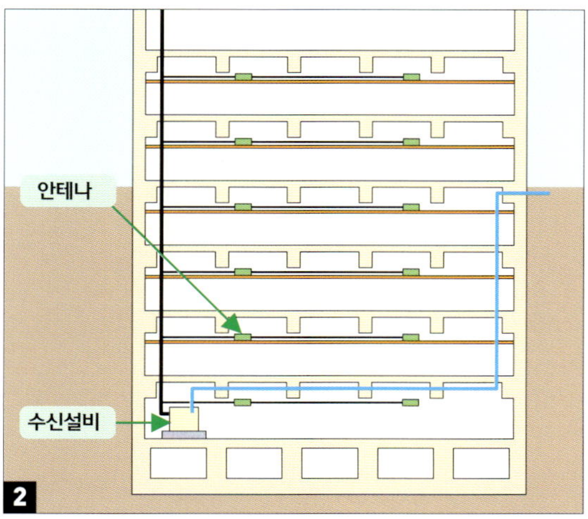

2

실패방지 포인트 4

휴대전화회사에 따라 수신기기가 달라 모두 일반휴대전화와 PCS라도 기기가 변하기 때문에 모두 만족시키기 위해서는 비용이 그 만큼 많이 소요되게 된다. 공사도 메인 수신설비에서 각층으로 배선을 하지 않으면 안 되므로 노력과 시간이 소요되며 천장에는 그것을 위한 점검구를 준비할 필요가 있다.
이 설비를 설치하는 것으로 인해 유지보수시에 연결이 쉬워지는 이점이 있으므로 채용할지 여부에 대해 발주자의 결심을 미리 받아 공사기간 중에도 사용할 수 있도록 하면 매우 편리하다.

20 외벽설비의 취합 실패

설계도의 입면도 내에 창은 반영되어 있으나 설비계의 유리 · 배관 · 환기 · 전기 · 전화인입 등은 매우 반영하기 어려워 각층의 환기구를 위해 구조체 구멍뚫기 및 옥상의 옆으로 빼는 드레인의 설치위치 등 콘크리트 타설전에 관계설비는 모든 조정을 해 놓아야 한다.

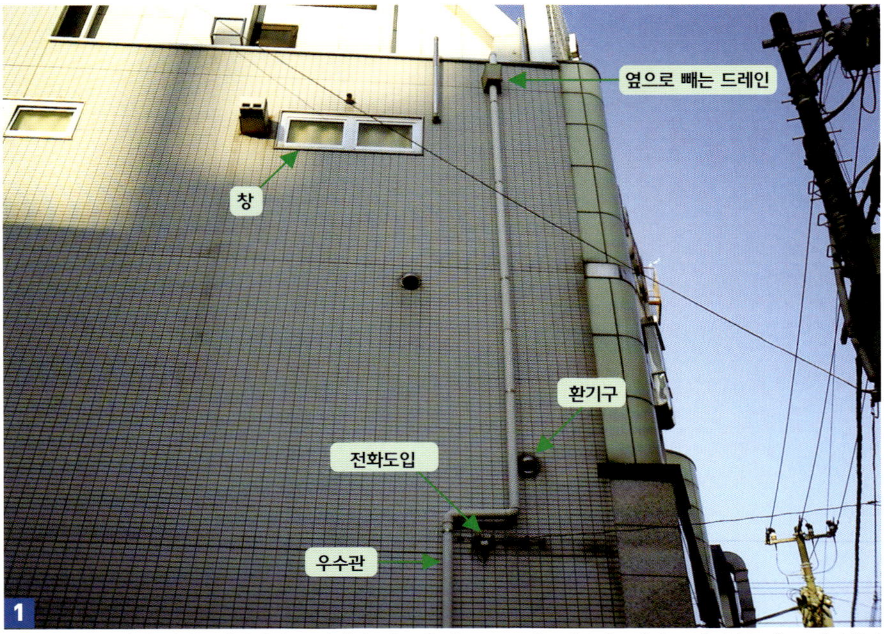

사진1은 우수관이 전화도입위치와 중복되기 때문에 왼쪽으로 이동시켰다. 적어도 타일나누기 도면작성단계에서 그 도면에 관련 설비를 포함하였다면 불필요한 노력을 들이지 않고 깔끔한 구성이 되었을 것이다.

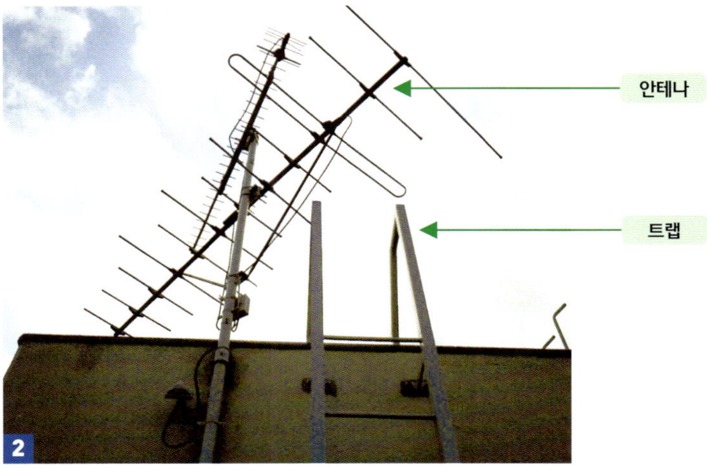

사진 2는 수신용안테나 지지 기둥을 세웠으나 수신방향을 고려하지 않아 트랩 바로 위에 위치하게 되어 승강시에 위험한 자세를 만들고 있다.

21 간선인입 실패

간선이입 공사는 사진 1과 같이 건물의 구조체 공사완료 후에 전력핸드홀 부분을 굴삭하여 토류벽에 구멍을 내어 구조체와 핸드홀과의 사이에 배관을 통과하는 것이 일반적이나 핸드홀과 건물측 지수의 시공성이 나빠 준공 후에 누수 되는 일이 있다. 이러한 공사를 종합적인 판단하에 합리적으로 행하는지 여부는 현장책임자의 능력에 달려 있다.

사진 1은 건물구조체 공사완료 후에 전기공사에서 굴삭기계를 수배하여 전선의 도입부분을 굴삭하고 있다. 시공개소가 좁아 장해물이 있는 부분은 인력으로 굴삭하게 된다.

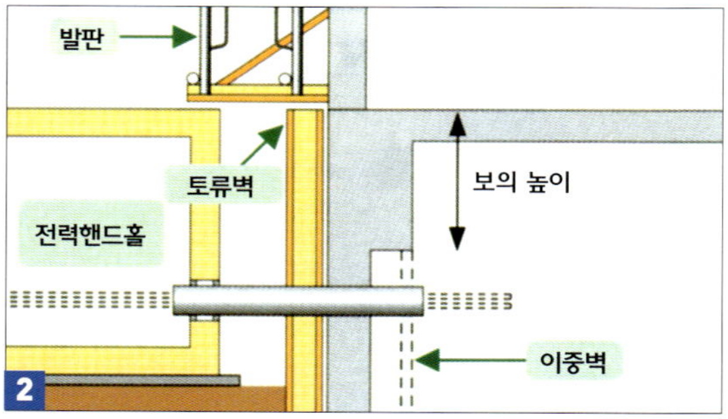

건물주변에 발판이 있는 경우, 위의 그림과 같이 시공이 곤란한 상황이 되어 시공성이 불량하므로 시공불량과 공기의 지연이 발생하기 쉽다.

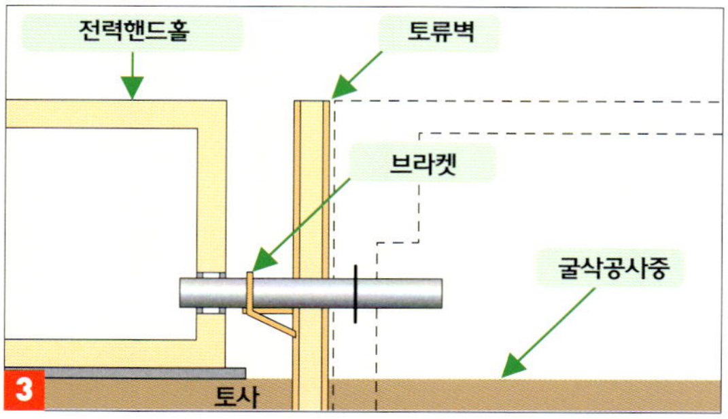

대책으로서 건물의 지하굴삭개시와 동시에 전력핸드홀의 시공을 실시하여 매립배관을 통과시켜 놓는다. 또한, 건축공사의 굴삭기계가 있을 때에 되메운다.

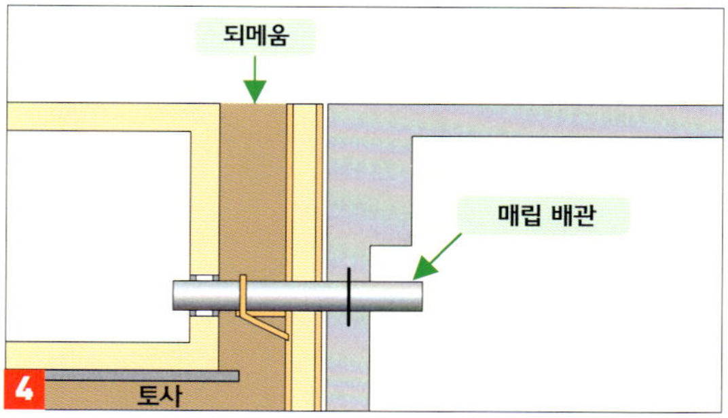

위의 그림과 같이 날이 달린 배관을 콘크리트 구조체에 설치함으로서 지수성능이 향상된다.

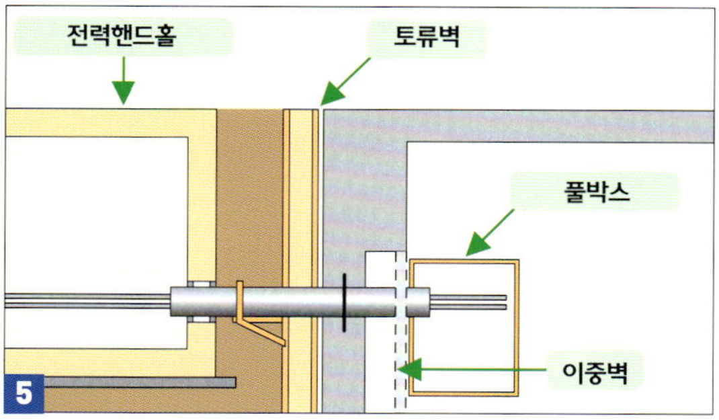

이중벽과 풀박스 설치를 위의 그림과 같이 하면 나중에 누수상황이 확인되지 않으므로 피해야 한다.

사진 6과 같이 구조체 상황이 보이도록 하는 것이 누수상황의 확인이 쉬워 보전성이 높아진다. 이때에 벽의 구조체는 누수가 없도록 확실히 처리한다.

22 무정전장치의 구조체공사에서 감전

개수공사중 UPS (무정전장치)에서 배선을 철거하기 위해 트랜스에서 전원을 차단하여 사고를 대비하여 검전기로 확인한 후에 배선을 절단하였으나 그 뒤에 감전되어 버렸다. 이는 축전지설비에 대한 확인을 가볍게 생각하여 발생한 사고이다.

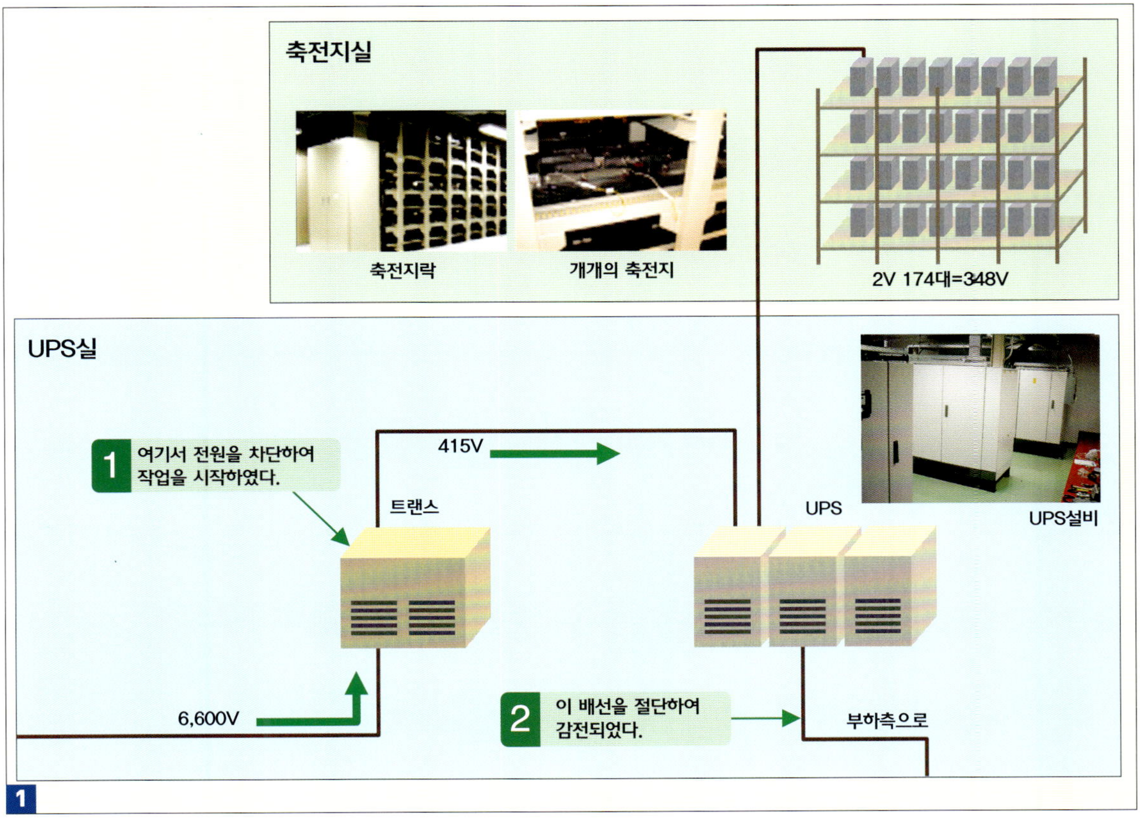

1

2

축전지실은 별도의 실로 되어 있다. UPS 실내에 트랜스가 있기 때문에 그 메인부분에서 전원을 차단하면 그 이후 전기는 끊어진다고 생각할 수 있다.

실패방지 포인트 5

이번 사례의 경우, 검전기를 사용하여 전기가 통하지 않는 다는 것을 확인한 후에 안심하고 전원차단작업에 들어갔다. 하지만, 그 검전기는 교류전류는 검출가능하나 직류전류는 검출되지 않는 기계였다. 무정전장치와 연결되어 있지 않은 것이 직류축전지이다. 나중에 냉정히 생각하면 당연한 것이라 생각되나 실제로 작업하고 있는 사람은 오랜 경험으로 안전하다고 생각할 수 있다. 인간은 빠지기 쉬운 함정이 극단적으로 위험하다는 것을 실례를 통해 많은 사람에게 알리는 것이 기술자로서 필요하다.

23 피뢰침의 설치

피뢰침은 너무 높으면 기초가 크게 되어 비경제적으로 될 뿐 아니라 바람의 영향으로 소음을 발생시키거나, 그 진동이 최상층으로 전달되는 문제를 발생하는 경우가 있다. 가능한 경제적인 배치가 되도록 고려하지 않으면 안 된다.

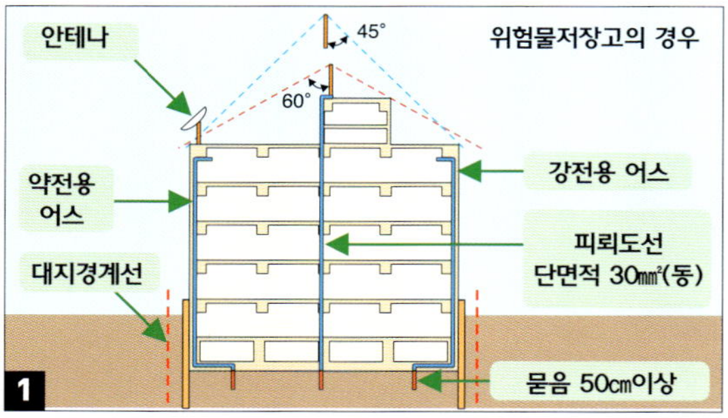

위의 그림과 같이 보호범위에 들어가도록 피뢰침의 개수와 배치를 계획한다. 나중에 설계변경으로 설치된 안테나 등이 보호범위를 벗어나지 않도록 주의해야 한다.

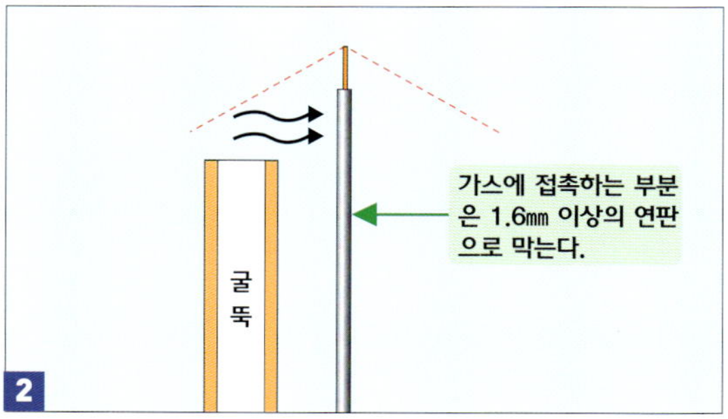

굴뚝도 보호범위에 들어가지 않으면 안 되나, 가스에 의해 부식되므로 바람의 방향이나 이격거리를 충분히 고려한 배치로 해야 한다.

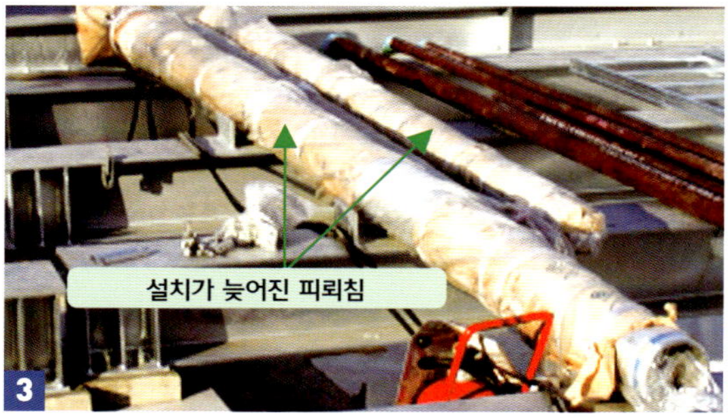

긴 피뢰침은 옥상에 크레인이 설치되어 있는 사이에 설치하도록 계획하지 않으면 안 된다.

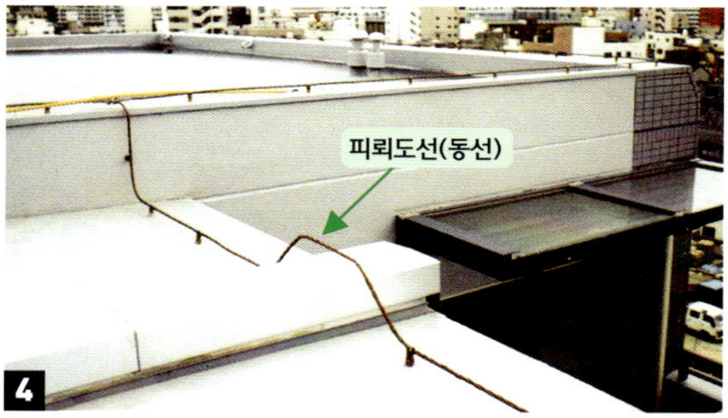

사진 4는 피뢰도선으로 30㎟의 동선을 사용하고 있다.

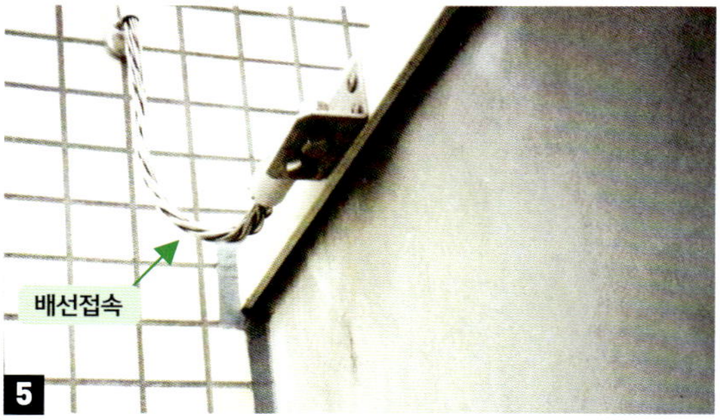

단면적이 50㎟ 이상의 알루미늄선은 피뢰도선으로서 사용할 수 있다. 하지만 조례에 의해 도막두께 부족으로 판정될 수도 있으므로 확인이 필요하다.

부재의 조인트부분의 접속단면이 작아지므로 사진 6과 같이 배선접속을 하지 않으면 안 된다.

24 어스의 설치

건물주변에 대지의 여유가 없는 경우, 어스봉의 박아넣기(어스판의 매설)는 버림콘크리트 전에 시공되지 않으면 안 된다. 피뢰침용 어스의 필요수, 강전용 어스, 약전용 어스, 그 이외에 의료용 및 통신용에 특별한 어스의 필요 여부를 미리 확인하여 어떻게 배치하여 루트를 어떻게 취할 것인지 계획하지 않으면 안 된다.

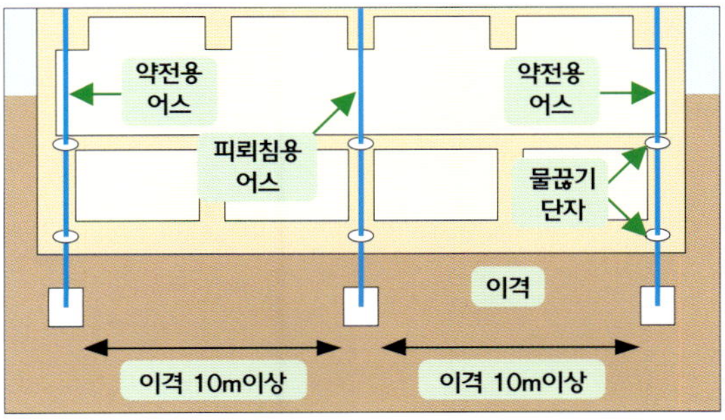

각각의 어스에 영향을 미치지 않도록 위의 그림과 같이 충분한 이격을 취하지 않으면 안 된다.

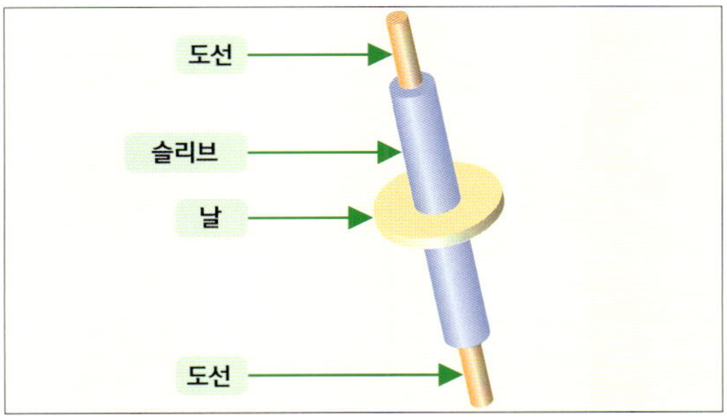

물끊기 단자는 건물내부로 물의 침입을 막기 때문에 도선을 위의 그림과 같은 날이 달린 슬리브로 접속하여 슬리브 내에 용해도체를 흘려보내는 것이다.

사진 3은 어스봉의 박아넣기 상황. 어스봉은 지지지반을 손상시킬 우려가 없고 시공성이 좋다.

사진 4는 어스용 도체의 상황. 이 위에 버림콘크리트가 타설된다.

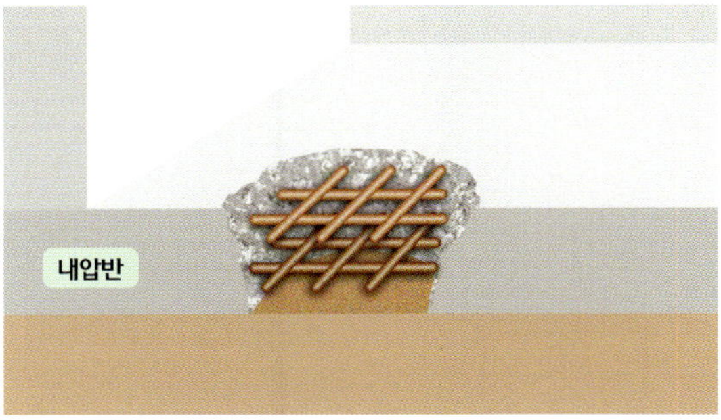

전기공사를 담당하는 시공회사의 결정이 늦어져 어스공사를 잊으면 위의 그림과 같이 내압반을 부수고 어스를 넣는 일이 있으므로 주의해야 한다.

실패방지 포인트 6

전기설계도서에 필요로 하는 어스의 제원이 명기되어 있지 않는 경우가 있다. 특수한 의료기기나 통신기계의 경우 그것에 대한 전용 어스가 필요하다. 발주자나 설계자에게 그러한 인식이 없어도 설치하는 기기류 등의 결정을 미리 부탁하여 그 기기의 메이커에서 필요로 하는 설비를 확인하여 어스 시공시기에 맞출 수 있도록 한다. 어스설치에 관한 트러블을 회피하기 위해서는 냉정한 상황 파악과 위험예지가 중요하다.

25 전파장해발생 예측

건물을 세우는 것에 의한 전파장해의 보상은 세우는 측의 책임이 되므로 사전에 충분한 고려가 필요하다. 하지만, 그 판단이 나빠, 트러블이 되는 경우가 있다. 어느 시점에서 장해가 발생하기 시작하는 지와 같은 세세한 사전검토가 불충분한 것이 그 원인이다. 건물의 시공 중에 옥상 높이 타워크레인을 구축한 경우 등으로 인해 [텔레비전의 영상이 나빠졌다.]와 같은 민원이 발생하여 즉각적인 대응이 요구되는 경우가 종종 있다. 자신의 눈으로 보고, 사전에 어느 정도 예측을 해 놓음으로서 적절한 대응을 취할 수 있다.

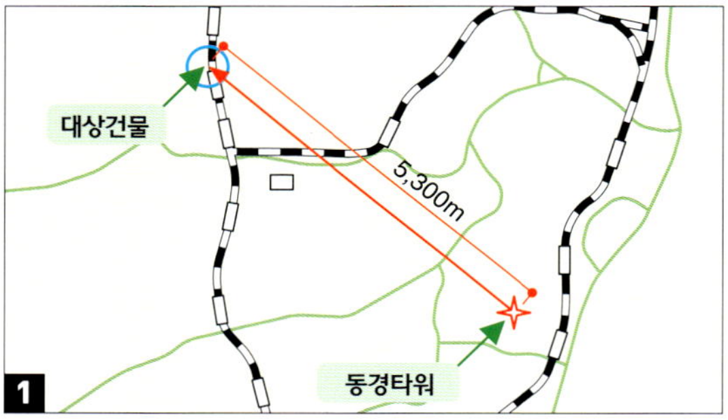

1

전파방향의 동경타워로부터 이격과 각도를 지도로 조사해 보면, 위의 그림과 같은 경우, 건축하는 건물의 높이는 55m로 타워에서 약 5,300m 떨어져 있다.

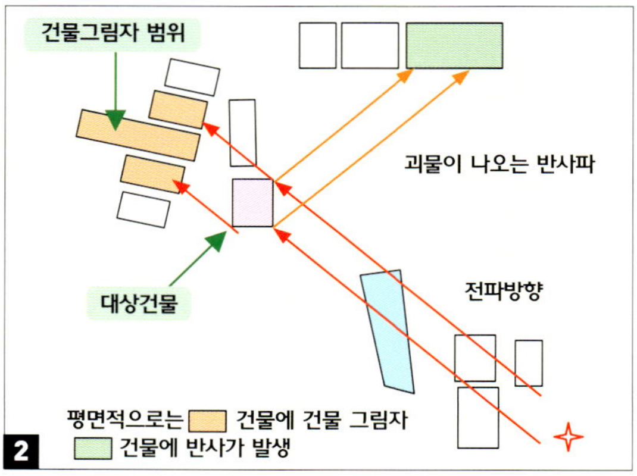

2

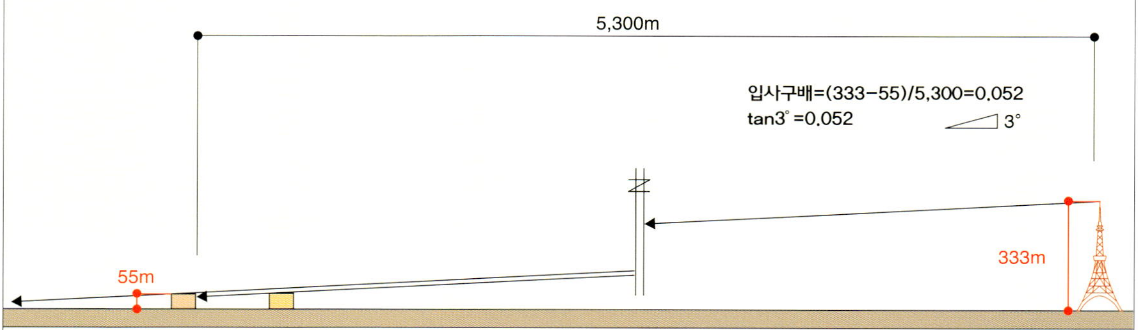

위의 그림과 같은 전파도달단면을 작성해 보면, 건물에는 3° 위에서 입사각으로 전파가 오는 것을 알 수 있다. 이론적인 검토 후에 계획건물의 뒤쪽에 있는 건물옥상에서 입사방향을 보고 높은 건물의 존재나 반사방향에 무엇이 있는지를 실제로 찾아보는 것이 중요하다. 현장확인을 하지 않고 오래된 데이터를 바탕으로 자료를 작성하여 잘못된 판단을 하는 사례가 있으므로 주의해야 한다.

가까운 건물에서 전파도달방향과 건물이 완성된 때의 반사파가 어느 방향으로 발생하는지를 실감해 보면 좋다.

3

26 전파장해반사파의 대책

전파장해 발생건수는 일반적으로 건물그림자에 의한 것보다 반사에 의한 경우가 많다. 사진 3의 좌측 사진은 도로사면에 의해 건물이 셋백되어 있어 양생그물이 설치되어 있는 외부발판을 해체한 시점에서 전파장해의 민원이 발생하였다. 그림과 같이 양생그물을 설치한 결과 전파장해가 없어진 사례이다.

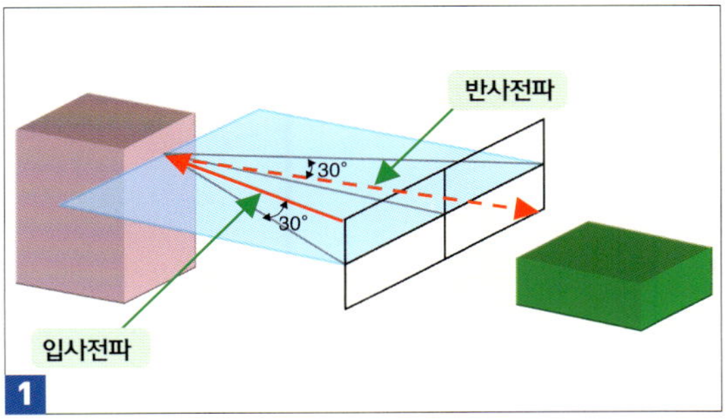

1

반사파의 영향범위가 크게 되는 경우가 있다. 건물의 외벽면에 입사한 전파는 위의 그림과 같이 반사하여 녹색 건물의 안테나에 늦게 도달하므로 전파장애를 발생시킨다.

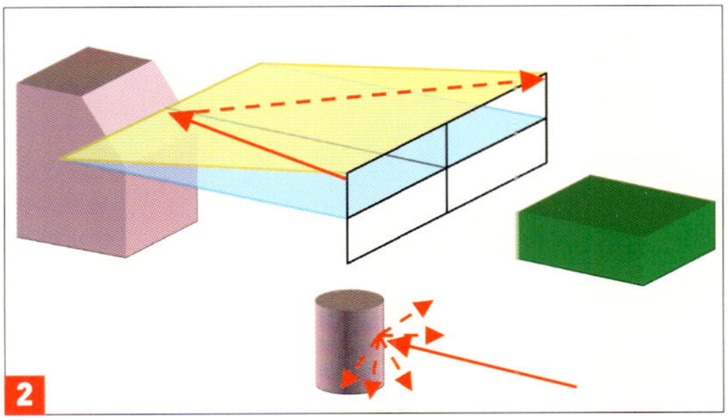

2

외벽면을 경사지게 함으로서 반사파를 영향이 적은 위 방향으로 향하게 하는 방법이 있다. 또한, 반사파를 눈산시키기 위해 벽면을 곡면으로 하는 대책도 있다.

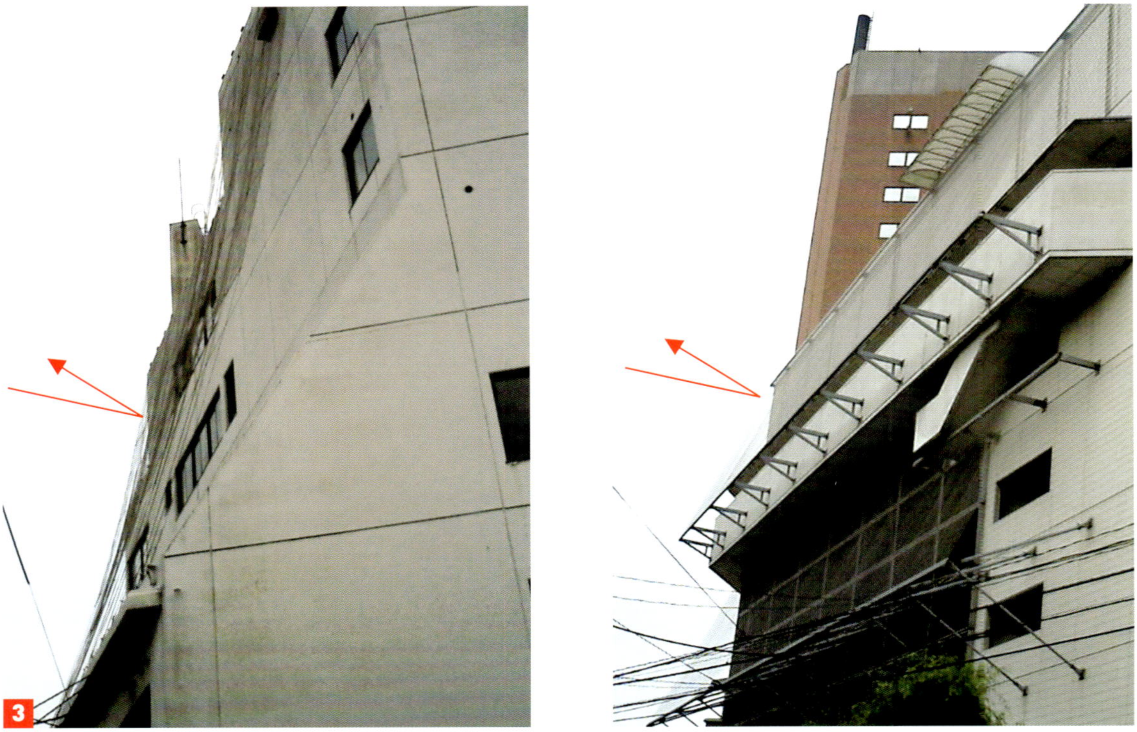

3

위의 2장의 사진은 각각 전파도달방향의 외벽면에 금속망을 설치하여 영향이 적은 상방으로 향해 전파를 반사시켜 더책을 취한 사례이다.

27 옥상중량물의 반입시기와 배치

건물옥상에 설비기기용 받침철골이 있어 2단으로 설비기기를 배치하도록 되어 있는 설계의 경우, 옥상의 철골공사를 모두 완료한 후에 설비기기를 설치하려면, 매우 많은 노력이 소요된다. 평면적으로 구획을 나누어 구획별로 아래의 설비기기의 설치 → 철골받침설치 → 상부기기의 설치와 같이 작업을 진행하고, 다음 구획으로 이동하는 계획을 실시하면 무리 없이 시공이 가능하다. 즉, 아래 단의 철골기초 위에 설비기기를 설치한 뒤에 상부의 철골공사를 쌓아 나가는 식으로 진행하면 무리 없이 시공이 가능하다.

옥상에 설비기기를 2단으로 배치하는 경우, 철골공사와 설비기기의 설치 순서가 잘못되면 매우 많은 노력이 소요된다.

사진 2는 철골받침위의 상황. 옥상에 크레인이 있는 사이에 설치하였으나, 타워크레인의 개구부 부분의 배치가 불가능하다.

발전기는 꽤 무겁기 때문에 양중하기 어려운 장소에 배치시켜 놓으면 횡이동이 필요하게 되어 이동하는 루트의 작업이 진행될 수 없다.

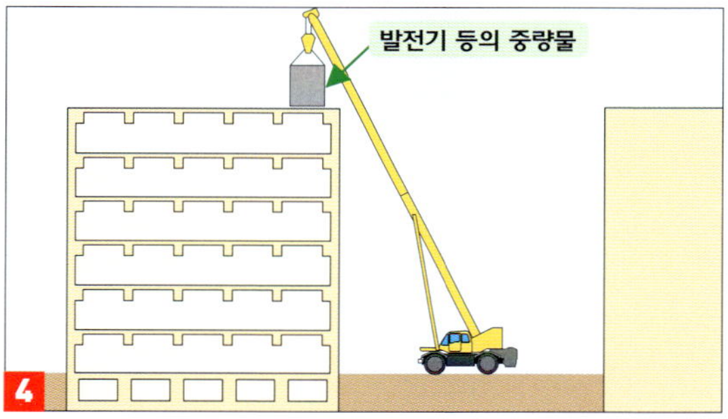

외부에서 크레인을 사용하여 설치하는 경우는 크레인의 작업반경내에 중량물 배치를 하도록 계획적인 옥상설비기기 배치를 해야 한다.

중량물의 양중을 위해서는 대형 크레인의 설치가 필요하게 되어 도로를 점유하기 때문에 휴일이나 야간작업밖에 허가되지 않는 경우가 많아 미리 해당 경찰과 협의해야 한다.

실패방지 포인트 7

옥상에 설치하는 설비기기가 많은 경우에 그 계획과 조정을 제대로 하기 위해서는 시기별로 작업상황을 투시도에 포함하여 그것을 바탕으로 관련된 철골 · 전기 · 공조 · 위생 등 각 공사의 책임자와 세세한 순서를 협의해야 한다. 이 작업을 가능한 조기에 함으로서 각기기의 레이아웃을 최적의 장소에 설정가능함과 동시에 가장 좋은 타워크레인의 배치계획을 할 수 있다. 시공성의 양부는 나중 보전성이 좋은지 여부와 연결되는 것을 염두에 두고 이 활동을 적극적으로 진행해야 한다.

[2] 공조설비

28 에어컨 실내기의 배치 불량

집합주택에 있어서 인테리어를 깔끔하게 설계하여도 에어컨의 실내기를 설치하면 그 배관과 전기의 배선이 보기 흉한 상태가 되는 경우가 있다. 그림 6과 같이 커튼과 환기 레지스터와의 구성을 고려함으로써 그 장소에 적합한 배치 계획이 가능하다.

1 사진 1과 같이 창 바로 위에 실내기가 배치되면, 보를 관통하여 외부로 낸 냉매배관을 바로 밑으로 내리지 못하므로 긴 횡방향 배관이 외부에서 보이게 된다.

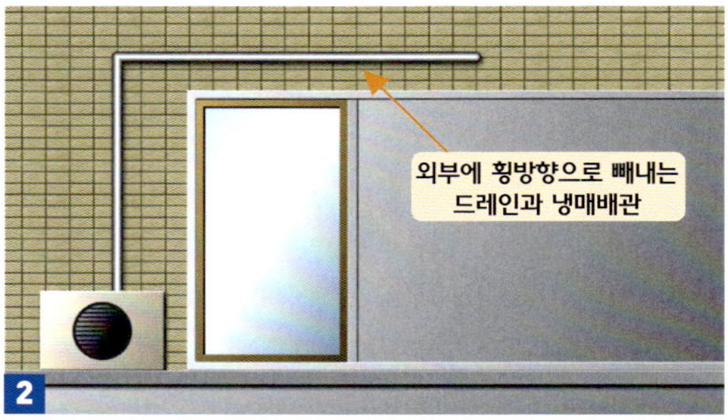

2 위의 그림은 사진 1의 외부의 횡방향 배관의 상황이다. 긴 횡방향 배관은 그다지 보기 좋은 것이 아니다. 당초에 배관을 고려한 설계가 필요하다.

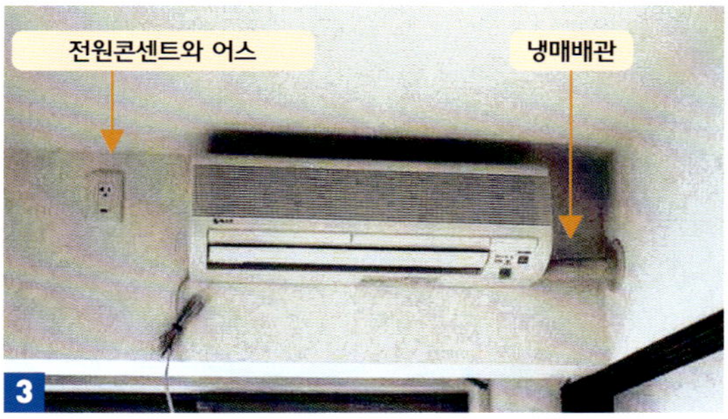

3 사진 3은 전원콘센트가 에어컨으로부터 떨어져 있다. 또한, 냉매배관도 노출되고 있어 고려 부족으로 보인다.

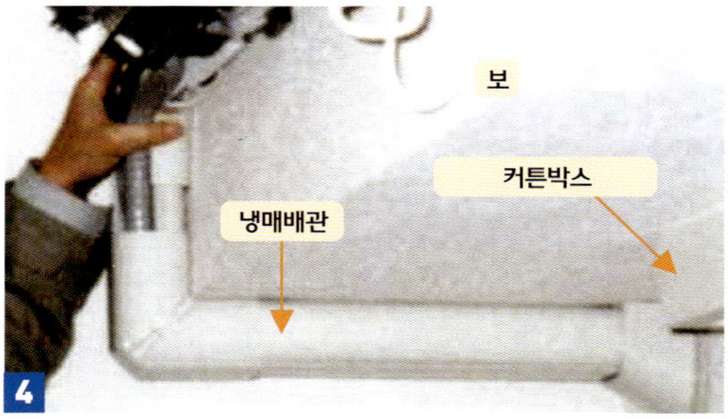

4 드레인배관을 보 밑으로 붙여 놓았으나 벽을 관통하는 이러한 형태가 많다.

5 전기배선은 약간 노출되나 냉매배관이 에어컨 뒤에 있기 때문에 깔끔한 구성이다.

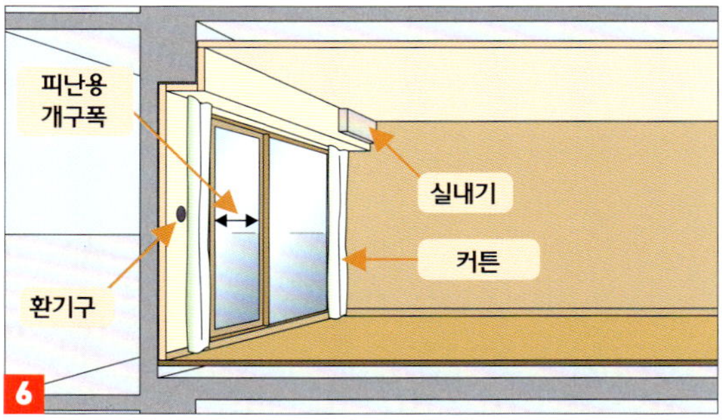

6 위의 그림과 같은 투시도를 작성하여 전체 구성을 미리 생각함으로서 보다 좋은 구성이 가능하다. 병원 등에서는 피난을 위한 개구부폭의 확보를 고려하여야 한다.

29 통로측 에어컨 실외기 설치장소로의 배관

집합주택에 있어서 공용복도측에 에어컨 실외기를 놓는 장소를 배치하는 경우에 에어컨 드레인배관 루트 고려가 부족한 구성을 가끔 보게 된다. 에어컨을 배치한 때에 실내 측에서 보이는 모습까지 고려해야 한다. 단, 에어컨의 호스가 나오는 방향에 따라 냉매배관의 접속위치가 변하므로 검토가 필요하다.

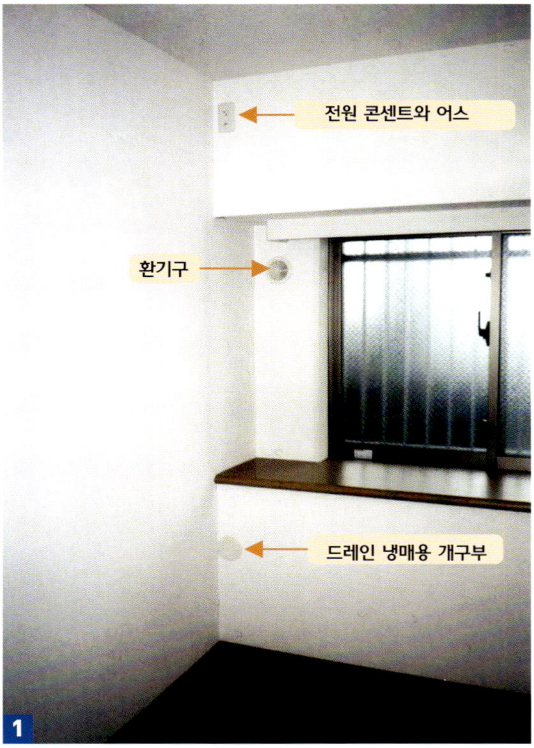

사진 1은 에어컨용으로 콘센트와 드레인 개구부가 설치되어 있으나 이 방에 에어컨을 설치할 경우의 상태가 배려되어 있지 않다.

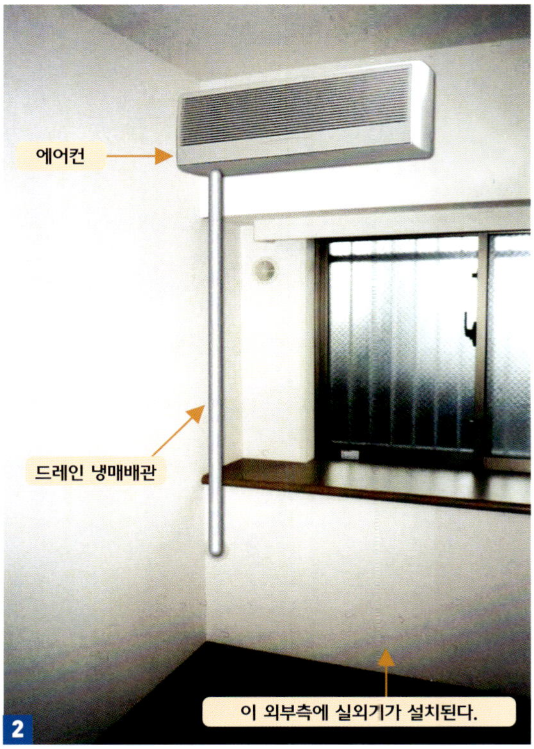

사진 1과 같은 방에 에어컨 설치를 상정한 장소의 상황. 이렇게 드레인과 냉매 배관이 보이게 되는 경우가 된다.

이 슬리브 위치에는 벽에 용접하여 드레인배관을 아래 방향으로 횡배관한다.

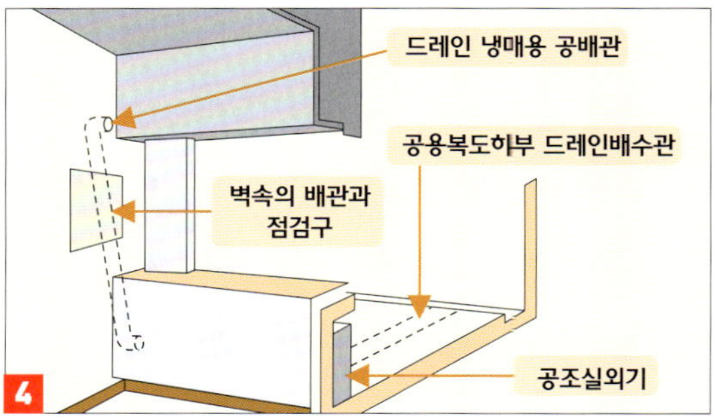

벽속에 제대로 공조관을 매립하여 깔끔한 구성이 된다. 또한, 공용복도에 물이 넘쳐나지 않도록 위의 그림과 같이 배수용 관을 설치하면 좋다.

30 공조기의 드레인 배수 실패

배관류로서 배수관은 경사를 잡지 않으면 안되나, 횡으로 빼내는 거리는 최대한 짧게 해야 한다. 화장실과 우수의 배관과 비교하여 공조기의 드레인 루트에 대한 대책이 후순위로 미루어지면 기둥 속을 무리하게 통과시키지 않으면 안 되고, 보온재에 부딪힌다면 결로가 발생하게 된다. 또한, 드레인 배관의 연속성이 끊어진다거나 역구배가 되지 않도록 천장 타일을 붙이기 전에 충분한 검사시간을 확보해야 된다.

공조기에서 나온 드레인 배관은 보온되어 사진 1과 같이 경사를 잡아서 보 밑을 통과하여 관에 연결된다.

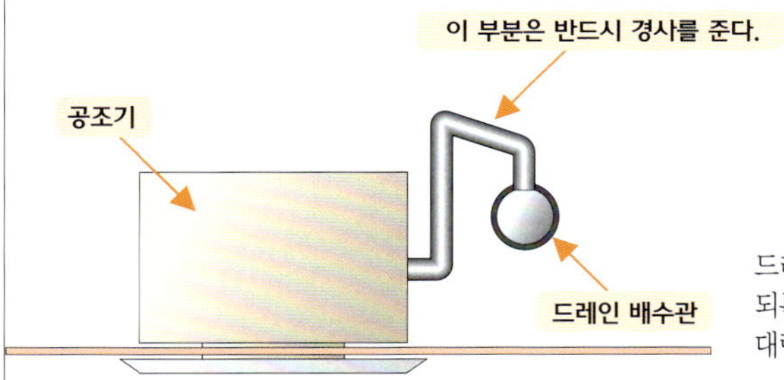

드레인판에 물을 거의 최대한으로 채워 냉동스위치에 의해 배수되는가를 확인할 필요가 있다. 또한, 도중에 스위치를 끊었을 때 대량의 물의 역류가 없는지를 확인한다.

배관에 보온재를 감기위해 사이즈가 커진다. 50 의 배관으로 100(㎜)는 필요하다.

31 드레인이 접속되지 않은 채로 천장에 매립

여름에 천장에서 누수가 되기 때문에 천장 속을 점검해 본 결과, 공조기 드레인이 연결되지 않은 예가 많다. 왜 검사를 하지 않았는가를 생각할지도 모르겠으나, 준공시 서두르는 분위기의 현장에서는 철야작업의 연속이 되어 검사도 할 수 없는 상황이 만들어 진다. 강한 의지를 가지고 미리 설계도서의 결정을 진행하여 이전 공정을 해결하는 능력이 요구된다.

이 드레인이 접속되어 있지 않든지, 접착제를 바르고 잊은 채로 천장이 덮히는 경우가 있다.

또한, 배관은 실시하였으나 보온이 되어있지 않은 채로 지나가 대량의 결로수가 천장에 낙하한 사례도 있다.

원인의 다수는 기기를 연결하는 작업원과 배관하는 작업원, 보온하는 작업원이 달라 만족스러운 검사가 이루어지지 않고 보드 붙임 작업을 서두른데에 기인한다.

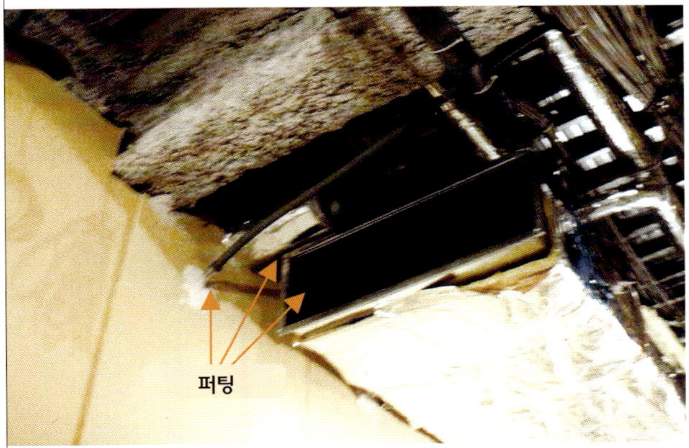

또 한가지의 원인은 시공의 지연이다. 그 지연의 근거는 결정의 지연과 각 설비의 취합검토 부족이다. 중간의 사진과 같이 퍼티주입을 해 버린 경우, 빠른 판단이 요구된다. 현장책임자가 관계자 전원을 그 장소에 모아 판단을 내려 우회할 경우의 루트를 결정한다. 천장면 바탕 시공전의 검사일을 지정하여 그날까지 공사를 완료할 수 있도록 담당자에게 약속을 한다.

그 업무가 불가능한 현장책임자가 있는 현장은 각 직종이 책임을 미루어 그만큼 시간을 소모해 부조합에 다다르는 경우가 많다.

갈 방향이 없는 소음기

아래 사진은 천장면이 거의 완성되어 있으나 높은 곳에 있는 소음기는 미접속인 채이다.
박스설치를 잊고 있다. 여기에서 작업을 하려면 천장에 들어가는 수 밖에 없다.

조립이 완료된 천장면

32 공장제작오차의 현장에서 수용 불가능

공장에서 제작해 온 부재가 현장에서 정확히 맞으면 좋으나, 현장과 제품 각각에는 오차가 있게 마련이다. 마지막 배관을 플랜지로 볼트를 체결하려고 하는 때에 구멍이 맞지 않아 플랜지에 틈새가 생기고 마는 경우가 있다.
이러한 경우가 발생하여 현장에서 절단한 상황이 사진 1이다. 마지막의 조정을 어디서 할 것인가의 대책이 사전에 필요하다.

사진 1은 대구경배관의 시공을 하기 쉬운 장소에서 진행해버려 3차원으로 휘는 형태를 하는 부분의 접속이 마지막이 되어버려 치수가 맞지 않아 공장에서 제작해 온 배관을 위치에 맞추기 위해 절단한 상황이다. 마지막작업은 시공하기 좋은 곳에 설정하여야 한다. 똑바른 관과 비교하여 이러한 배관은 납기가 늦어질 수 있으므로 제작공정의 조정도 필요하다.

사진 2는 덕트와 댐퍼들이 작업성이 나쁜 장소에서 맞닿아 있는 상황. 올바르게 접속하기 위해 재제작 해야 할 소요가 발생하여 시운전조정이 늦어진 사례이다.

33 공조기의 접속 오류

사진 1은 소음기가 스프링클러 배관에 닿아 찌그러져버린 상황인데 문제는 그것뿐만이 아니었다. 그 소음기는 외기를 흡입하는 덕트인데 그것을 공조기의 배출구 덕트 접속구에 연결해 버렸다. 현장에는 능숙한 인부만 있는 것이 아니라 도면을 이해할 수 없는 경험이 부족한 작업원이나 이제 막 시작하는 작업원도 있다. 그런 사람들이 오류를 발생시키지 않도록 지도, 검사를 하는 인재가 부족한 것이 현실이다.

1

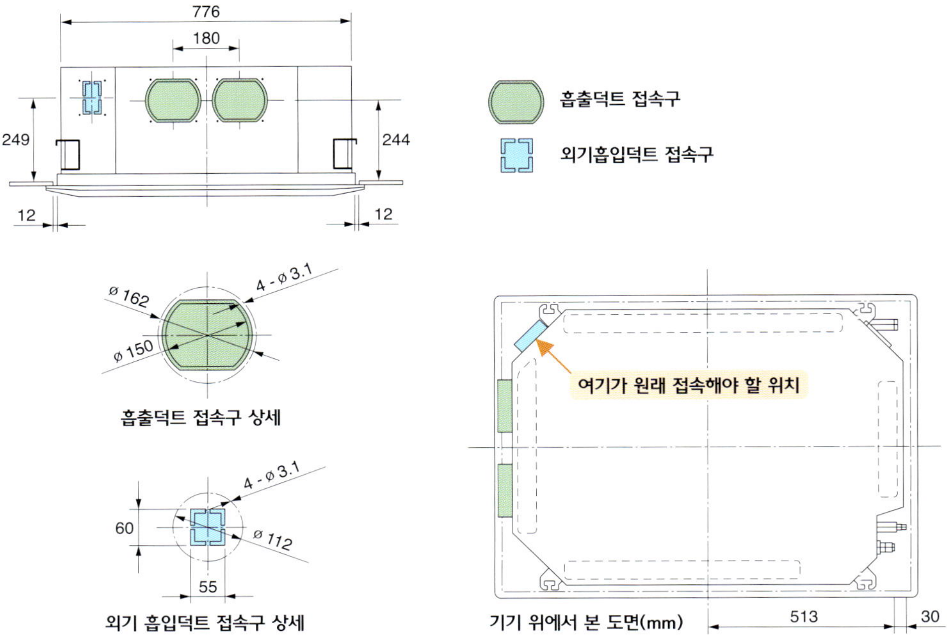

2

34 전열교환기의 필터 교체가 불가능

천장 내 은폐형 전열교환기는 유지보수를 위해 필터를 꺼내지 않으면 안 된다. 하지만, 그 뚜껑부분에 고정하는 볼트와 스프링클러가 있는 경우가 있다. 또한, 천장 덮개가 작은 경우, 천장면의 찬넬에 닿는 경우가 있다. 여기서는 빼내기 위해 필터를 제거하기 쉽게 천장점검구가 배치되어 있지 않은 경우를 소개한다.

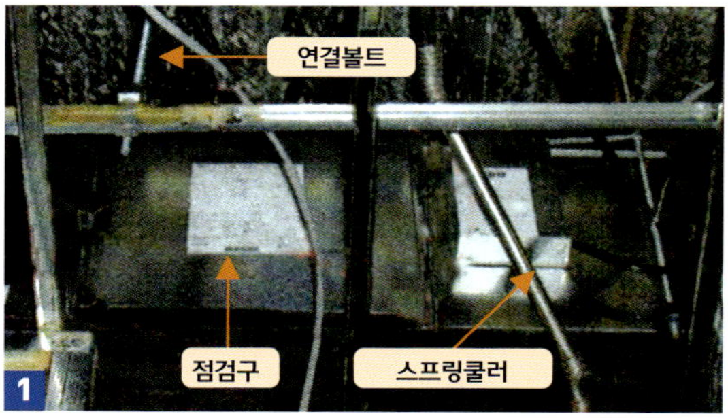

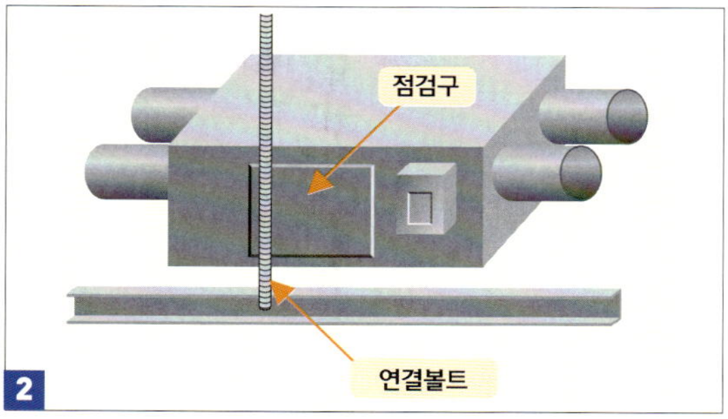

사진 1 · 그림 2는 연결볼트와 스프링클러가 장해가 되어 전연교환기의 필터 부분의 점검구가 열리지 않는 상황을 나타낸 것이다. 준공 후에 유지보수가 불가능하면 클레임이 들어오므로 주의해야 한다.

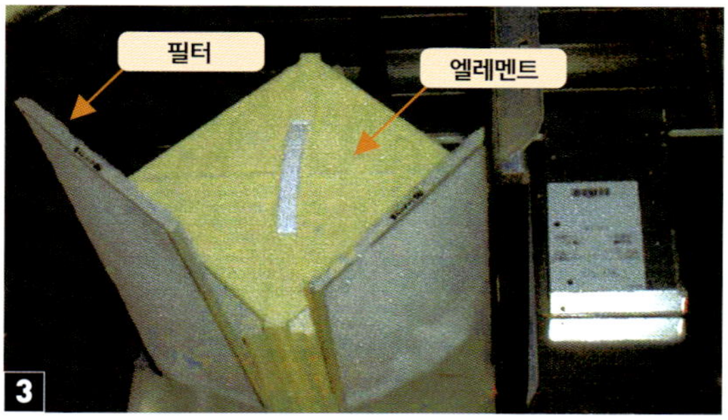

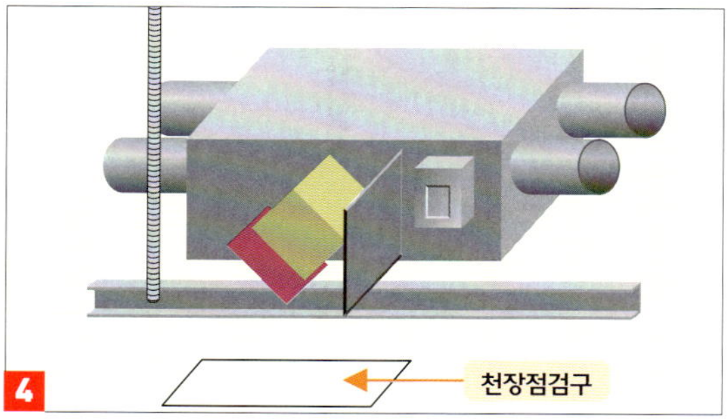

사진 3 · 그림 4는 전연교환기 필터를 빼낸 상황으로 이 아래에는 천장점검구가 필요하다. 이 점검구에서는 필터류를 빼낼 수 있도록 장해가 되는 설비가 없는 지를 사전에 확인해 놓지 않으면 안 된다.

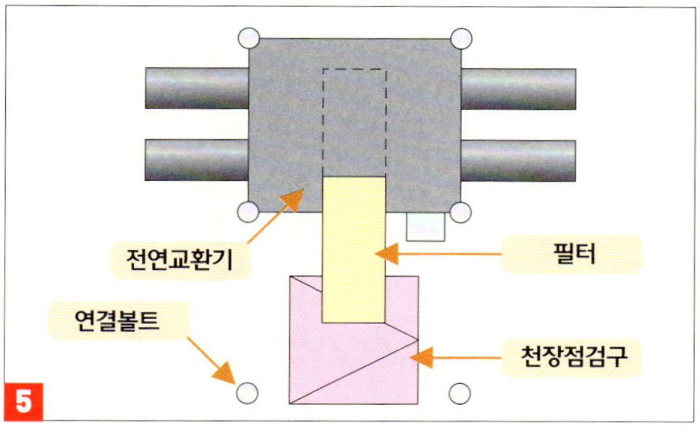

천장배치도에 관계설비를 플로트할 때에는 위의 그림과 같이 기입되어 있다면 장해물의 확인에 도움이 된다.

실패방지 포인트 8

천장 배치도 검토는 천장면에 보이는 것만 적는 것이 일반적이나 색을 통한 구분으로 천장내부의 것을 기입함으로서 각각의 간섭을 확인가능하다. 또한, 무리하게 천장의 라인을 맞추려 점검구를 점검하기 힘든 장소로 몰아넣는 설계자가 있으나 점검할 때의 자세가 나쁘면 점검구를 파손해 버리는 경우가 있다. 설비를 이해하고 있지 않은 설계자에 대해서는 끈기 있는 설명이 필요하다.

35 배연팬 지지볼트의 시공 불량

사진1은 배연팬을 천장에서 연결해 내리는 상황을 나타내고 있는 것이나 밸런스가 나쁜 연결방법을 하고 있다. 이대로 기기를 움직이면 큰 진동이 발생하여 결국에는 추락할 우려가 있다. 또한, 매달린 볼트의 도중에 긴 너트의 접속이 되어 있지 않으나, 볼트가 긴 너트에 충분히 들어가지 않는 경우도 추락으로 이어지는 원인이 될 수 있으므로 이러한 시공은 절대 있어서는 안 된다.

사진 1의 상태로 팬을 회전시키면 진동이 증폭되어 볼트가 빠질 우려가 있다.

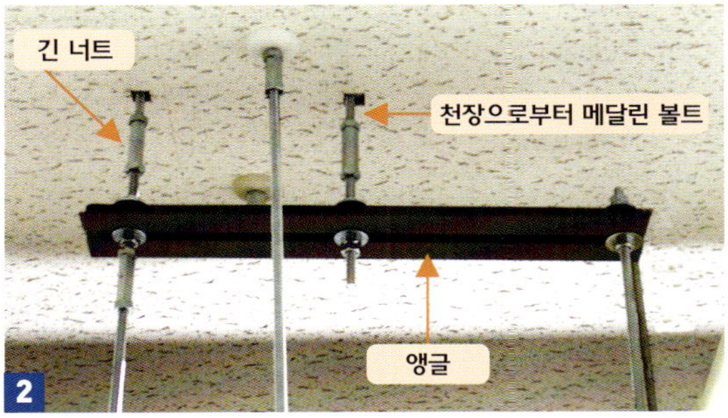

사진 2는 사진 1의 상부를 반대측에서 촬영한 것이나 매우 불안정한 부착임을 알 수 있다.

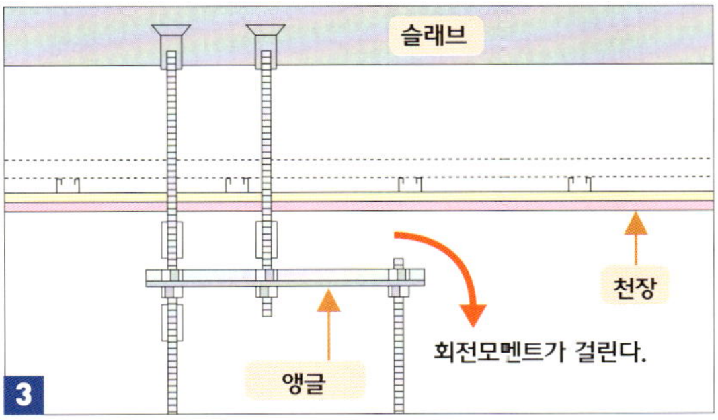

사진 1 · 2의 상황을 도시하면 위의 그림과 같이 된다.

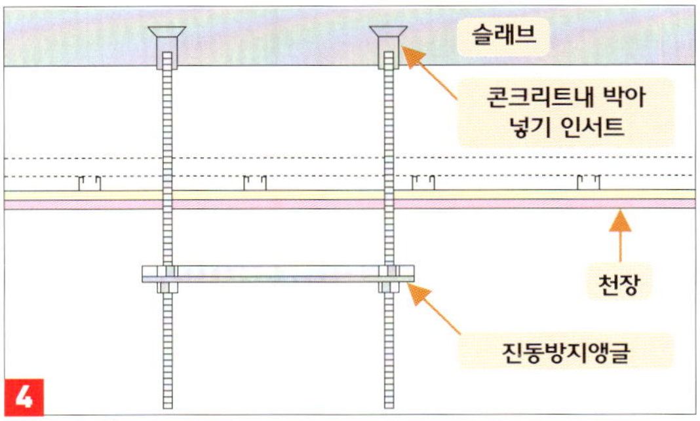

이 사례와 같이 진동하는 것을 메다는 경우에는 도중에 조인트를 설치하지 않아도 되도록 배연팬의 베이스까지 닿는 긴 볼트를 사용해야 한다.

오랜 세월 진동에 의해 연결볼트가 빠져 사진 5와 같은 천장 내 공조기가 낙하한 사례도 있다.

36 일본식 방의 공조흡출구의 실패

당초의 예상과는 달리 노력과 비용을 들인데 비해 썩 보기 좋은 모양이 나오지 않는 경우가 종종 있다. 사진 1은 일본식 방의 미닫이 문상부의 공조흡출구 앞면에 목제 틀을 설치하고 있으나 개구면이 클 경우 목제 틀의 날이 건조로 인해 불균등하게 되어 썩 좋은 디자인이라 하기는 어렵다. 노력을 들이지 않은 사진 2가 보다 깔끔해 보인다.

사진 1은 목제 틀이 커서 유지보수 시 빼내기에 많은 노력이 소요된다.

사진 2는 그다지 노력이 들지 않았으나 깔끔한 디자인이다.

나무의 건조에 의해 재료가 드러나 그다지 좋은 마감이 아니다.

실패방지 포인트 9

설비기구를 벽 등의 마감재와 맞추기 위해 그 재료를 대어 본다든지, 견본책을 확인한 후에 해당 품번으로 수배하는 것이 일반적이나 마감재는 비록 같은 색이라도 요철이 있는 것이나 금속과 같은 것은 완성시점에서 보이는 모습이 크게 달라지는 경우가 많다. 재시공이 되지 않도록 마감샘플을 만들어 설비기기와의 색조를 맞추어 실제로 확인하는 것이 필요하다.

37 레인지 스위치를 넣으면 현관문 안 열림

집합주택의 실내는 기밀성이 높으므로 부엌의 레인지후드 팬의 스위치를 틀면 실내의 기압이 내려가 현관문이 열리지 않게 되어 에어컨의 배수부분에서 음이 발생하는 경우가 있다. 부엌 내에 외기흡입구가 없는 경우는 이러한 사태가 발생하기 쉬우므로 설계시점에서 배려가 필요하다.

레인지후드 팬 스위치를 [강]으로 넣으면 실내 기압이 내려가 현관문을 밖으로 여는 것이 불가능해진다.

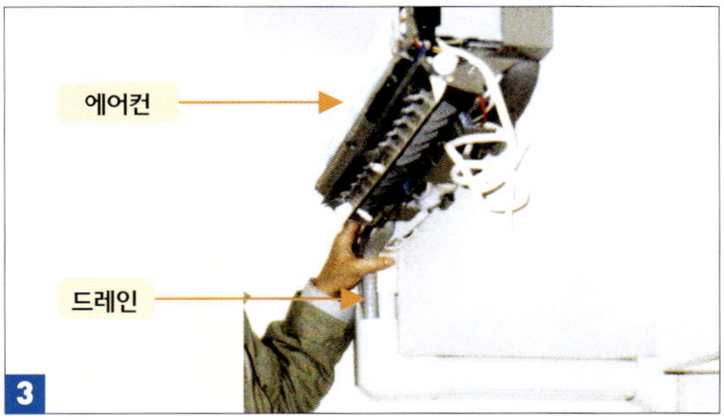

에어컨의 드레인 배수부분에서 [퐁퐁]하는 소리가 발생한다.

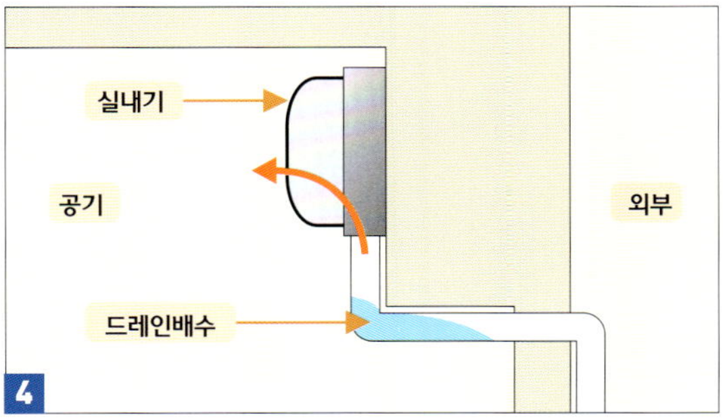

실내측의 부압에 의해 드레인 배수가 배수관 속을 낙하하지 않는 곳으로 공기가 올라오기 때문에 음이 발생한다.

사진 5는 레인지후드 팬의 배기구 및 가스 난방기를 사용 중에 배기만을 실시하고 흡기가 없으면 산소결핍 등의 위험한 상태가 될 우려가 있다.

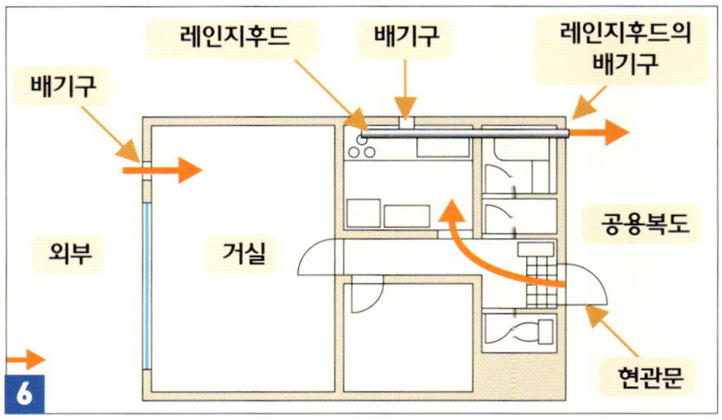

배기구를 거실측에 취하는 경우가 많으나, 방과 거실의 기밀성이 높은 경우, 위의 사례와 같은 현상이 발생하므로 부엌 내에 흡기구를 설치해야 한다.

38 벽과 덕트의 시공순서 실패

복도 등은 벽과 평행으로 덕트가 배치되는 경우가 많다. 이때에 덕트 공사가 선행되어 버리면 벽의 보드를 붙일 수가 없다. 내화벽의 경우, 덕트를 설치하기 전에 슬래브와의 단부처리를 완벽하게 해 놓지 않으면 추가 작업으로 매우 많은 노력이 소요된다. 시공순서와 관련된 규칙을 미리 정하여 관계자 전원에게 철저히 하게 하는 것이 중요하다.

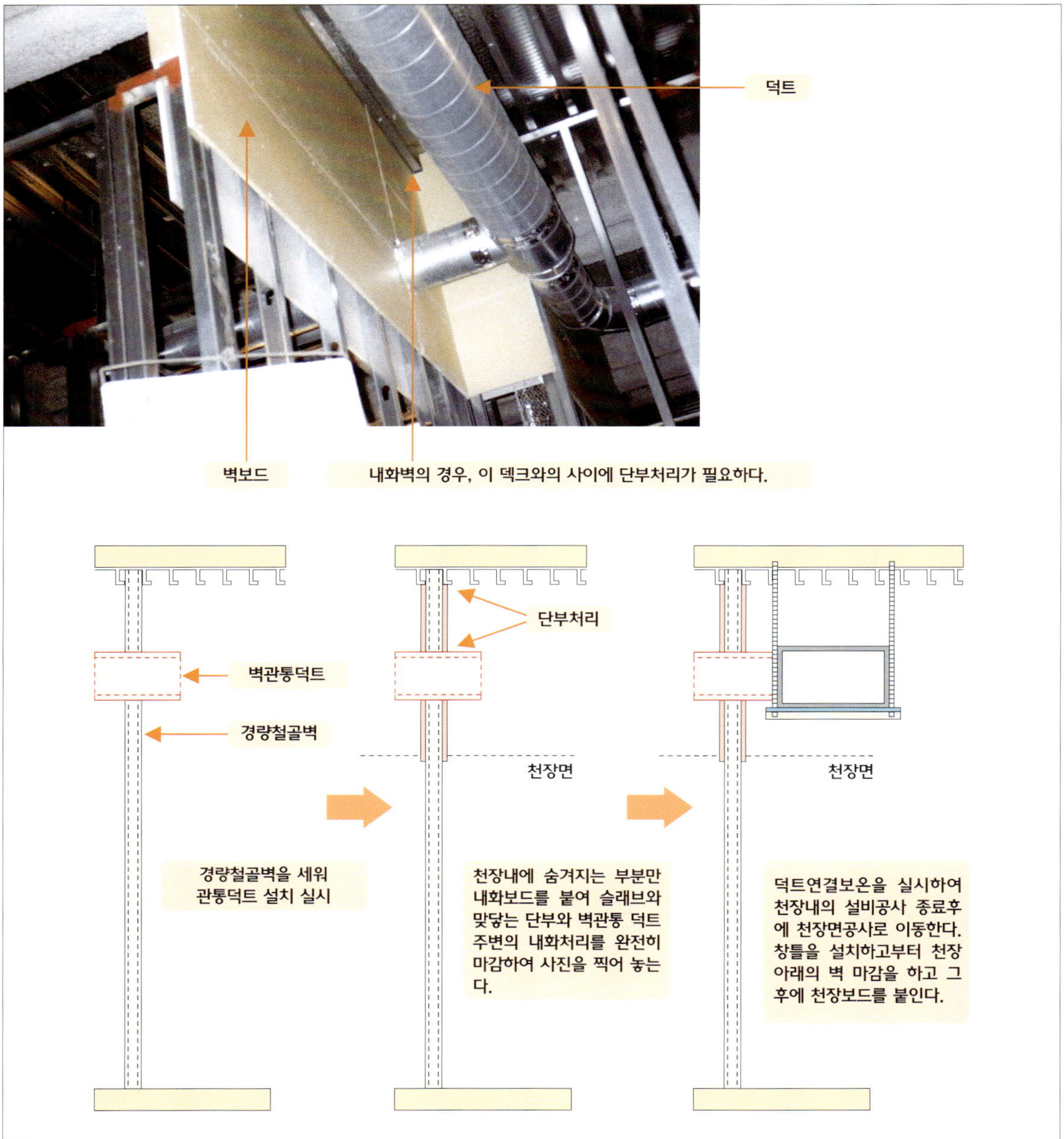

1

39 시공 중의 건물 안에서 일사증 발생

외부 새시가 고정창으로 되어 있는 건물의 여름철 내장공사에서는 종종 일사증이 발생한다. 공정계획이 안 좋은 현장에서는 공기에 쫓겨 좁은 공간에 많은 수의 작업원이 들어가는 경우도 생긴다. 건물 시공방법까지를 이해해 설계하는 건물은 적다. 현장 책임자가 미리 예측하여 최악의 상황에서 작업환경을 생각해 그 대책을 세운 시공을 해나가지 않으면 안 된다.

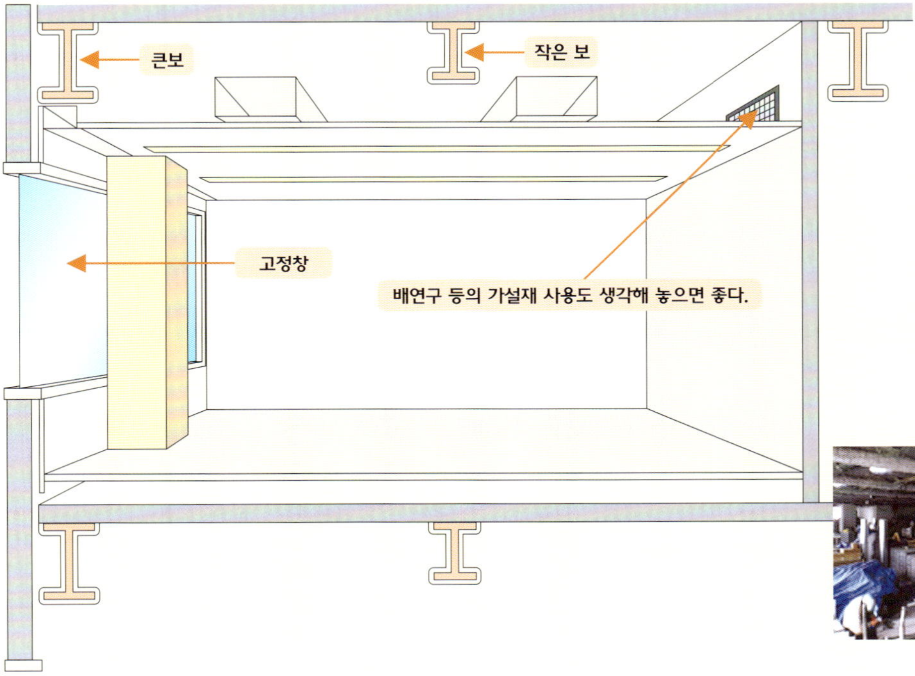

1
유리창에서 열이 들어와 환기가 불가능하므로 열이 쌓이기 쉽다. 작은 방에서 발생한다면 특히 그 경향이 강하다. 공정표를 작성하여 하절기에 이러한 작업이 발생하는지 고려해 보고 가설 개구부를 준비 놓던지, 환기설비를 가설전기로 작동시킬지 검토해 놓아야 한다.

2 환기가 나쁜 지하공간

3 본 설비 팬의 조기사용

사진 2와 같이 지하공간도 환기가 나쁠 수 있다. 지하의 한쪽면에 급기, 반대측에 배기 개구부를 만들어 자연 바람의 흐름에 역행하지 않도록 공기의 흐름을 만들어 팬 등으로 그것을 보강하는 등의 대책이 필요하다.

40 SRC조 설비 슬리브 실패

철골철근콘크리트(SRC)조의 철골슬리브 길이가 거푸집보다 빠져나와 보거푸집의 측판 설치가 불가하여 공기가 크게 지연된 경우가 있다. 벽위치에 의한 치수의 검토를 충분히 하면, 철골의 횡방향 오차제거를 위해 슬라이드할 수 있는 슬리브를 제대로 넣는 대책 등이 필요하다.

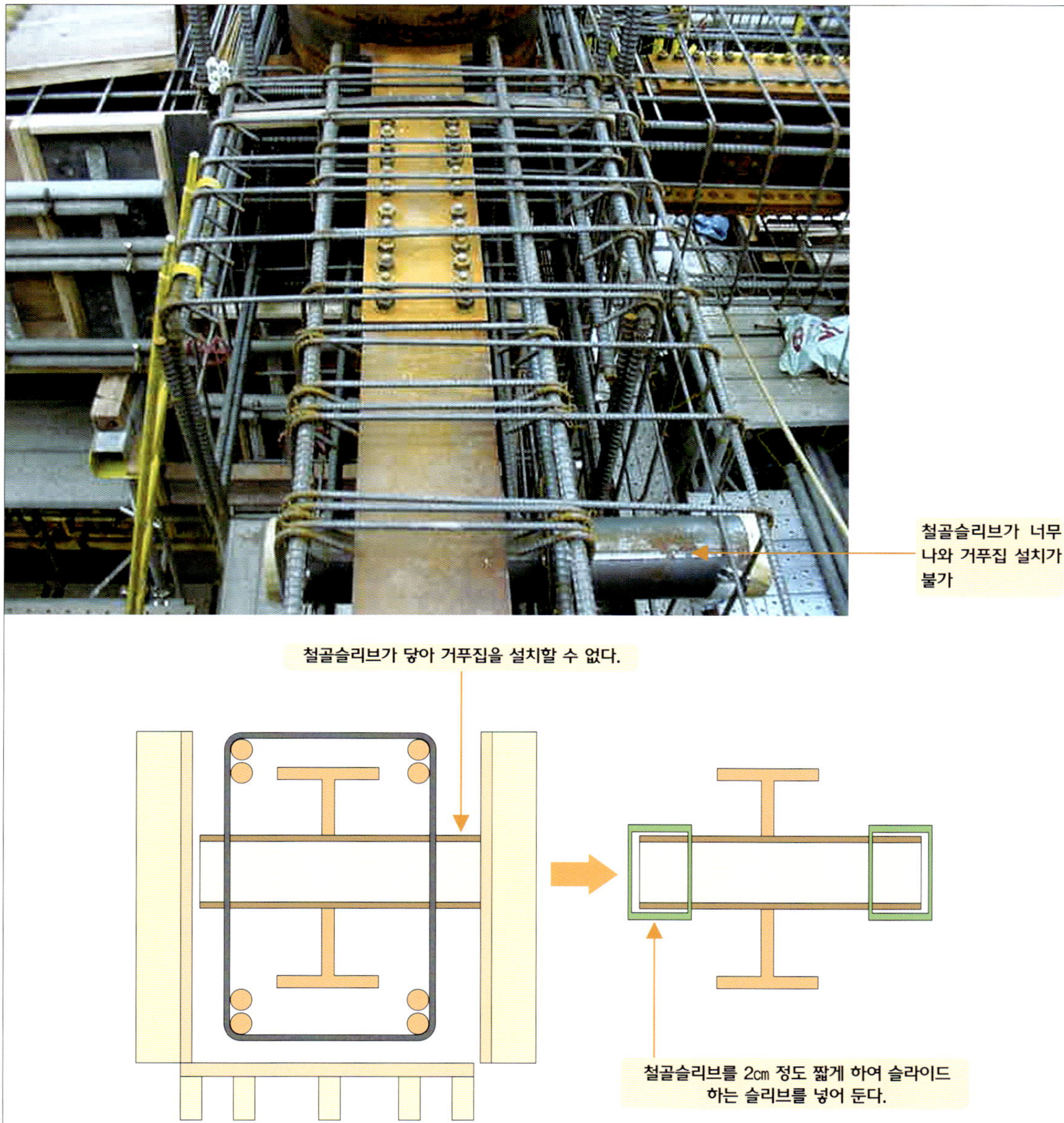

1

41 슬리브 위치 불량

사진 1은 개수현장의 철골부분을 찍은 것인데 정확히 슬리브의 위치에 내화벽이 배치되어 복잡한 구성이 되어 버렸다. 또한, 기둥과 보의 접합부분이었기 때문에 스프라이스 플레이트가 있고 벽쪽의 단부는 용접되어 있다. 다시 공간 나눔벽 위치와 설비 계통을 파악해 본 결과 이러한 부조합과 불필요한 비용 소비는 하지 않아도 좋았을 사례이다.

보와 슬리브는 이 주변을 피한다. 부득이한 경우에는 철골 조인트 위치를 변경할지 여부를 설계담당자와 협의할 필요가 있다.

욕실배기덕트를 이렇게 오르내리게 배치하면 물이 고여 누수가 발생할 우려가 있다. 보 철골 높이를 고려하여 슬리브를 설치하는 방법을 검토할 필요가 있다.

42 비밀리에 코어를 뚫어버린 공포

설비공사 착수가 늦어진 경우, 보에 슬리브를 설치하지 않은 경우가 있다. 천장과 보 사이에 배관을 통과시킬 공간이 없으면 아무 생각 없이 보에 코어를 뚫는 사람들이 있다. 최근에는 코어를 뚫는 비용이 내리면서 코어 뚫기가 일반화되기 때문인지, 관리를 태만히 하면 구조적인 검토도 없이 불필요하게 보를 뚫어버려 위험성을 포함한 건물이 되어 버린다.

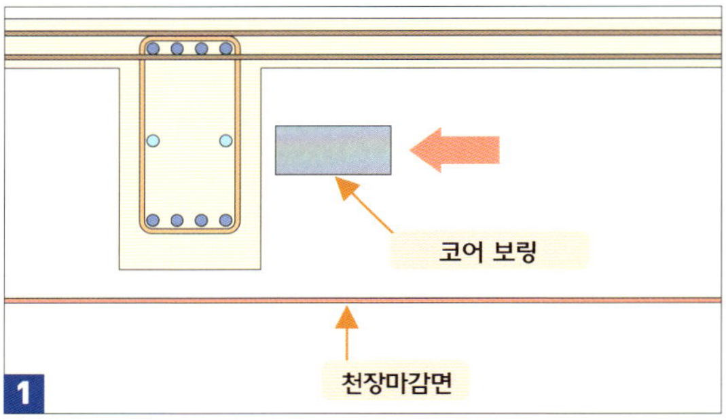

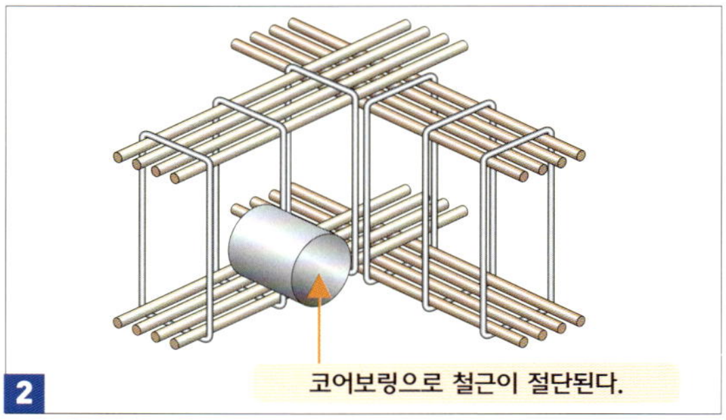

구조상 중요한 보의 스터럽과 최악의 경우 2단 주근까지도 절단될 우려가 있다. 구조체 공사전에 설비배근 루트의 확보 여부를 확인하는 것은 매우 중요한 일이다.

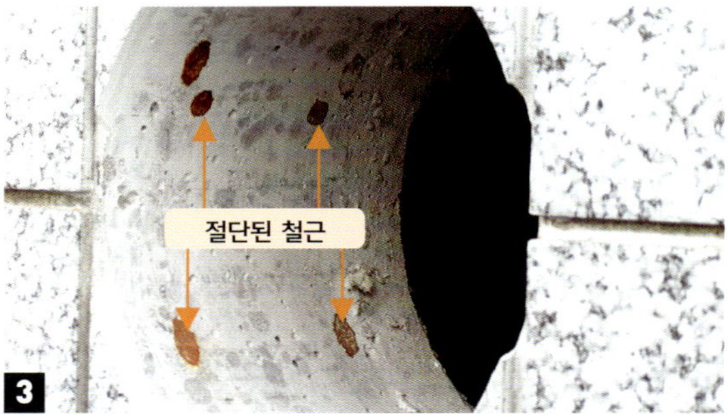

사진 3에서는 깔끔히 잘린 철근이 보인다. 이렇게 철근을 간단히 절단해 버린다.

사진 4는 바닥에 코어를 뚫은 상황. 개구보강근이 있는지 없는지 상관없이 뚫고 있다.

콘크리트가 두꺼워도 케이싱을 길게 하면 이렇게 뚫어진다. 독단적으로 남몰래 시공되지 않도록 현장내에 상담하기 좋은 분위기를 만드는 것이 중요하다.

43 배관의 고정시공 실패

배관은 물이 통과하면 꽤 큰 하중이 작용하므로 그것을 받는 구조체의 강도를 충분히 검토하지 않으면 안 된다. 또한, 여기서 중요한 것은 층고를 확인한 후에 지표금속의 설치위치를 정확히 하여 각 층의 바닥에 균등한 하중을 배치한다. 접합위치도 오차가 나지 않도록 레벨조정기능을 고려한다.

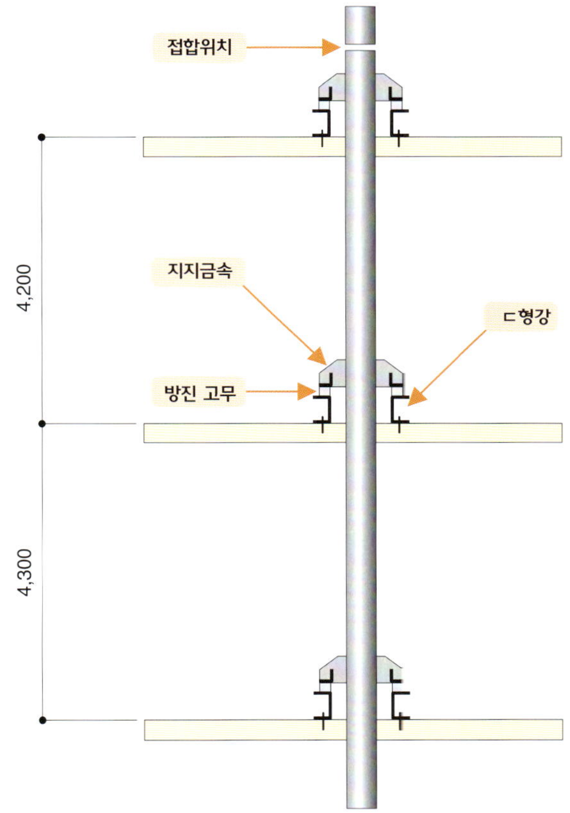

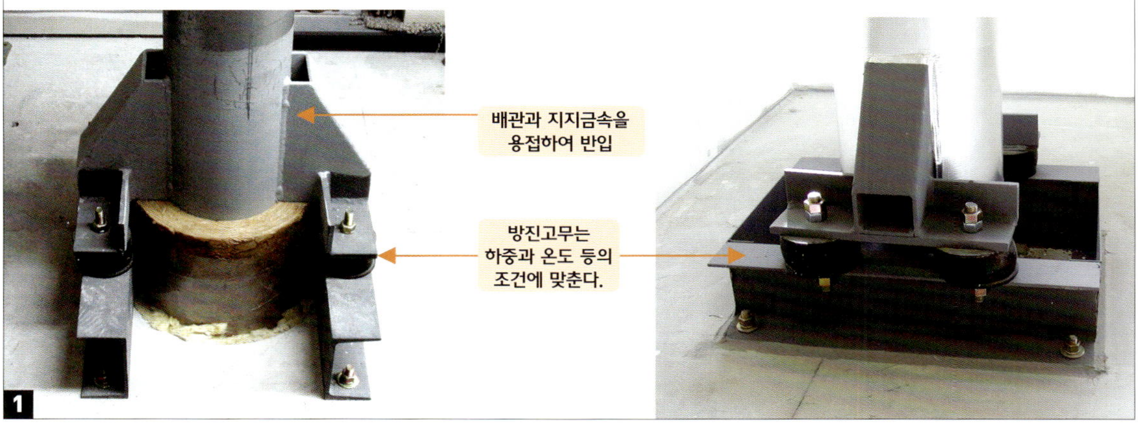

44 공조 실외기의 배치 실패 (1)

건물용이라도 개별대응을 위해 히트펌프타입 공조가 증가하고 있다. 하지만 그 실외기는 실내기와의 거리가 너무 크면 효율이 나빠지기 때문에 그 배치와 경로 확보에 고생할 수 있다. 장해의 유지보수를 생각해 정연된 계획을 해야 한다.

공조실외기가 식재에 가려져 바람의 흐름이 방해되어 효율 좋은 운전이 불가능하다.

사진 2는 공조실외기의 흡출구앞에 철골받침이 있어 쇼트서킷을 유발하고 있다. 배관 · 배선류도 깔끔히 되어 있지 않다.

사진 3은 보도에 면한 부분에 설치된 공조실외기나 통행인에 팬의 바람이 닿기 때문에 방풍벽을 만들게 되어 냉온방능력은 떨어지게 마련이다.

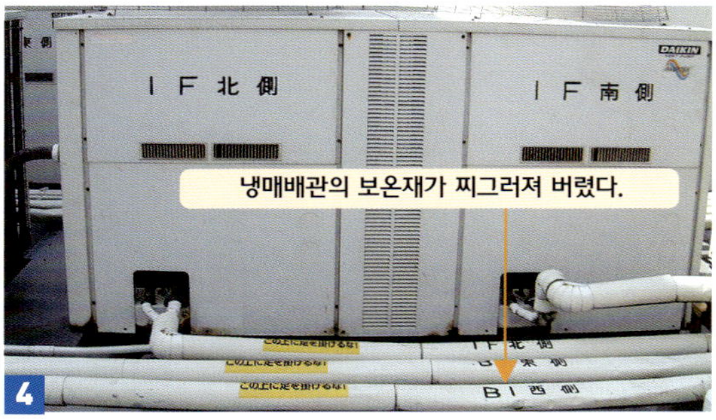

사진 4는 통로를 확보하지 않으면 배관 위를 걷는 일이 발생하여 보온재가 찌그러진다든지, 물이 들어가면 단열효과가 없어진다.

점검통로를 확보하여 그 아래에 냉매배관용 덕트를 통과시킨 깔끔한 레이아웃이다.

45 공조 실외기의 배치 실패 (2)

실외기를 외기 중에 설치하는 경우, 만의 하나 떨어져 통행인이 맞게 되면 매우 큰 사고가 되므로 외벽에 설치하는 경우에는 신중한 검토가 요구된다. 특히, 나중에 설치하는 앵커볼트는 모르터에 타입되어 강도를 기대할 수 없으므로 그 길이와 진동에 견뎌내는 사양을 선정하지 않으면 안 된다.

사진 1은 외벽면에 실외기를 설치하고 있으나 브라켓의 후시공 앵커가 장시간 진동에 의해 느슨해져 떨어지는 사례가 있어 안전 측면의 검토가 필요하다.

외벽면에 설치된 실외기의 진동이 벽과 공진하여 크레임이 발생한 사례가 있으므로 방진의 배려가 필요하다. 특히 인버터제어 기기는 주파역이 변하므로 주의해야 한다.

사진 3은 실외기가 크기 때문에 철골로 스테이지를 만들었으나 지진 시에 낙하하는 일이 없도록 확실한 강도계산을 하지 않으면 안 된다.

사진 4는 베이스 부분의 녹이 꽤 진행해 있다. 연속적으로 유지보수를 실시하는 것은 매우 어렵다.

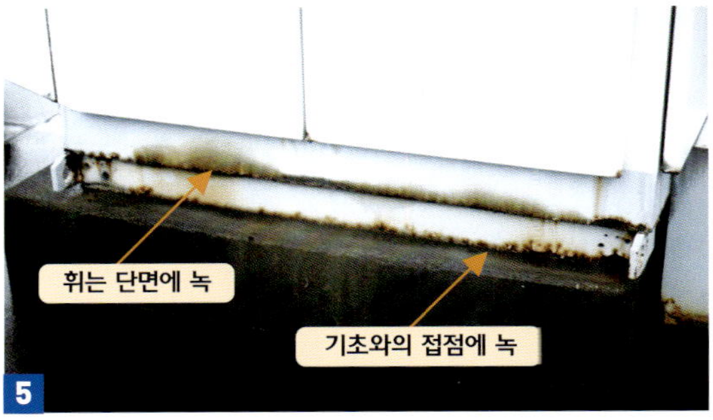

콘크리트 기초와의 접점은 비에 젖어 녹이 나기 쉽기 때문에 기초와의 사이에 고무패드를 휘감아 물을 끊는 아이디어가 필요하다.

46 외부 덕트의 설치 실패

옥상 등에 면적이 큰 덕트를 설치하는 경우에 설치방법은 다른 작업과의 조정을 확실히 생각하여 관계자와의 치밀한 협의를 함으로서 합리적인 시공이 가능하다. 건축담당자가 리더십을 가지고 확실한 장래 상황을 그려봄으로써 공정 · 수순이 보이고, 우선적으로 안전한 시공이 취해질 것이다.

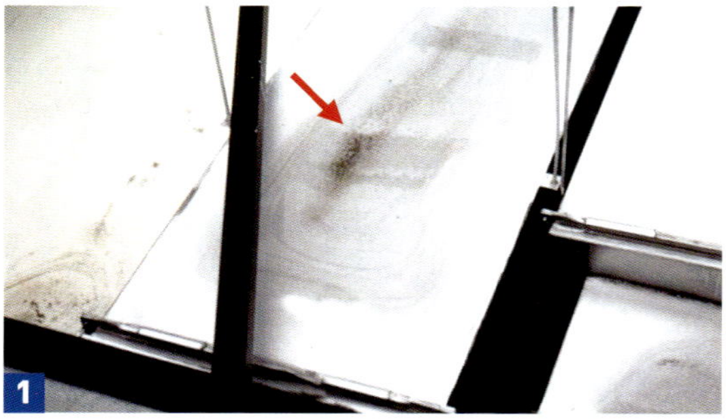

사진 1은 커다란 폭의 스테인리스 덕트의 중앙이 휘어 물이 고인다.

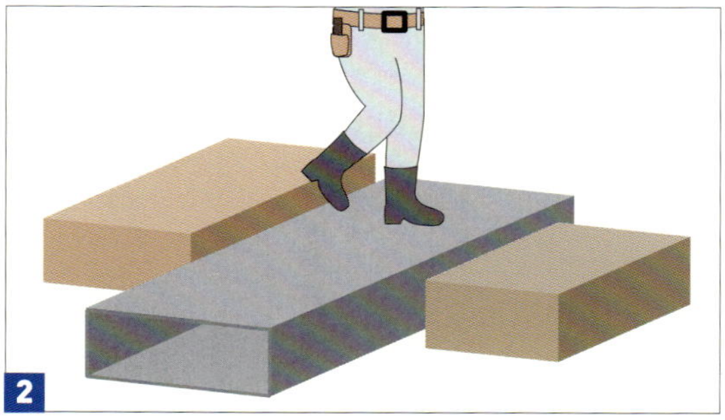

작업통로가 없으면 그 위에 사람이 올라가 휘어지게 된다.

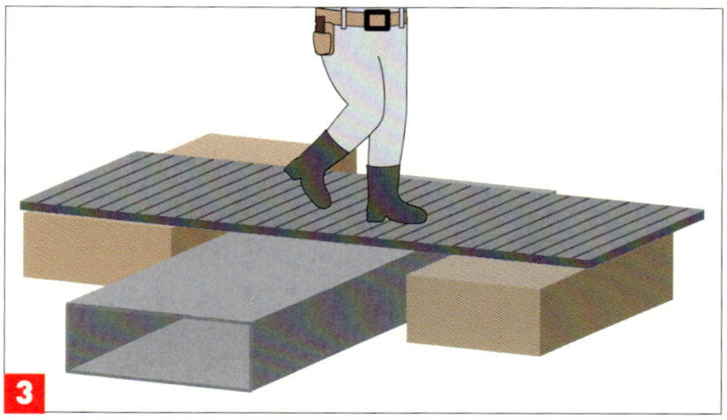

가설발판을 덮어 놓았으나 장래에도 필요하다면 점검복도를 제대로 설치하면 사진 2와 같은 부조합을 막을 수 있다.

공사 중 절삭불꽃과 용접녹이 스테인리스 덕트를 오염시켰다.

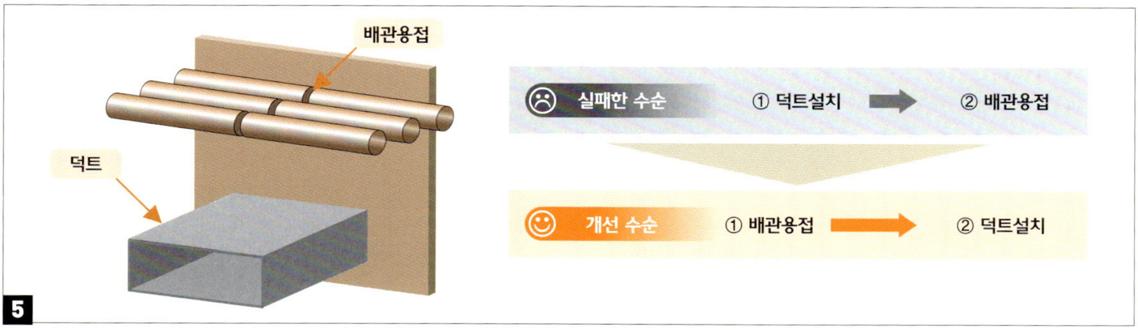

사진 4는 스테인리스 덕트 위의 배관용접을 생각하지 않고 하부의 덕트를 먼저 설치하였기 때문에 부조합이 발생했는데 오른쪽 위 그림과 같이 작업수순을 변경하든지, 배관의 용접위치를 변경함으로써 개선 가능하다. 다른 공종사이의 작업조정이 힘든 현실이다.

47 외부 개구부의 검토 불량

흡기와 배기 개구부를 외벽에 설치한 경우, 충분히 자세한 구성도를 작성하지 않고 설비 협력업체에게 맡겨 시공하는 경우가 많다. 설계 단계에서 입면도에 사진 1과 같은 개구부가 있는 경우에는 세심한 주의가 필요하다. 사람의 눈에 띄는 외부는 현장책임자가 사전에 확인하지 않으면 안 된다.

1

공기흡입구와 창개구부와의 이격거리가 부족하여 벽이 갈라져 버렸다. 초기 단계에서의 검토가 이루어지지 않아 이러한 일이 발생한다.

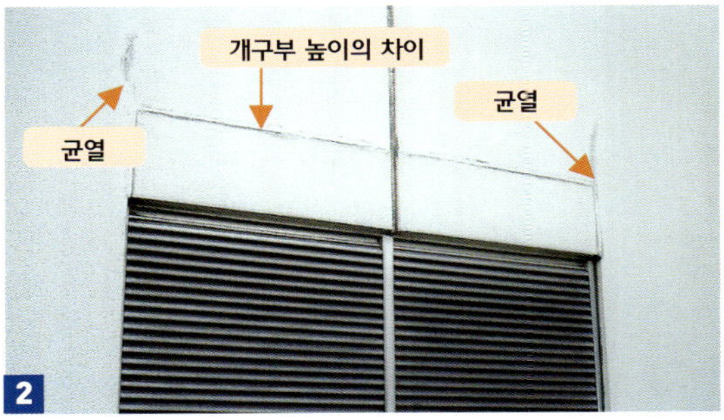

2

콘크리트벽의 높이가 잘못되어 상부의 벽을 나중에 타설하는 경우에는 양단상부에 균열이 발생하고 있으므로 가능하면 이 위치에 이음매가 필요하다.

3

벽에서 외부로 나오는 덕트 주변의 개구부가 커서 이 구멍을 메우기 위한 모르터를 바르면 바로 갈라져 누수로 이루어진다.

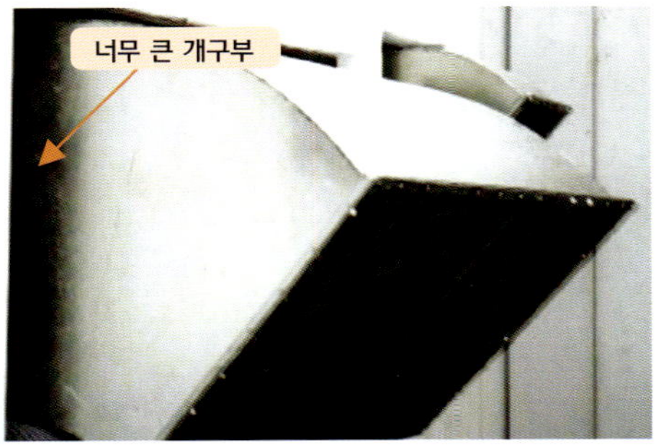

4

사진 4와 같이 대부분은 클리어런스를 크게 취하는 경향이다.

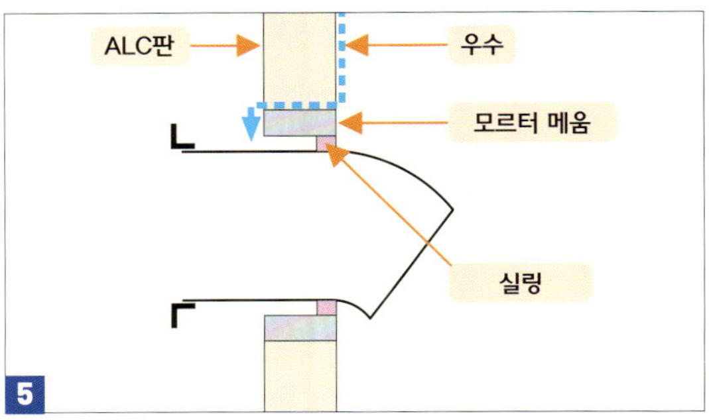

5

너무 큰 개구부를 모르터로 메운 경우, ALC판과의 접착면이 갈라져 누수되는 사례가 많다.

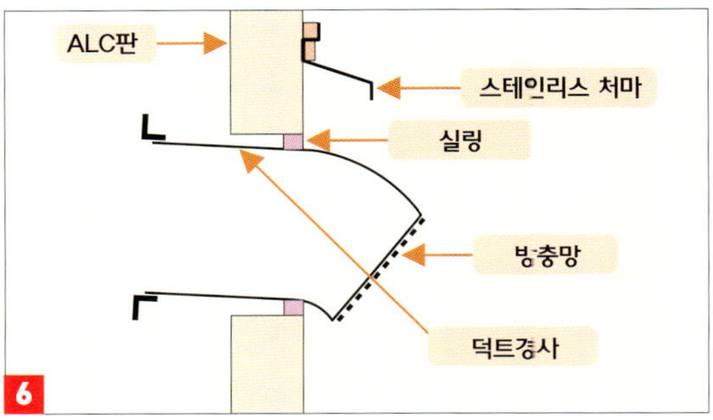

6

개구부는 플렌지가 들어가는 최소한의 크기로 하고 덕트에 경사를 주어 설치하며 상부에 처마를 설치하면 실링의 수명이 연장된다.

48 부엌의 배기 덕트 실패

부엌의 배기와 관련있는 부조합의 예는 부엌을 사용하기 시작하면서부터 클레임이 발생하는 일이 많으며 이 클레임의 수정에는 매우 많은 노력이 소요되어 발주자의 신용을 잃는 경우가 있다. 또한 인접한 건물의 흡기구 가까이에 배기 덕트가 있으면 민원이 발생하는 경우가 있는데 설계대로 시공해도 이러한 문제가 발생하는 경우가 있으므로 세밀하게 검토해야 한다.

1 부엌의 덕트를 외벽에 용접하여 설치하였기 때문에 기름성분이 외벽타일에 부착되었다.

2 옥상은 주변에 영향이 적은 장소이므로 사진 2와 같이 부엌의 배기를 자갈 등에 흡착시키면 효과적이다.

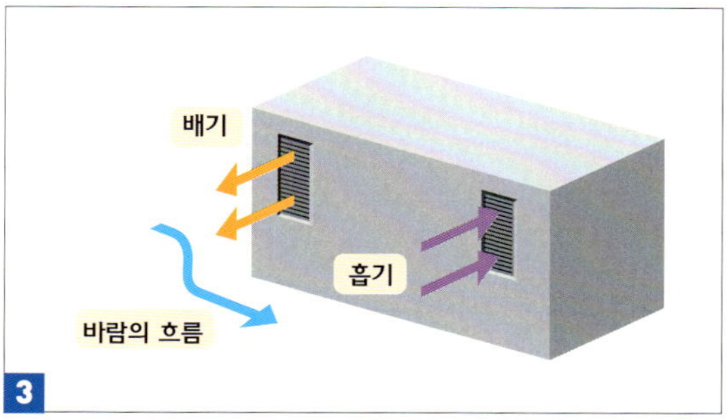

3 부엌배기가 바람방향을 따라 신선한 공기의 흡입구로 흘러다른 방으로 그 악취가 들어가는 경우가 있으므로 바람의 흐름에도 주의해야 한다.

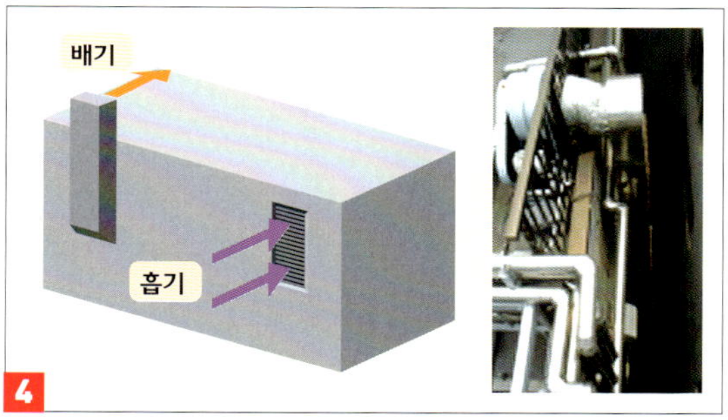

4 위의 그림과 같이 배기구에 덕트를 설치하여 영향이 적은 높은 곳으로 배기하게 한다.

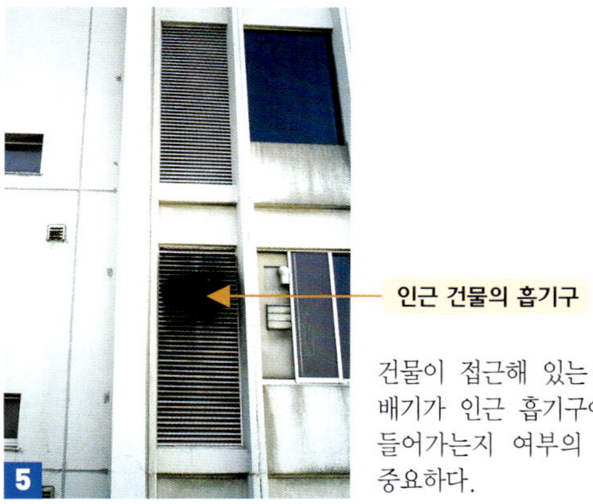

5 건물이 접근해 있는 경우는 배기가 인근 흡기구에 흘러 들어가는지 여부의 검토가 중요하다.

6 내부에 들어온 공기는 오염물질과 함께 악취를 천장과 벽에 부착시킨다.

49 외기 흡입 챔버로부터 누수

정월에 누수와 관련된 클레임이 이제 막 신축한 체육관에서 신년하례식을 실시한 후에 발생하였다. 조사해 본 결과 체육관 2층의 기계실 바닥에 커다란 물 웅덩이가 생겼고 공조기계의 점검구를 열어보니 그 아래 부분에 물이 고여 발생되었음을 알아내었다.

1 연말에 내린 가벼운 눈발이 공조기에 빨려 들어와 챔버부분에 쌓인 상태가 되어 있던 상태에서 신년이 되어 공조기를 가동시켰을 때 그 눈이 녹아 물이 되어 흘러나온 것이었다.

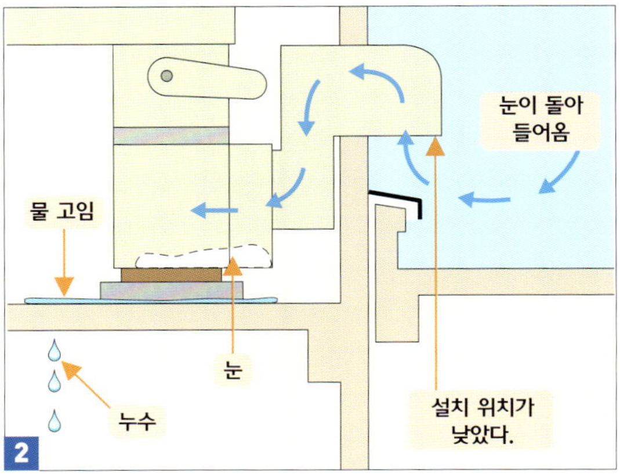

2 익스펜션 조인트부에 흡입구를 설치하였기 때문에 들어간 모서리가 되어 가벼운 눈을 빨아들이기 쉬운 단면이 되었다.

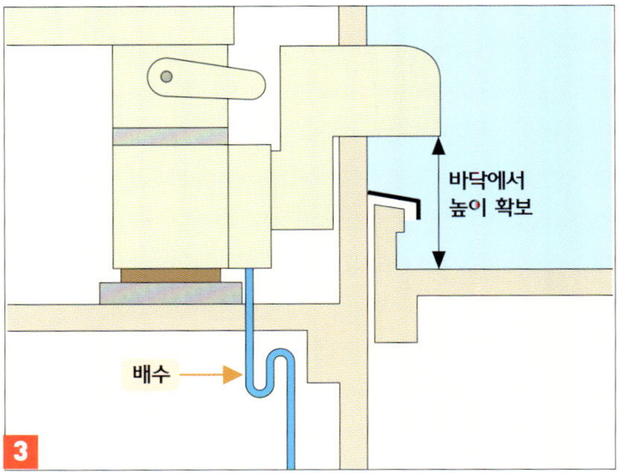

3 본 사례의 대책으로서 공조기계 내 아랫부분에 실링을 실시하여 배수로를 설치하였으며, 눈이 빨려 들어오는 것을 방지하기 위해 바닥에서 높이를 2m 정도 확보하였다.

50 나중 설치 기기기초 실패

개수공사의 시공방법이 잘못되면, 건물의 수명이 대폭으로 줄어드는 경우가 있다. 신축공사 시점에서는 확실한 관리하에 시공이 되지만 그 후의 개수공사에서는 충분한 관리도 되지 않고 사진 1과 같이 그 순간을 넘기기 위한 시공이 이루어지기 쉽다. 이러한 일을 상정하여 신축시점에서 장래를 대응한 예비의 기초를 만들어 놓는 것도 고려해야 한다.

이러한 일이 아무런 검토없이 이루어 지고 있다.

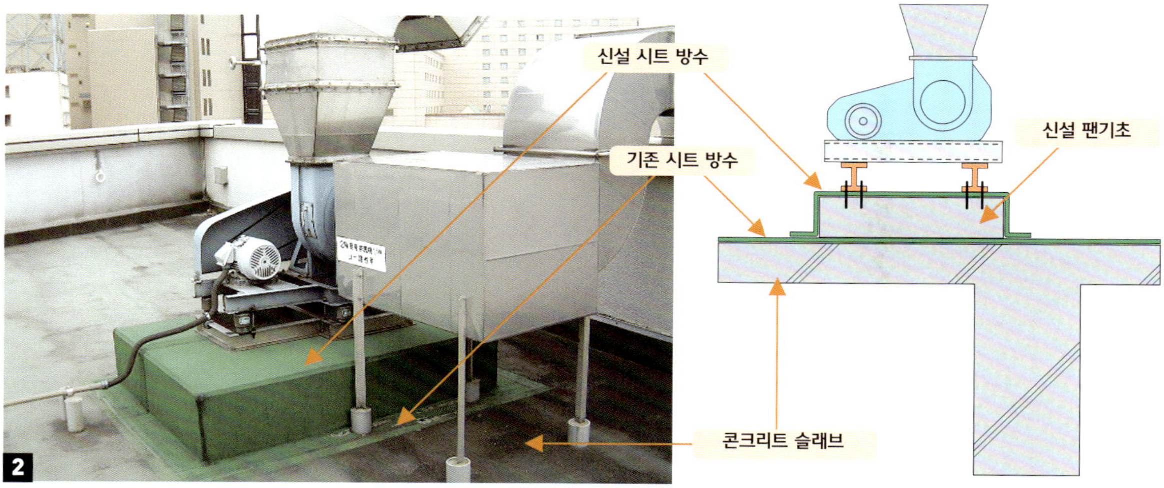

기초콘크리트 위에 시트를 말아 지수처리를 하는데 사진 1보다는 조금 개선되어 있다.

51 바닥 진동과 그 발생원의 추정

준공 후 약 1년 반이 된 여름에 지상 9층 건물의 8층 바닥에서 뚫고 올라올 것 같은 진동을 느낀다는 클레임이 발생하였다. 조사결과, 8층의 12.8와 16(m) 스팬의 중앙부분의 진동이 크게 느껴졌지만 그 이외의 층이나 장소에서는 느낄 수 없었다. 이 진동은 장소가 한정되어 있는 것으로부터 그 가까이에 있는 기기에 의한 진동이 발생원이라는 판단하에 추가 조사를 하였으나 원인을 밝혀내지 못했다. 이에 자기기록식 진동계를 설치하여 동시에 기기의 시작 및 정지 시간 기록을 조사한 결과 진동의 발생원을 추정할 수 있었다.

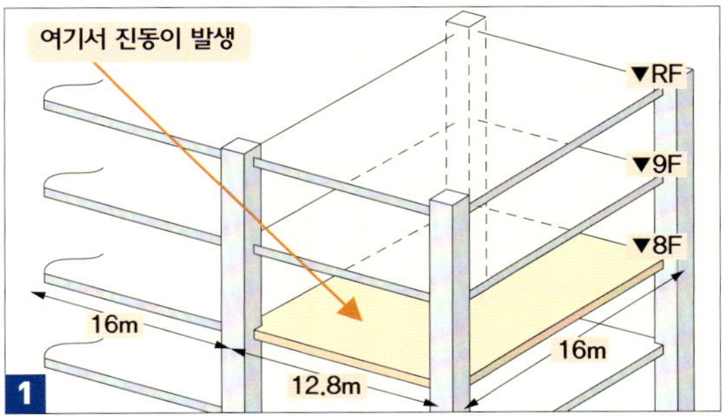

철골(S)조 장스팬건물의 8층 중앙부분의 진동이 크게 느껴졌다.

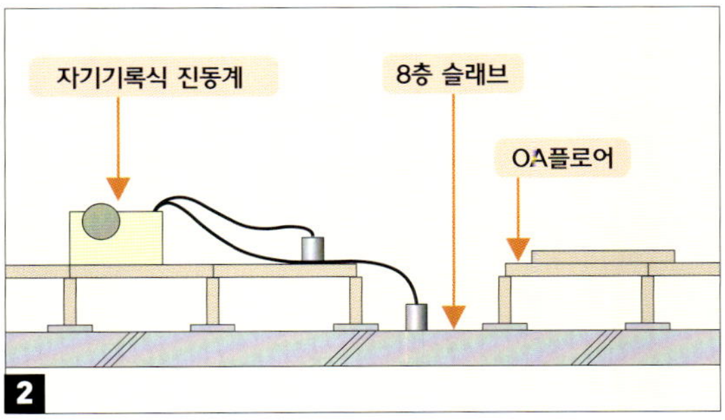

직접 콘크리트 슬래브에 설치한 진동계와 OA플로어 상에 설치한 것과의 수치의 차는 없었다.

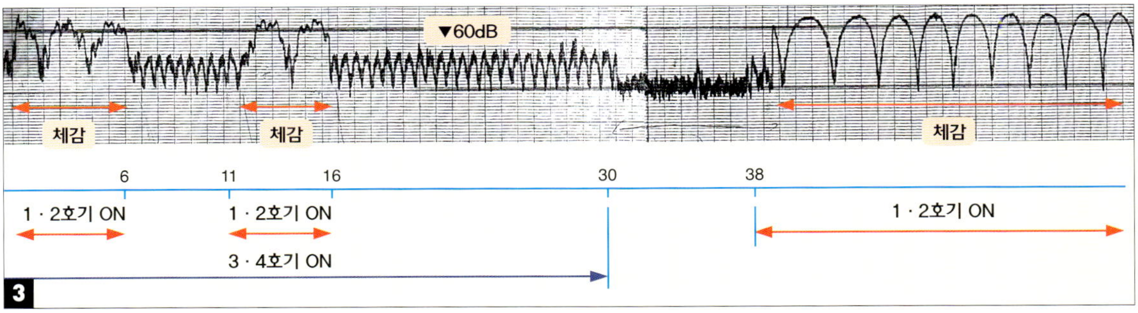

위의 그림은 자기기록식 진동계의 데이터이다. 60㏈을 넘는 곳에서는 진동을 몸으로 느낄 수 있었다. 횡방향의 숫자가 시간이며, 그 아래에는 옥상에 설치된 크리닝 타워의 작동 시간을 나타내고 있다. 1 · 2호기와 3 · 4호기의 크리닝 타워는 각각 그룹으로 되어 운전되고 있다. 이 데이터로부터 1 · 2호기의 운전시간과 바닥이 진동하고 있는 시간이 일치하므로 발생원은 1 · 2호기의 크리닝 타워임을 알 수 있었다.

사진 4가 진동의 발생원이 된 크리닝 타워이다. 안쪽에 보이는 2대가 1 · 2호기이다.

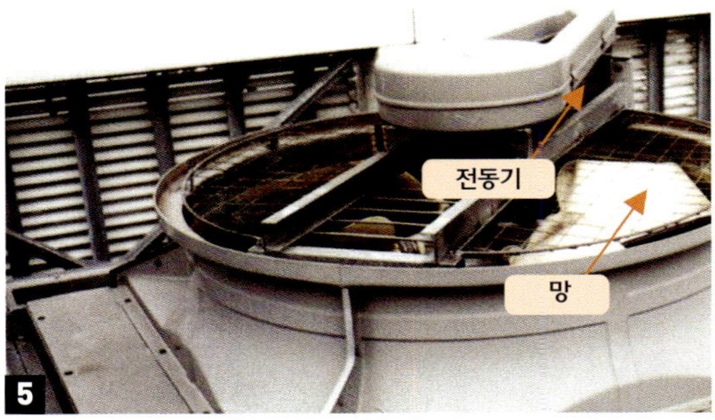

사진 5는 크리닝 타워의 상부이다. 전동기의 회전수는 395회전/분(6.58㎐)였다.

52 진동의 원인과 대책

사례 51과 관련하여 크리닝 타워 1 · 2호기가 발생원으로 추정된 후에 각각의 진동을 계측한 결과 2호기 날개의 밸런스가 나빠 진동을 크게 만든 것을 알 수 있었다. 하지만, 어떻게 평면적으로 2개 층이나 떨어진 곳만 진동이 발생한 것인지 그 원인을 찾아 보았다.

1호기와 2호기의 진동을 조사하는 상황 중 2호기의 진동이 극단적으로 큰 것을 알았다. 자동차 타이어의 호일밸런스의 불량과 같은 원인이다.

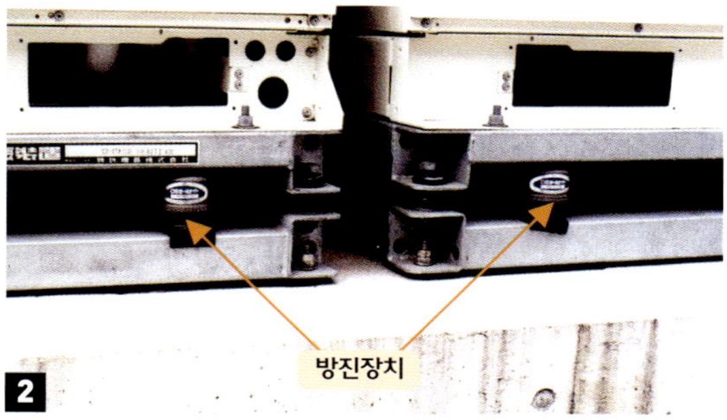

크리닝 타워 아래에는 전용 방진장치가 설치되어 있으나 날개의 밸런스 불량에 의해 에너지가 너무 컸기 때문에 진동이 발생하였다.

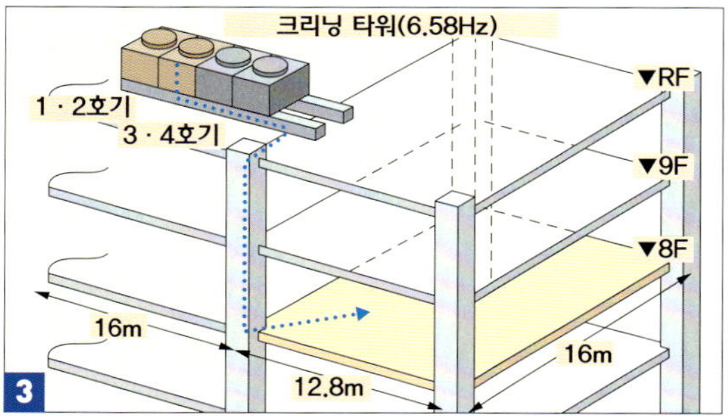

옥상 크리닝 타워의 진동이 보와 기둥을 따라 8층 부분까지 전달하여 공진하였다. 그렇다면 어째서 다른 부분의 진동은 없었는가?

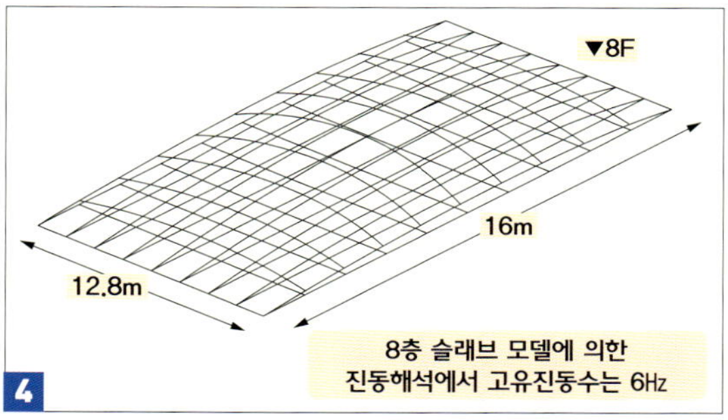

8층 바닥의 고유진동수가 6Hz로 크리닝 타워의 전동기 회전수와 거의 같은 것이 원인. 옥상과 9층은 콘크리트 두께가 두꺼워 고유진동수가 동조되지 않았다.

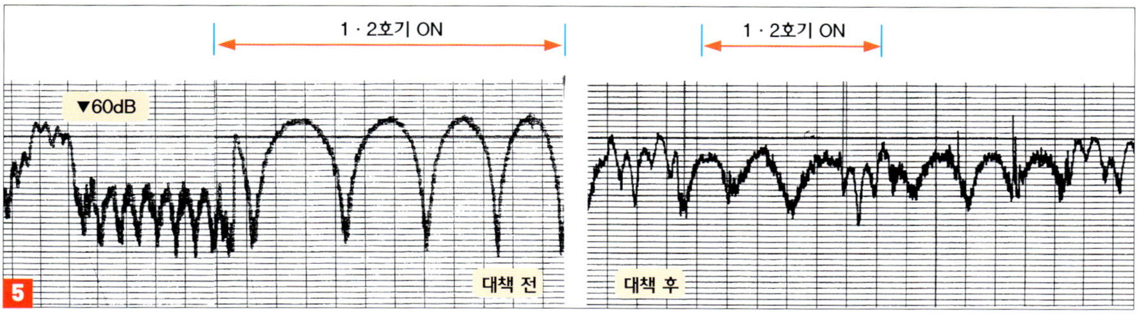

2호기의 크리닝 타워의 냉방용 날개의 밸런스를 조정하여 위 그림 오른쪽의 데이터와 같이 60dB을 넘는 진동을 체감할 수 없게 하였다. 이러한 진동은 꽤 먼 곳으로 이어져 공진을 일으키는 것을 이해해야 하는바 건물 고유진동수와 기계의 회전수를 다시 검토하면 이러한 부조합은 없앨 수 있다.

53 외기에 의한 결로

점포나 은행 등, 손님의 출입이 많은 장소에서는 공조기의 흡출구 주변이 젖어서 보기 흉한 상태로 되는 경우가 있다. 이것은 여름에 냉기를 뿜어내는 상황에서 따뜻하고 습기를 머금은 공기가 출입구로부터 들어와 차가워진 흡출구의 봉에 닿아 결로를 발생시켜 곰팡이를 만들어 더러워진 것이다.

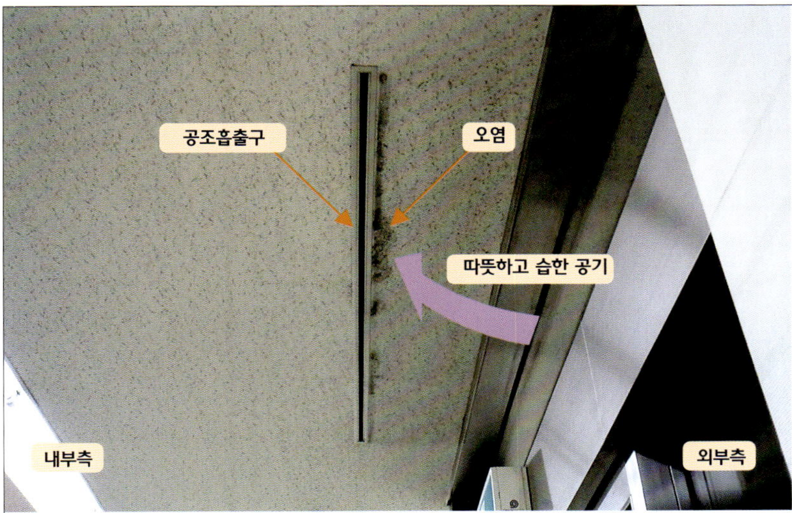

천장 내에 들어간 따뜻하고 습한 공기가 천장 내에서 결로를 발생시키는 경우가 있으므로 흡출구만이 아닌 덕트를 포함한 단열재의 내부결로가 발생하지 않도록 단열재 표면의 방습시트에 구멍이 없도록 한다.

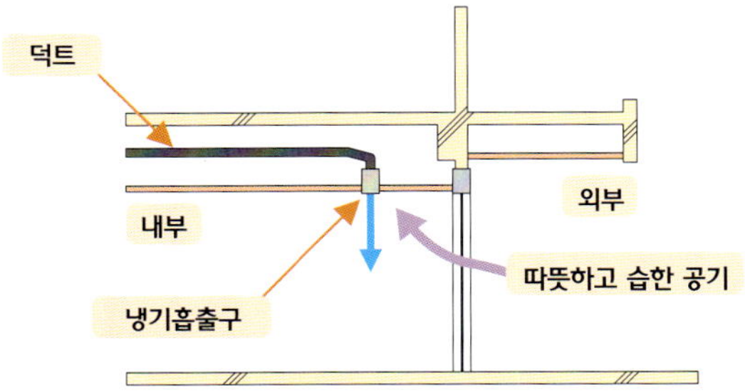

54 상시 냉방실로 향하는 덕트 시공 불량

오피스 중에 서버룸을 설치하여 그 냉방을 위해 덕트를 사무실 천장 내로 통과할 경우 보온불량개소가 있으면, 냉풍덕트 주변의 단열재에 내부결로가 발생하여 그것이 대량의 물을 포함하여 사무소 천장에 오염을 만들 수 있다. 사무소 공조를 정지하면 실내가 외기와 같이 습기를 머금은 상태가 되기 때문에 그 공기가 차가운 덕트에 닿아 결로를 발생시켰다.

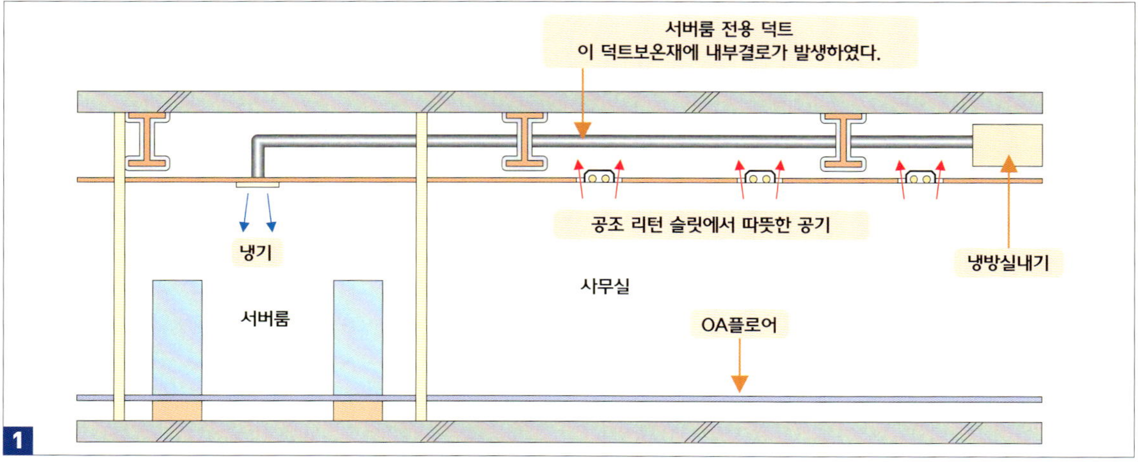

1

단열재 자체는 공기를 통과시키기 위해 내부결로를 발생시킨다.

이 방습시트가 공기를 차단하고 단열재 자체는 공기를 통과시키기므로 내부결로의 원인이 됨을 이해하지 않으면 사진 2와 같이 방습시트단부의 처리불량을 발생시키게 된다. 이러한 시공불량을 방치해서는 안 된다.

스파이럴덕트와 소음기와의 접속부분을 확실히 처리한다.

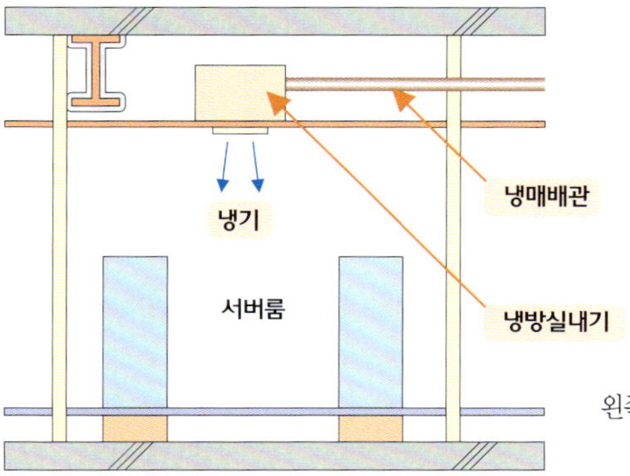

왼쪽그림과 같이 서버룸 내에 실내기를 설치하는 대책도 고려할 만하다.

2

55 결로와 습한 공기선도

동계에 외기를 실내측에 흡입하는 경우와 하계에 외기를 흡입하는 경우 각각의 공기가 어떻게 되는가를 나타내 본다. (아래 그림 참조) 동계는 습도가 낮기 때문에 가습이 필요해지고, 가습된 그 공기가 차가운 창 유리 등에 닿음에 따라 많은 결로가 발생하고 있다.

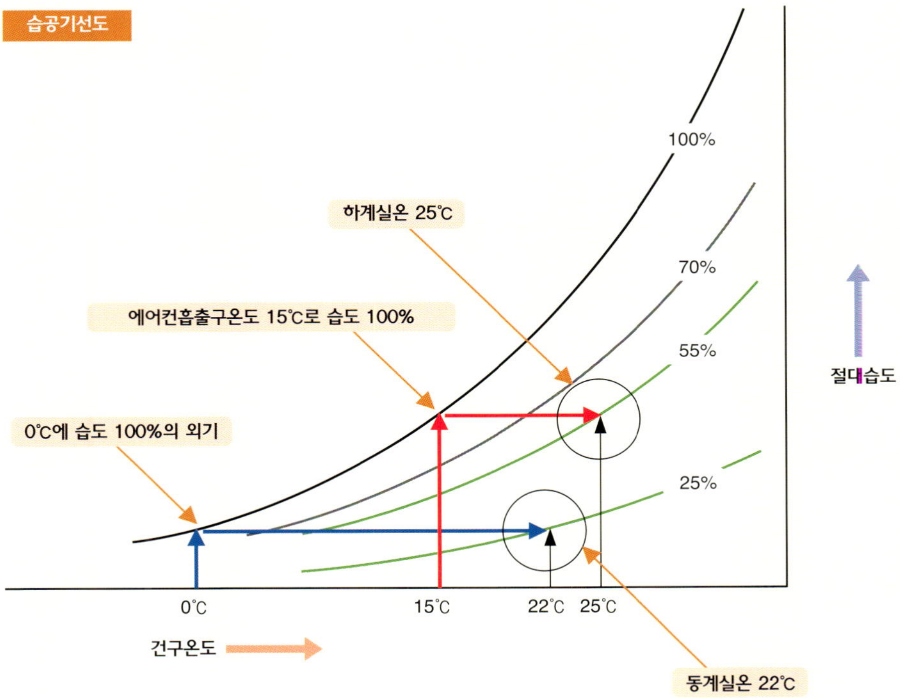

동계 : 실내난방시

0℃에서 습도 100%의 외기를 흡입하여 실온 22℃까지 올렸다고 하면, 보유수증기량(절대습도)은 바뀌지 않으나 상대습도는 약 25%가 되어 버린다. 즉, 이 상태로 외기를 많이 실내에 흡입하면 실내는 건조되므로 가습이 필요해 진다.

하계 : 실내냉방시

에어컨 흡출구의 온도 15℃, 습도 100%로 실온이 25℃의 경우, 보유수증기량(절대습도)은 변하지 않으나 상대습도는 약 55%가 되어 제습된 것처럼 된다.

1

56 탈의실의 환기 밸런스 불량

탈의실이 습하여 벽모서리에 곰팡이가 발생하는 상황이 자주 있다. 욕실 내에는 온도에 의해 공기의 압력이 높아져 그것이 탈의실에 들어가면 곰팡이를 시작으로 여러 가지 좋지않은 것들을 발생시킨다. 사례 56에서는 계측단계에서 공기 흐름의 밸런스를 충분히 고려하지 않으면 나중에 대응이 어려운 케이스를 소개한다.

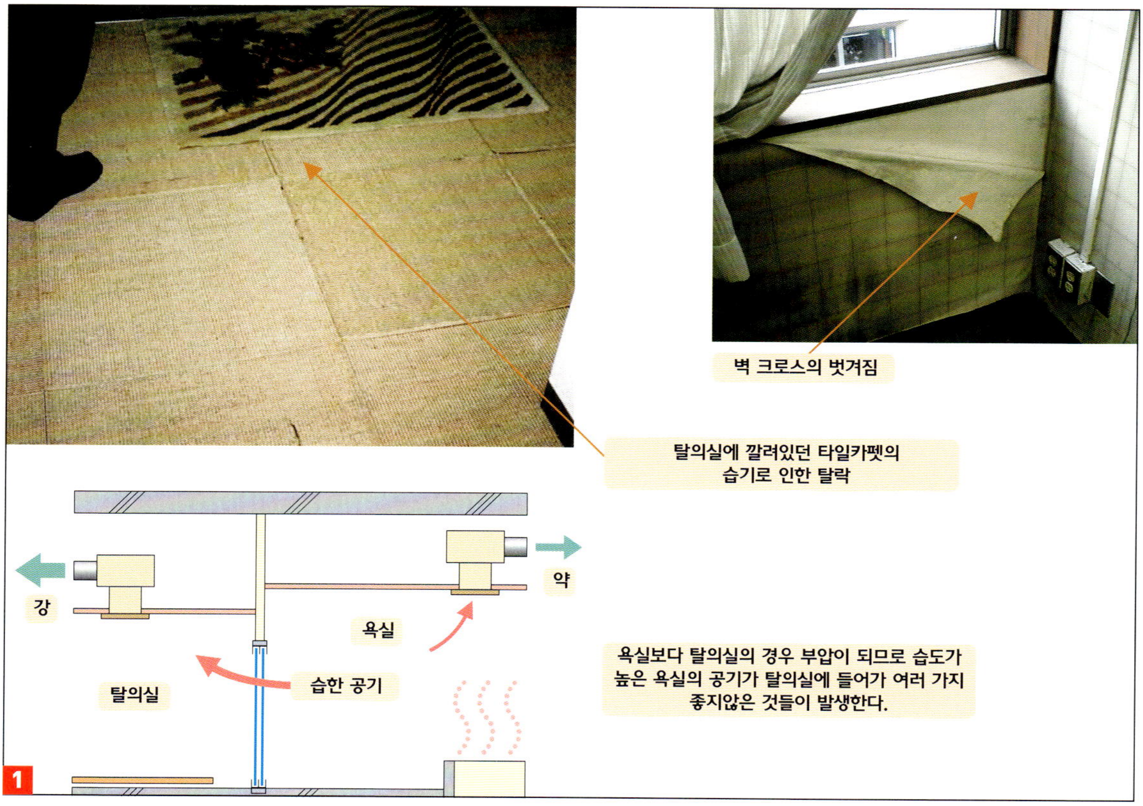

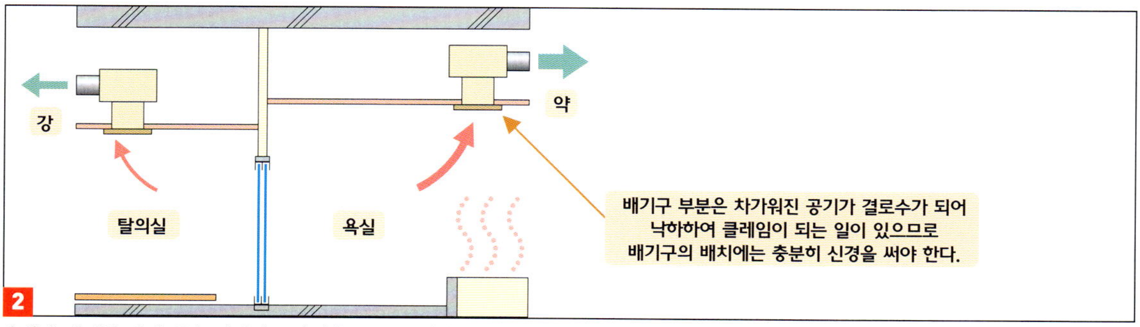

욕실과 탈의실 간의 문을 열더라도 욕실측 쪽으로 밸런스 좋게 공기가 흐르도록 설계한다. 천장내의 벽과 슬래브에 틈새가 없도록 확실한 시공이 필요하다.

57 탈의실 등의 곰팡이 방지 대책

탈의실 등, 습도가 높아지는 원인이 있는 방에서의 습도에 의한 피해를 막기 위해서는 실내의 공기흐름을 좋게 해야한다. 이를 위해서는 깔끔한 레이아웃과 내부에 배치하는 탈의장과 같은 비품이 공기의 흐름을 막지 않도록 하고 소재 선택에도 우의 하여야 한다.

1

통기성이 좋은 의자

대나무제 탈의 상자

대나무제의 탈의 바구니
가능하면 벽에 붙이지 말고 중앙에 배치하는 것이 좋다.

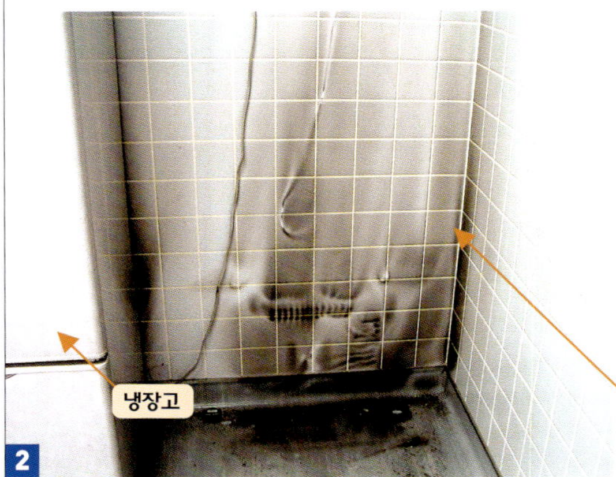

2

냉장고

왼쪽 사진은 부엌 모서리에 밀어놓은 냉장고를 놓던 장소이다.
벽의 사이에 공간을 두어 청소가 가능하도록 배치하면
위생적으로 좋은 상태를 유지할 수 있다.

모서리부분에 배치되어 있던 냉장고를
치워놓은 벽의 상황

58 공조공사의 여러 가지 실패

설계시점에서 괜찮다고 생각하고 시공했던 것이 나중에 실패였다고 생각이 드는 경우가 많다. 그림 1과 같은 건물의 접속의 경우는 각각의 공조조건이 다르므로 구획을 위한 문을 설치하는 것이 유효하다.

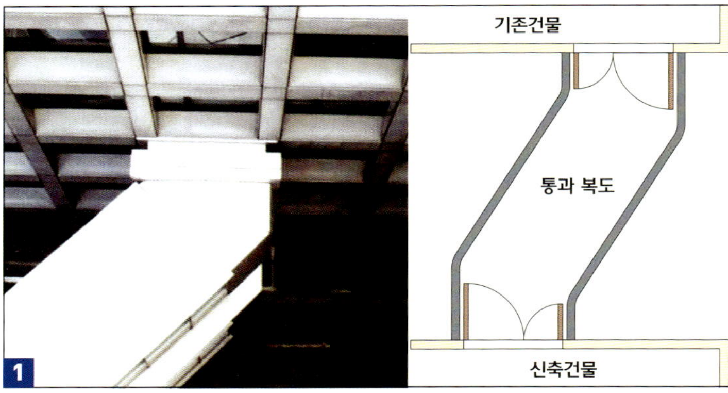

1

기존건물과의 사이에 통과복도를 만들어 통행하기 쉽도록 상시개방문으로 방화구획을 형성하였다. 하지만 사용하기 시작하면서 양건물의 공조시스템의 차이로 기압차가 생겨 신축건물 측으로 바람이 불어 들어오는 일이 생겼다. 신축측에 급배기 댐퍼를 조절하여 대응하였으나 자동문 등의 차압을 막는 문을 설치가 고려되어야 한다.

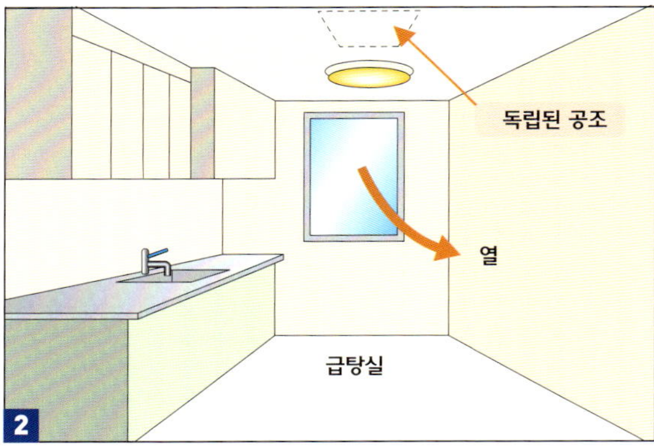

2

손님에게 차를 서비스를 하는 탕비실의 실내온도가 높아지는 클레임이 발생하였다. 설계상에는 급배기 시스템밖에 없기 때문에 여름에는 내부 작업에 지장을 주었다.
공조를 위해 복도 측에 덕트를 설치하였으나 복도 측의 서머스탯과 공통이기 때문에 온도가 그다지 내려가지 않았다. 이러한 사용빈도가 많은 탕비실의 경우는 독립된 공조를 설치하여야 한다.

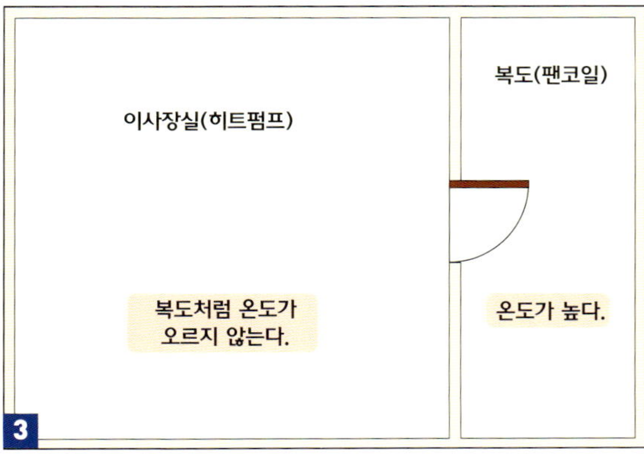

3

기온의 변화에 민감한 이사장으로 인해 중간기에도 냉난방을 개별적으로 지원가능하도록 그 방(이사장실)만 히트펌프 공조시스템을 채용하고 그 외는 원설계대로 팬코일방식으로 하였다. 겨울이 되어 그 이사장실의 공조가 효과가 없다는 클레임이 들어왔다. 온도를 계측해 보면 복도 등 팬코일 부분은 온도가 높지만 히트펌프는 온도가 올라가지 않기 때문에 체감온도에 차이가 생긴 것이었으므로 거기에 팬코일의 덕트를 이사장실로 끌어들여 대응하였다.

[3] 위생설비

59 지하층고와 저수조

저수조의 용량과 배치를 생각하지 않고 작성된 설계도를 시공도 작성 단계에서 정리할 경우 기둥의 스팬과 층고가 결정되어 있기 때문에 용량을 확보하기 위해 고생하는 경우가 많다. 저수조는 주변의 점검공간에 많은 면적을 빼앗기므로 그러한 실패를 막기 위해 저수조실의 유효수량과 스팬, 층고의 관계를 나타낸 사례를 소개한다.

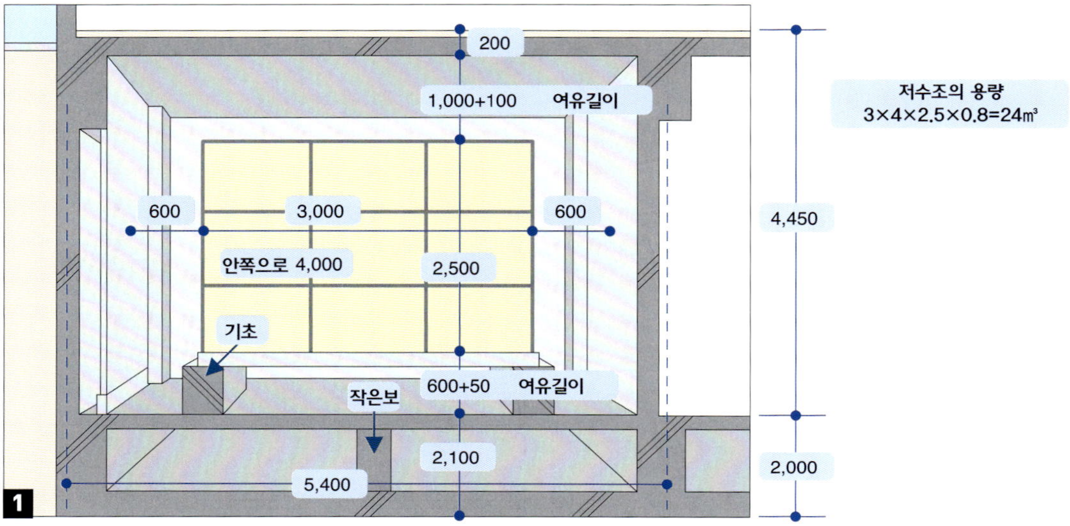

W3 D4 H2.5(m)(유효수량 약24㎥)의 저수조를 일반적으로 포함하는 경우, 위의 그림과 같이 층고 4.45m, 스팬 5.4m가 필요하다.

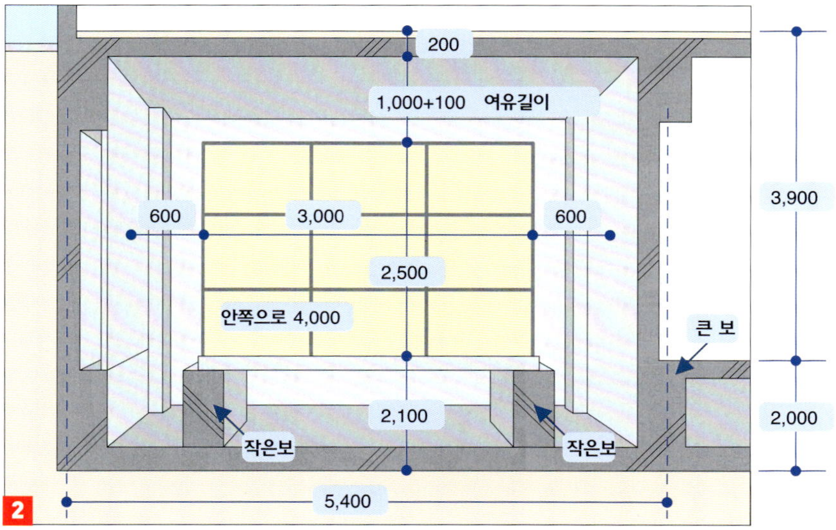

저수조실의 2중 슬래브를 제거하고 구조체의 작은 보(큰 보의 경우도 있다.)를 저수조의 기초로 겸용함으로서 층고는 3.9m로 할 수 있었다. (외에 설비배관의 교체와 기계식 주차장 등이 있는 경우는 그에 따라 층고가 결정되는 경우가 있으므로 주의)

60 저수조 물의 오버플로관으로 넘침

저수조의 전극봉 높이의 차이와 결선의 오류는 나중에 큰 문제로 되는 경우가 있다. 그림 1은 오버플로우 수위보다 높은 위치에 저수조로 정수위변의 볼탭이 배치되어 있는 것과 만수경보의 전극봉도 너무 높은 2중의 오류를 범하여서 저수조로의 유입수가 정지하지 않고, 계속해서 넘쳐 흐르는 상태가 되어버린 사례이다. 공기에 쫓기면서 공사량이 많아 검사에 인원이 투입되지 못해 책임이 없는 사람에게 맡기면 이러한 문제가 발생한다. 또한, 자동제어와 위생공사의 책임범위 · 공사범위를 명확하게 하여 검사책임자 · 검사방법을 확립해 놓는 것이 중요하다. 그림 2에 올바른 구성을 나타낸다.

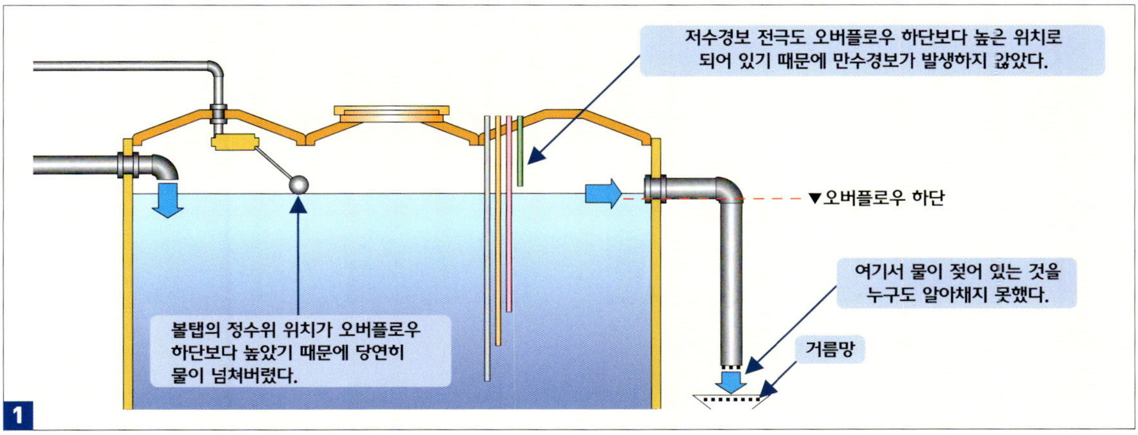

1

저수조의 구성

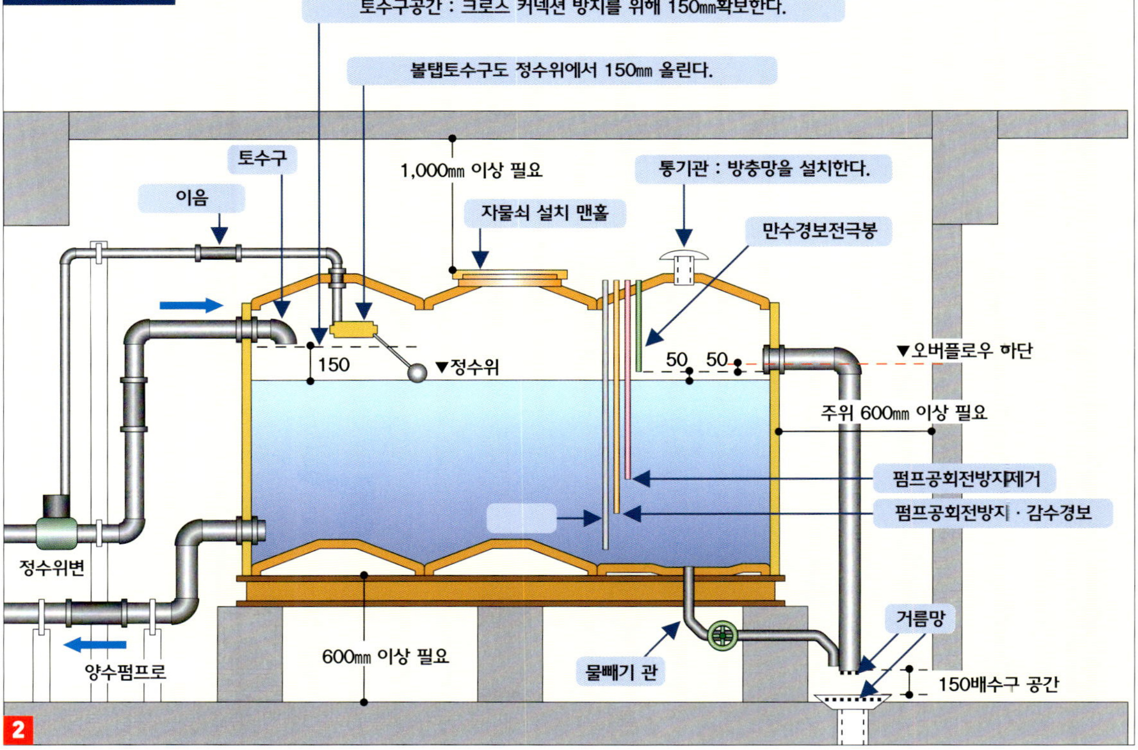

2

61 저수조 주변 구성

여기서는 73페이지의 그림 2에서 설명한 저수조주변과 양수펌프에 대해서 사진 1 · 2를 사용하여 설명한다. 저수조 주변점검공간과 양수펌프의 주변은 음료수를 취하기 위해 청소할 수 있도록 충분한 점검공간을 확보하여 문제가 있는 경우에 바로 발견 가능하도록 사진 1과 같이 충분한 조도를 취하지 않으면 안 된다.

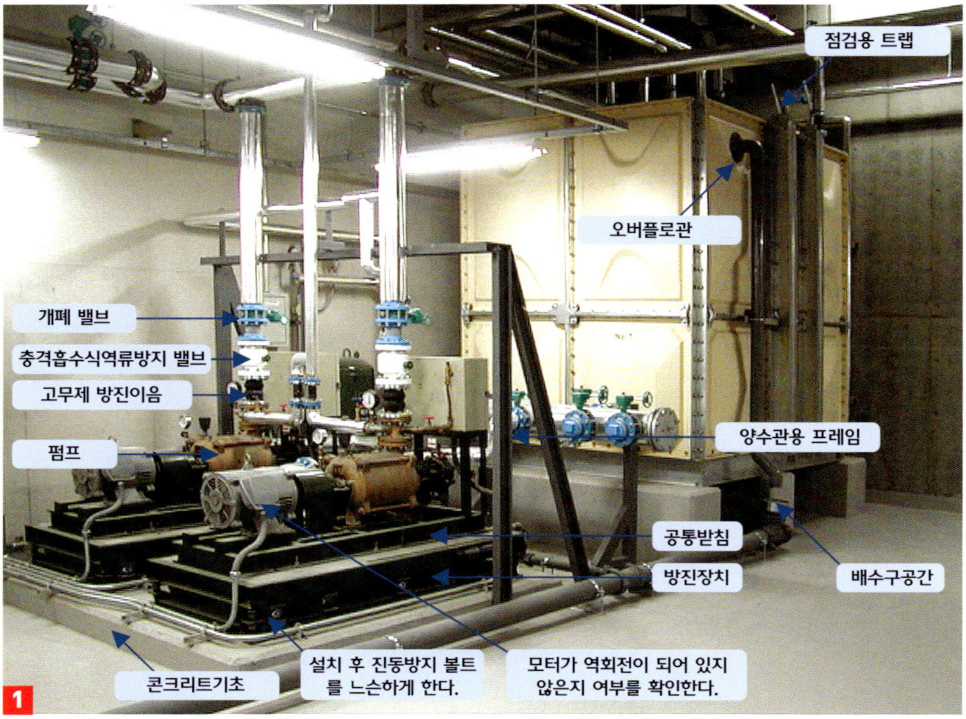

1

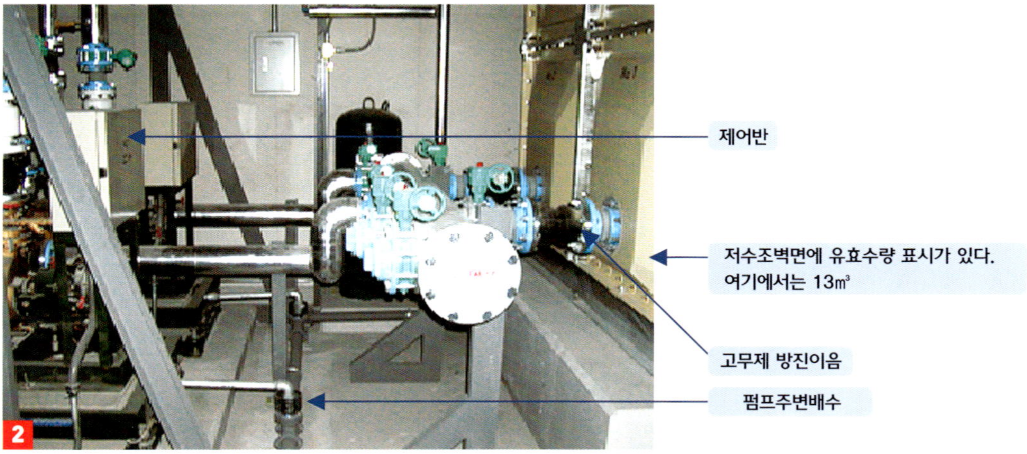

2

62 고가수조 물의 오버플로관으로 넘침

사례 60과 같이 고가수조에도 그림 1과 같이 양수펌프정지 전극봉이 오버플로우 하단보다 높아, 물이 넘쳐흐르는 경우가 있다. 오버플로우 하단과의 위치관계의 확인이 중요하다. 이러한 실패를 없게 하기 위해서는 수조 속에 넣어 확인할 필요가 있다.

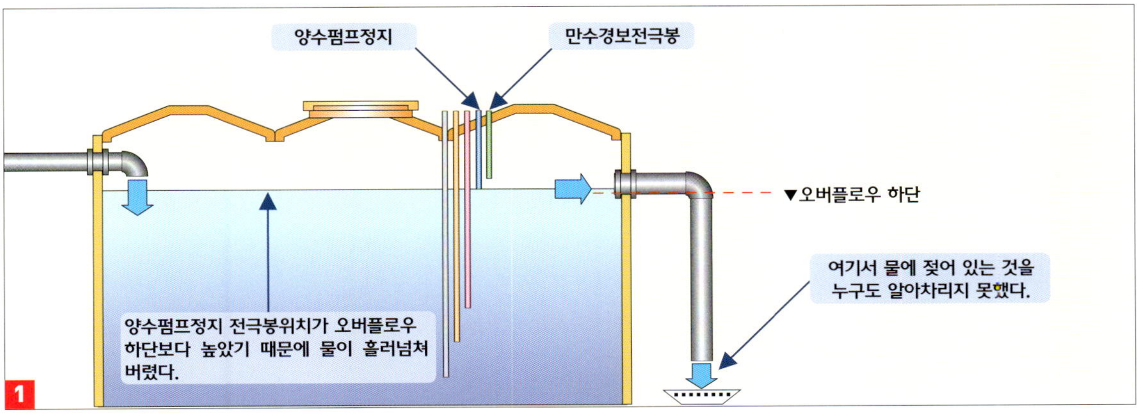

1

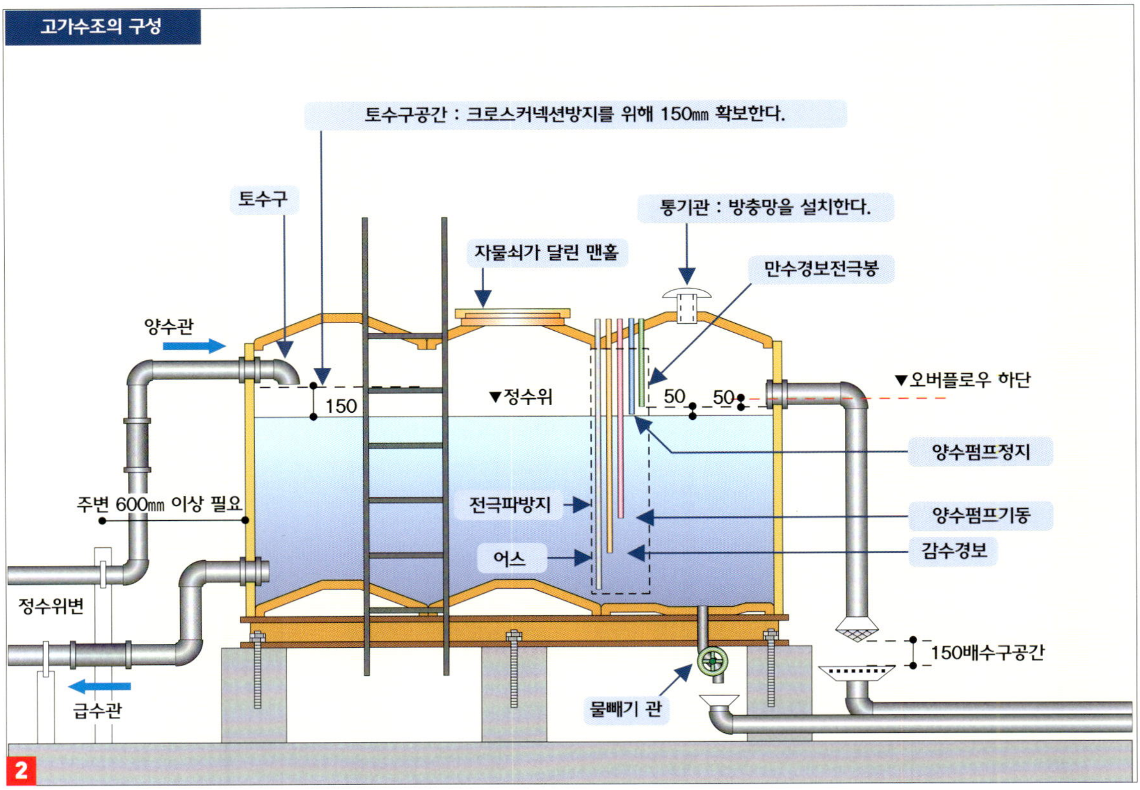

2

63 정수조 물의 펌프업 불가

어느 사무소건물에서 화장실의 세정수로 지하수를 사용하였다. 그림 1과 같은 저수조를 만들어 사용을 시작하였을 때, 특정 시간에 한번에 사용하려고 하였으나 지하수 펌프에서 공급이 불가하였다. 백업용 상수보급수의 전자변이 동작불량이었기 때문에 수위가 계속해서 내려가 수조가 비어 있게 되면서 펌프에 공기가 들어가 양수가 불가능했기 때문이다.

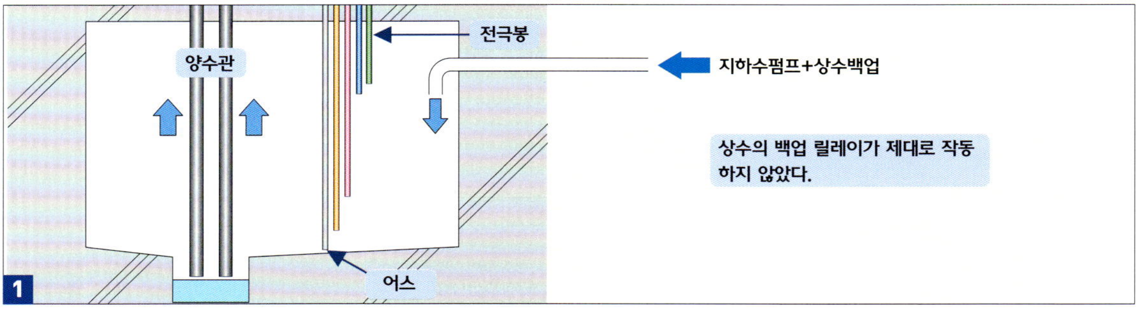

재건축시 기존 지하수를 계속 사용하려고 신청하였으나, 취수량이 대폭으로 제한됨에 따라 상수의 백업을 취하도록 제어를 하였지만, 그 상태를 체크하기 위한 확인은 하지 않았다.

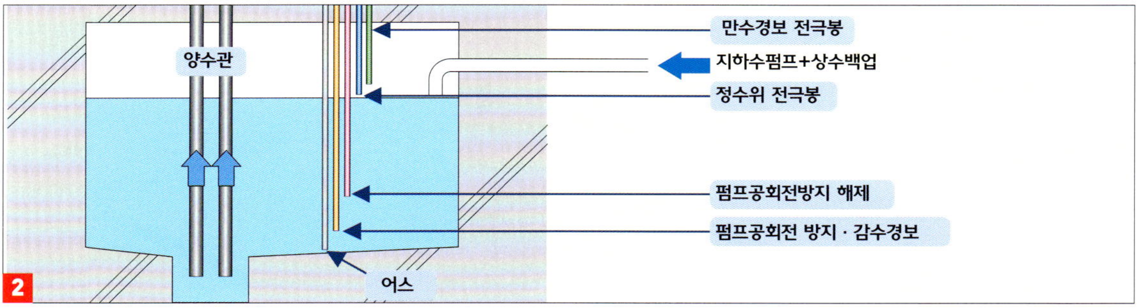

발생할 수 있는 상황을 모두 가정하여 검사요령을 작성하고, 그 상황을 실현시켜 검사를 하는 것이 중요하다. 자주검사를 할 때 실수를 발견하지 못하면 나중에 큰 신용을 잃어버리게 되므로 검사하는 사람에게 인식시켜야 한다.

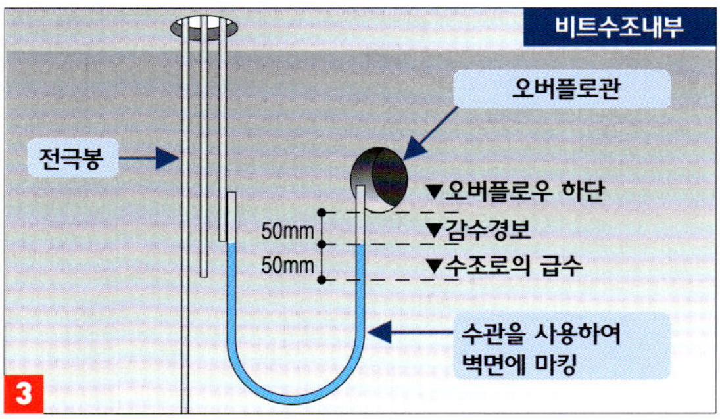

협소한 수조 속에서는 수관(투명한 호스 속에 물을 넣은 것)으로 위의 그림과 같이 수조내벽면에 높이를 마킹하여 계획대로 인지를 확인한다.

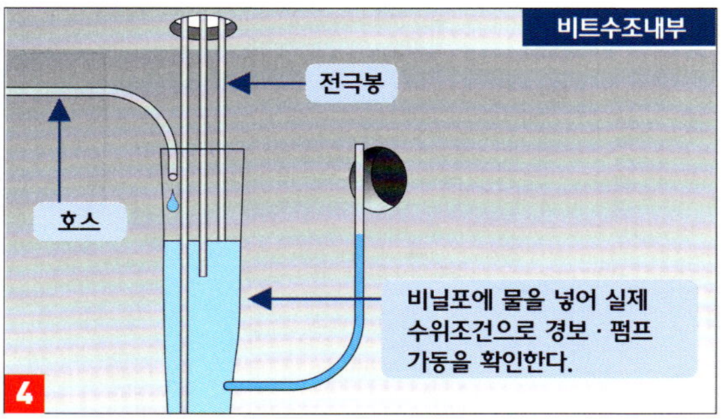

시간을 요구하는 검사는 위의 그림과 같은 확인을 함으로서 단시간에 오류를 발견할 수 있다.

64 전극봉의 작동 불가

쓰레기나 물때, 유분이 많은 수조에서는 전극봉의 표면에 절연성 피막이 생겨 동작불량을 발생시키는 경우가 있기 때문에 스위치 선정시에는 충분히 고려하지 않으면 안 된다. 오수조와 부엌의 배수조와 같이 오물과 유분이 많은 수조의 경우는 플로트 레벨스위치를 선정한다.

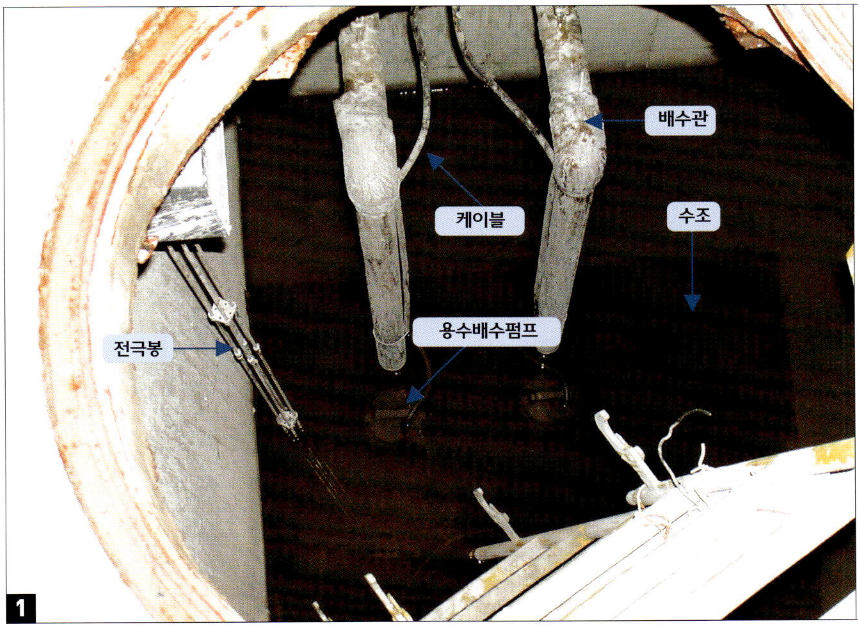

1

전극봉 표면에 절연성 피막이 발생하였기 때문에 용수배수펌프가 작동하지 않게 되었다

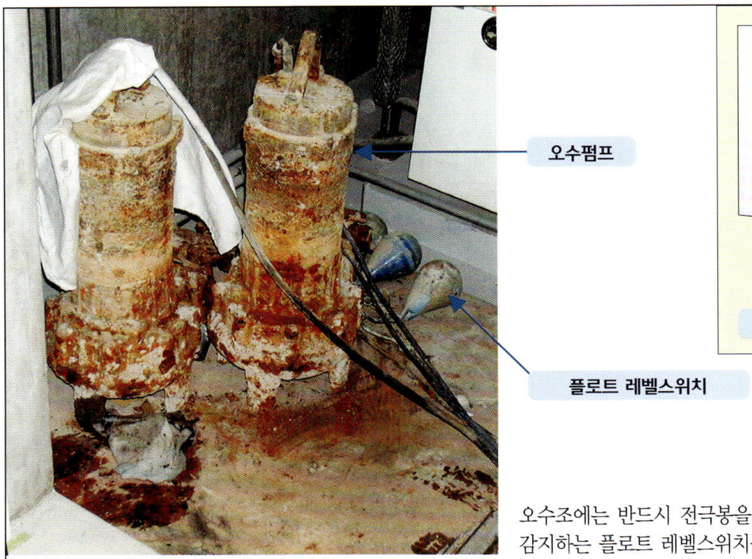

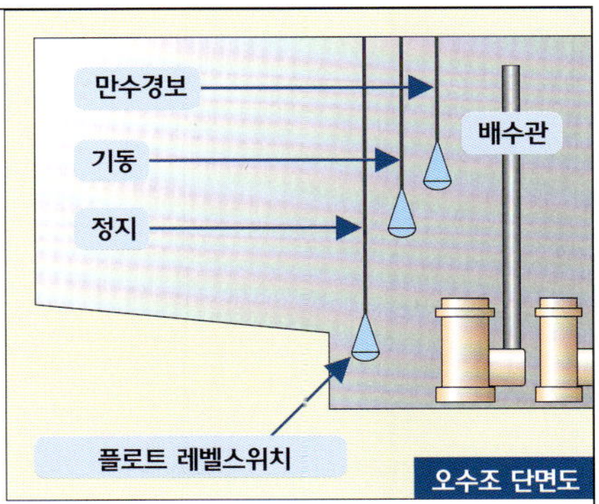

2

오수조에는 반드시 전극봉을 사용해서는 안 되므로 부력에 의해 감지하는 플로트 레벨스위치를 선정한다.

65 방류펌프의 배선 실패

준공 1년차에 방류조 내의 펌프를 고장으로 교체하게 되었다. 원인은 방류펌프의 전원케이블이 짧아 방류조 내에서 결선되어 있었으나, 결로와 가스로 인해 부식되어 버려 펌프 본체까지 영향을 주었기 때문이었다. 발주시에는 제어반까지의 케이블 길이를 확인한 후에 실시해야 한다.

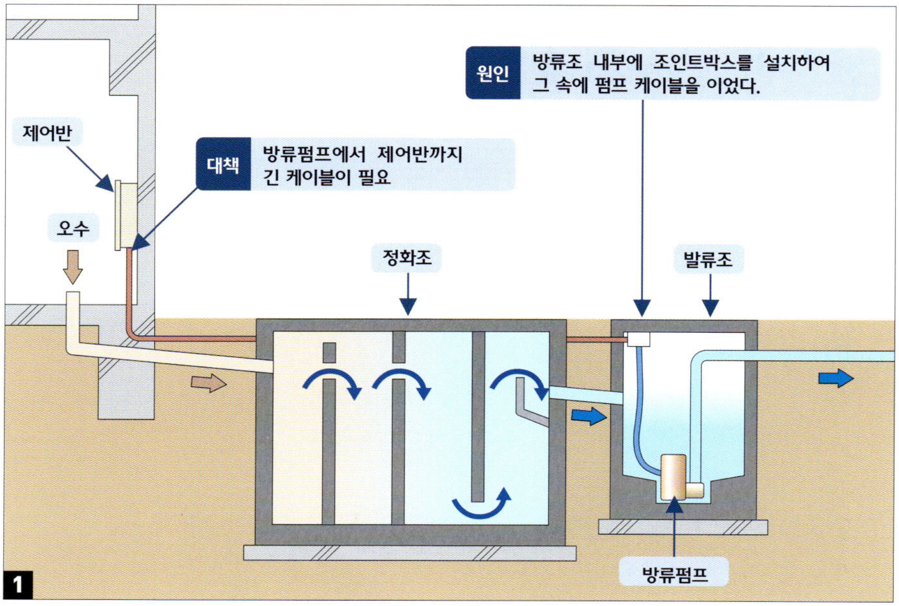

1

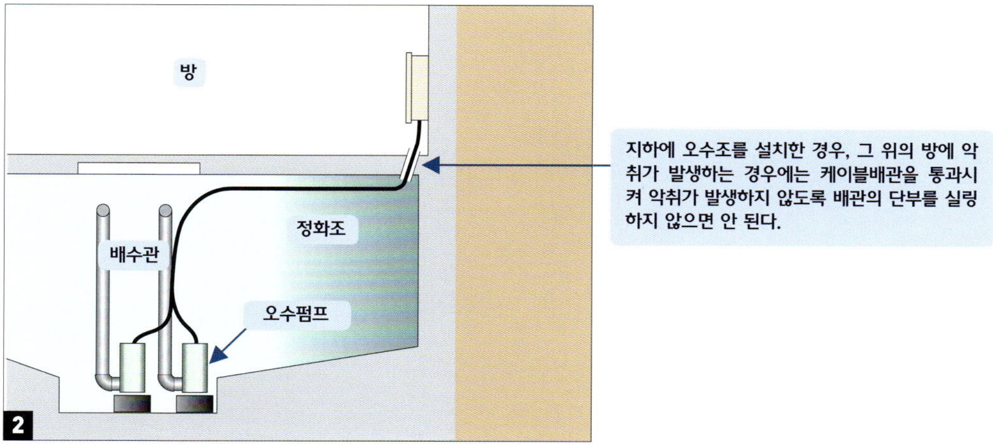

2

66 화장실과 공공정화조의 배치 (1)

오수와 우수의 배수는 공공정화조에 다다를 때까지 중력에 의해 흘러간다. 하지만 이 루트가 경사부족으로 막혀있다던지, 각 층에서 보를 관통하면 당초의 계획과 비교하여 문제를 발생시키는 경우가 많다. 아래에 나타내는 투시도를 기본으로 입체적으로 계획을 하면, 많은 문제를 해결하고 나중에 유지보수에도 용이하게 일을 진행할 수 있다. 이러한 작업을 원래 설계업무에서 체크하면 보다 고품질의 건물을 만들 수 있다.

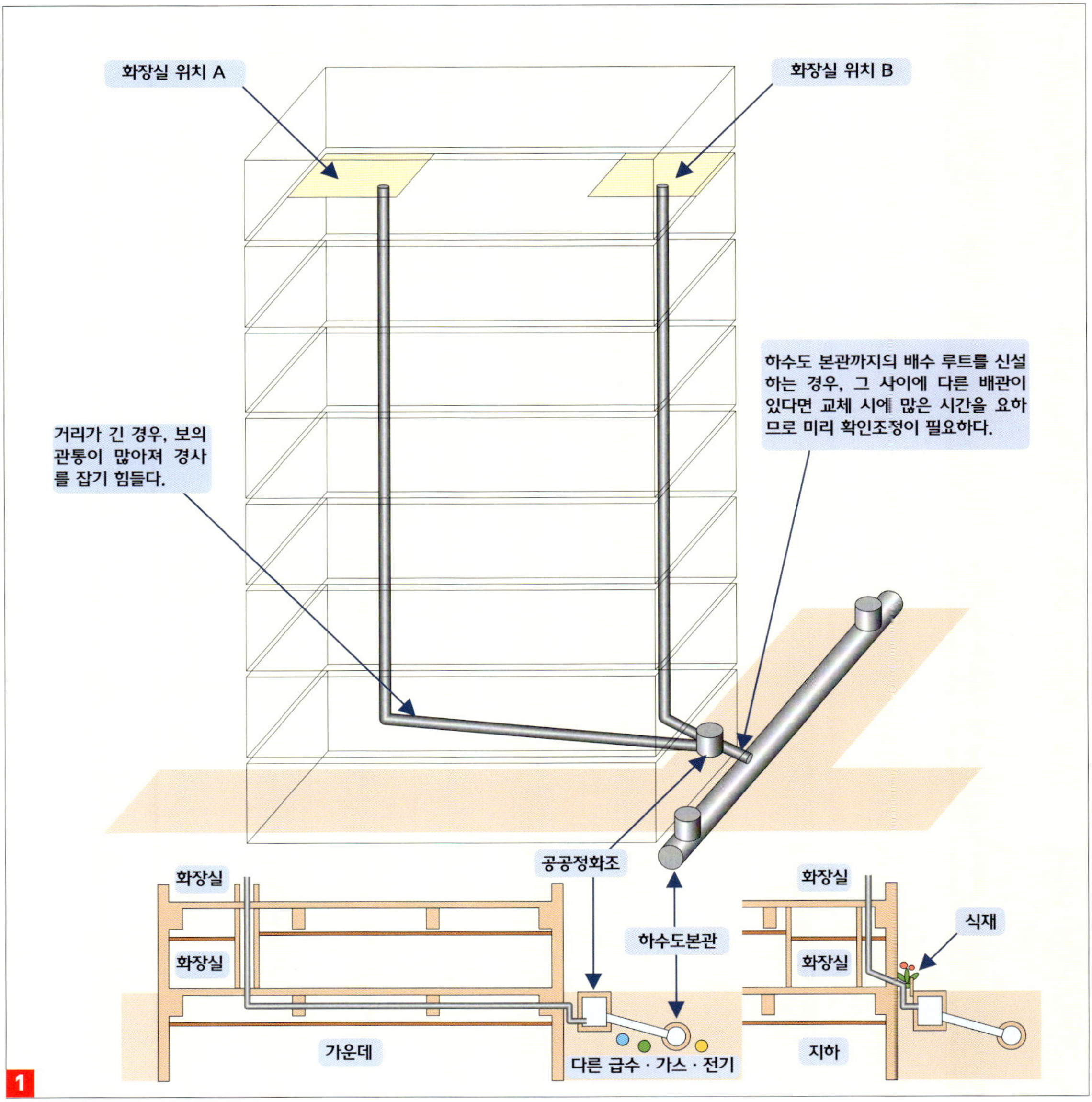

1

왼쪽 아래 그림과 같은 위치에 화장실을 배치한 경우, 1층 바닥 보를 관통시켜 경사를 취하고 배수관을 공공정화조까지 닿게 하지 않으면 안 된다. 오른쪽 아래 그림과 같이 공공정화조까지의 거리가 짧은 위치에 화장실을 배치하면, 외부에 식재를 설치하고 벽관통만으로 처리가 가능하여 누수 걱정이 적어진다. 우수도 동일하게 가능한 외부측으로 배치해야 한다.

67 화장실과 공공정화조의 배치 (2)

오수배수는 부지 내에 화장실을 경유하여 공공정화조로 흘러들어간다. 부지의 조사시에는 반드시 그 배치를 확인하고 필요한 루트를 확보하여야 하며, 시공수순은 어떻게하면 효율적인지, 혹은 가설화장실의 배수관을 가능한 짧게 배치하기 위한 방안 등을 검토한다.

사진 1은 보도에 설치된 공설 오수정화조. 각 부지의 오수를 받고 있다.

사진 2는 도로에 설치된 공설 오수정화조. L형 배수구와 맞춘 형태로 되어 있다.

사진 3은 공공정화조 뚜껑부분이 연석에 걸려 있어 좁아진 부분의 연석이 갈라져 여러번 교체하게 되므로 위치관계를 충분히 생각해 놓아야 한다.

사진 4는 하수도본관의 맨홀. 이 아래에는 도로의 방향에 하수도본관이 통과하고 있다. 각 공공정화조는 하수도본관에 접속하고 있다.

사진 5는 L형 배수관에 설치된 우수 배수정화조이다. 도로를 점유한 경우에 공사 시멘트류를 흘려 막히지 않게 충분한 관리가 필요하다.

실패방지 포인트 10

원래 2개의 부지에 있었던 토지를 통합하여 구입해 건축할 때에는 공공정화조가 2개 있어서 1개소를 사용하지 않는 경우는 철거하도록 하수도국에서 지도를 받아 하수도본관까지의 철거비용의 부담이 들 뿐 아니라 도로공사가 발생하여 근린주민에도 피해를 주게 된다. 그러한 장소는 1층 계통을 1개의 정화조, 2층 이상을 또 하나의 정화조와 같이 기존의 공공 정화조를 제대로 사용하도록 계획을 세우면 좋다. 하지만, 현지의 조사를 하지 않고 설계하면 이미 사용하는 공공 정화조와는 다른 위치에 신설하도록 되어 있는 경우가 있는데 그대로 시공하면 철거비용과 신설비용이 이중으로 소요된다.

68 건물 주변의 공사시기와 계획

대지경계와 건물의 사이가 협소한 건물의 경우, 건물이 완성되면 그 주변의 공사는 매우 힘들게 되어 건물의 그늘에 가려지기 때문에 시공상태의 검사에 주의를 기울이기 힘들게 된다. 공정표를 작성하는 현장책임자는 그 때의 상황을 생각하여 가장 좋은 계획을 공정표에 나타내지 않으면 안 된다.

1

건물이 완성된 후에 주변의 우수배수조와 배수관의 공사를 하기 때문에 굴착에 따른 시공성이 매우 안 좋다. 지하 구조체가 완료된 넓은 환경하에서 시공한다면 능률도 오르고 모든 상층의 공사중의 우수처리에도 유효하다.

이러한 지하구조체가 완료되는 시기를 제대로 이용하여 배수공사 뿐 아니라, 전기와 그 외의 모든 설비공사를 끝내도록 공정을 짜는 용기가 필요하다.
또 이 단계에서도 흙막이를 위한 강재를 절단하지 않아도 되도록 설비구성을 검토해 놓아야 한다.

설비공사의 장해가 되고 있는 흙막이 강재

69 변기로부터 오물의 역류

준공 인도 후에 1층 변기에서 오물이 분출되는 사고가 발생하였다. 시공 중 오물배관에 철근봉이 들어가 배관의 굽은 부분에서 남아, 그 부분에 흘러가기 힘든 오물이 걸려 오수정화조로 가는 루트가 막혀 위에서 오물의 압력으로 1층의 변기에서 뿜어져 나온 것이다. 확실한 시공관리와 검사가 이루어졌다면 막을 수 있는 사고이다.

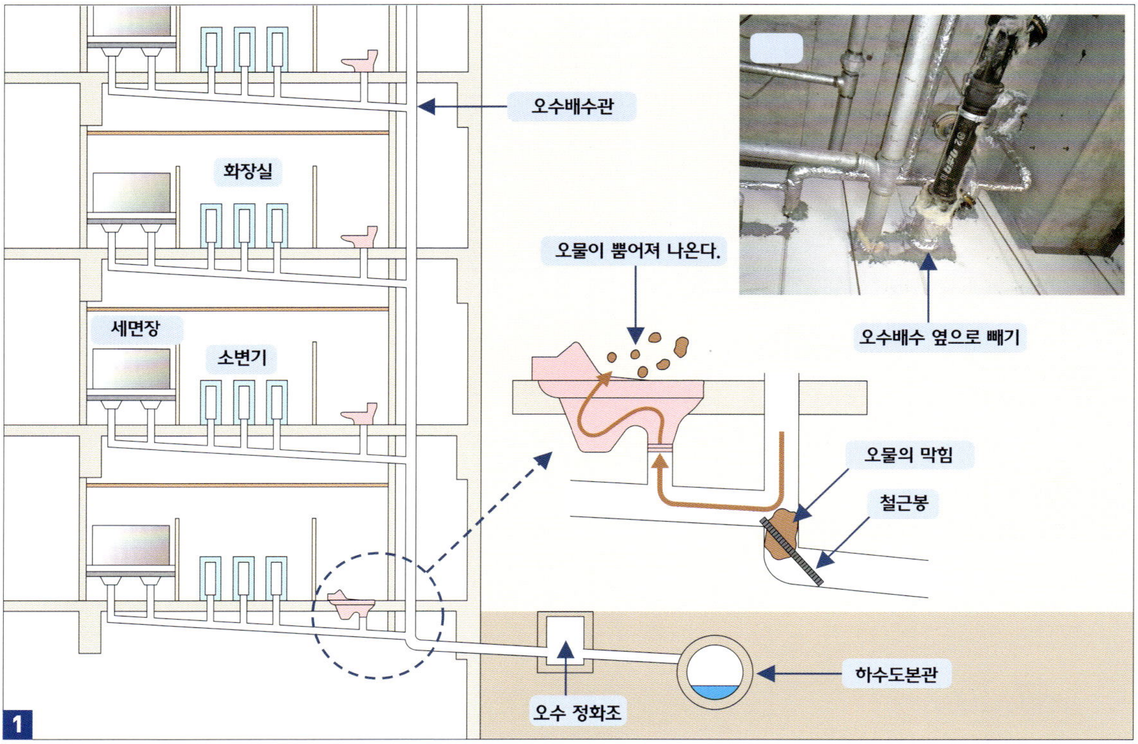

*통기관은 위의 그림에서는 생략

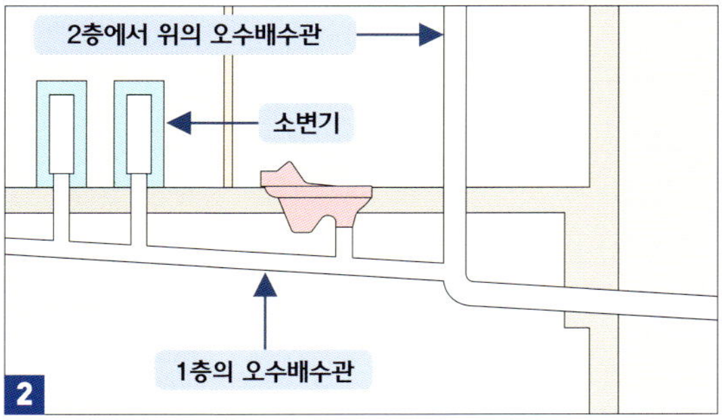

1층 화장실의 배수는 위층의 배수와 별도의 계통으로 하지 않으면 안 된다.

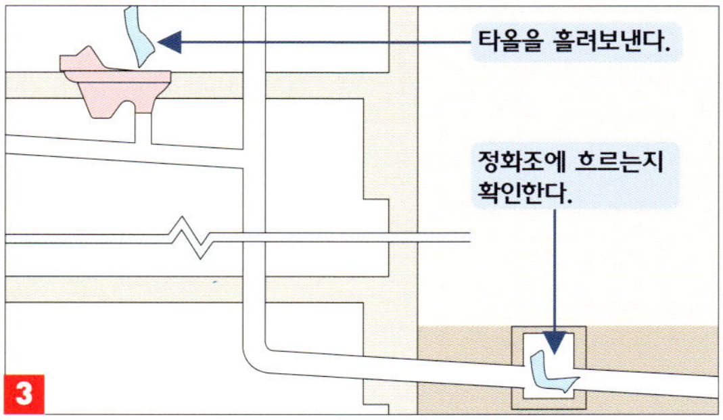

위층의 대변기에서 타올을 흘려 오수정화조로 흐르는지를 확인함으로서 배관 내에 이물이 없는지 확인이 가능하다. 타올이 정화조에서 밖으로 흘러나오지 않도록 망 등을 준비한다.

70 거실 내의 악취

오수배수와 오수조에서 통기관의 대기개방 위치의 설정이 잘못되면 건물을 인도한 후에 큰 클레임이 발생된다. 신축건물의 거실내부에 나쁜 악취가 들어오는 일은 발주자에게 누수와 같은 정도까지 시공자에 불신감을 갖게 된다.

오수의 통기관 단부가 창과 가깝게 있으므로 창을 열면 바람 방향에 따라 악취가 실내에 흘러든다. 외벽의 개구부 상황을 고려하여 통기관을 배치하지 않으면 안 된다.

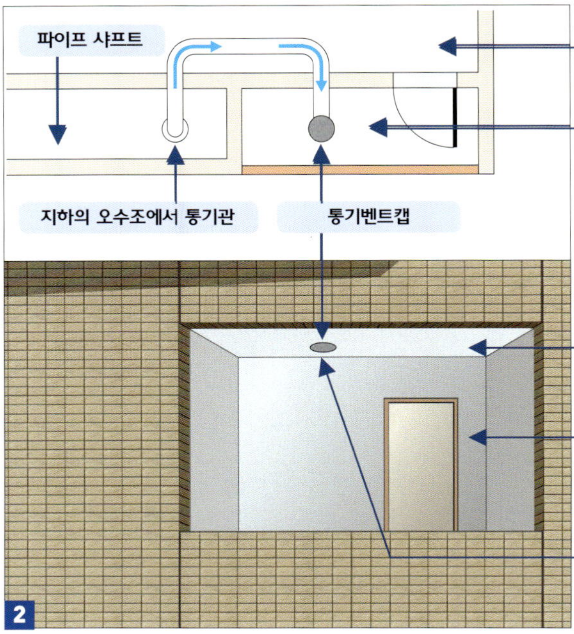

그림 2는 또 하나의 악취와 관련된 실패사례이다. 2층의 발코니 천장위치에 지하 오수조에서 지상으로 연장한 통기관 선단이 개방되어 있기 때문에 악취가 실내에 흘러 들어오게 되었다.
이러한 통기는 개구부가 없는 외벽 쪽에 개방해야 한다.

71 욕실 내의 악취

준공 후에 노인건강시설의 목욕탕에 악취가 올라온다는 클레임이 발생하였다. 특히, 목욕탕을 사용하지 않을 때에 악취가 심하였는데 원인을 조사해 보니, 통기관 설치방법에 문제가 있는 것을 알 수 있었다.

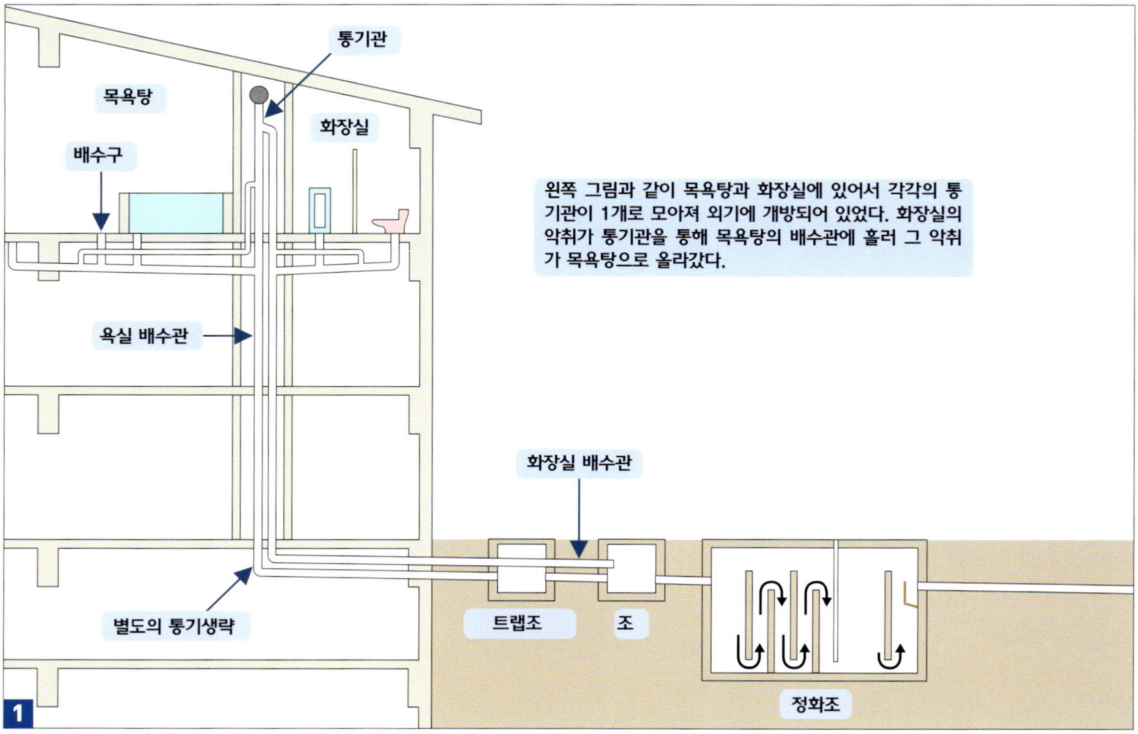

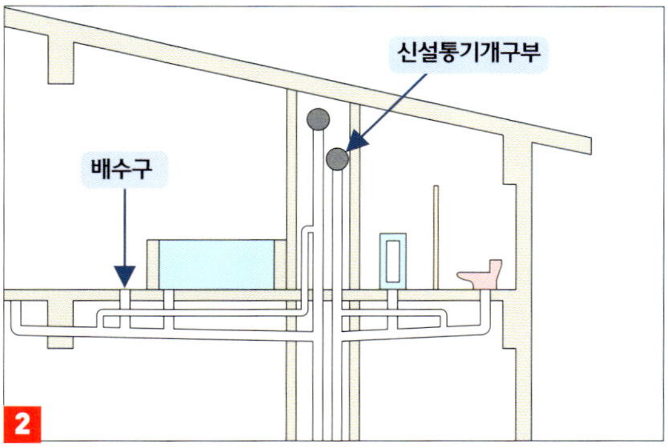

위의 그림과 같이 화장실 배수의 통기관을 별도 계통으로 하면, 화장실측 악취의 침입을 막을 수 있다. 통기관 사이즈 부족을 이유로 합치지 않도록 주의가 필요하다.

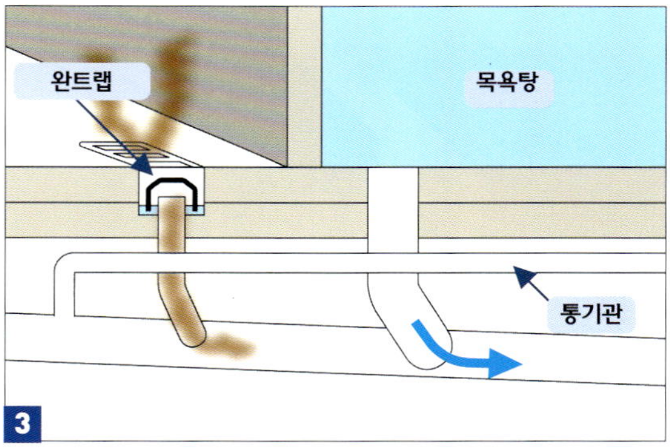

큰 욕조에서 대량의 물을 뺄 때에 통기관이 얇고 위치가 떨어져 있으므로 부압에 의해 가까운 배수구의 완트랩의 봉수를 파괴하여 그곳에서 통기를 취해 버리는 경우가 있다. 그 결과, 파괴된 봉수에서 악취가 올라오게 된다.

72 유닛화장실과 그 샤프트 부분의 구성

유닛화장실 배관은 슬래브 상부에서 횡방향으로 빼기 때문에 시공성이 좋아 아래 층에 영향이 적으므로 유지보수에 있어서도 우수하다. 특정 건물의 배관류 구성이 그림 1과 같으니 시공수순에 참고하였으면 한다.

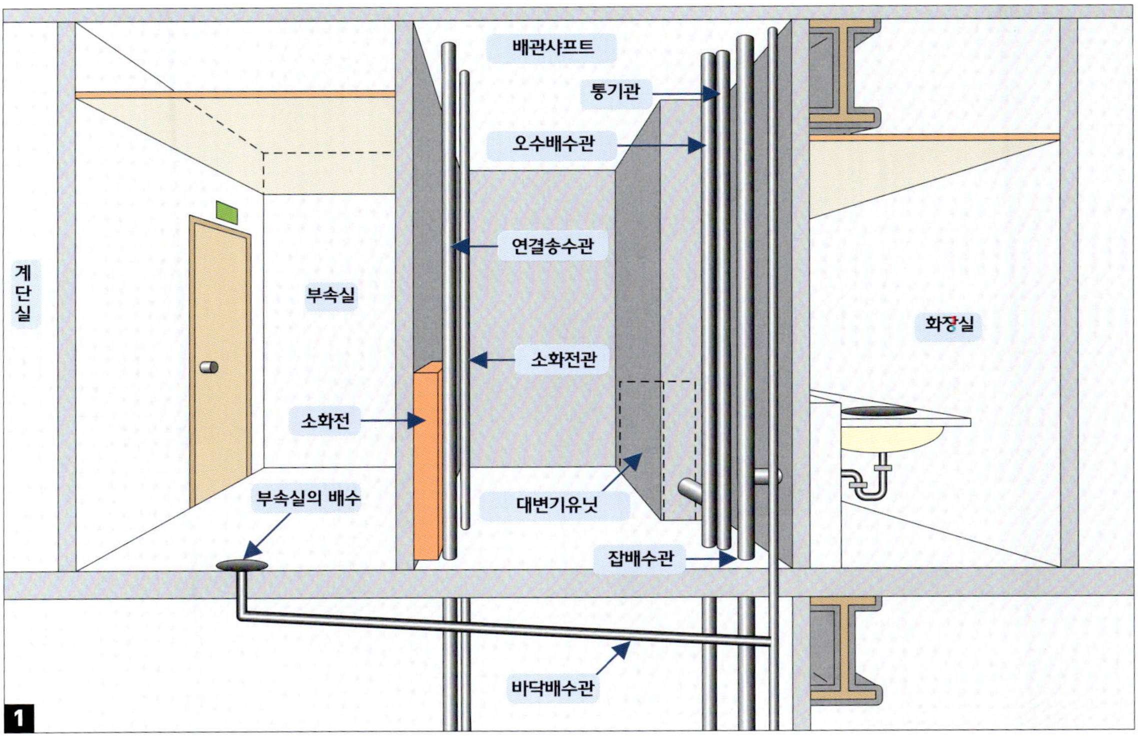

1

위의 그림은 좌측의 계단실과 그 부속실, 중앙에 소화계 배관과 화장실 급배수 · 통기를 위한 샤프트, 우측에 화장실을 설치한 건물 부분의 단면이다.

2

사진 2는 대변기유닛의 골조와 배관류. 바닥 먹줄에 맞추어 설치한다.

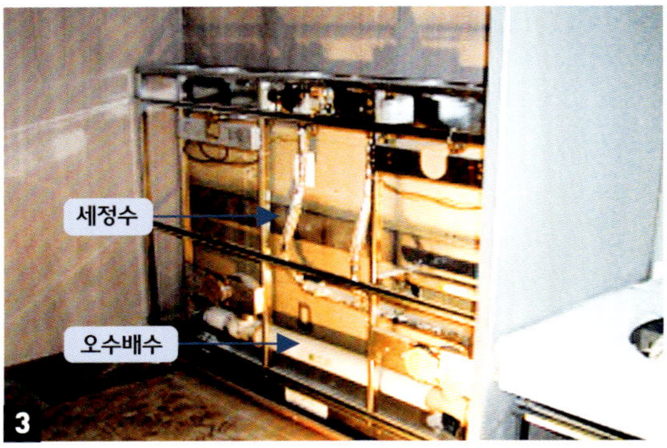

3

사진 3은 소변기와 세면유닛의 설치상황. 유닛공사와 설비배관공사의 책임범위를 명확히 해 놓을 필요가 있다.

73 장애인용 화장실 내의 설비

장애자용 화장실은 보호자와 함께 들어갈 수 있도록 여유가 있는 공간을 확보하지 않으면 안 된다. 또한, 난간은 체중이 실려도 견딜 수 있도록 벽면내에 충분한 보강을 해야 한다. 실제로 휠체어에 타고 사용하기 쉽도록 되어 있는지 검사를 하면 장애인의 입장에서 시공하게 된다.

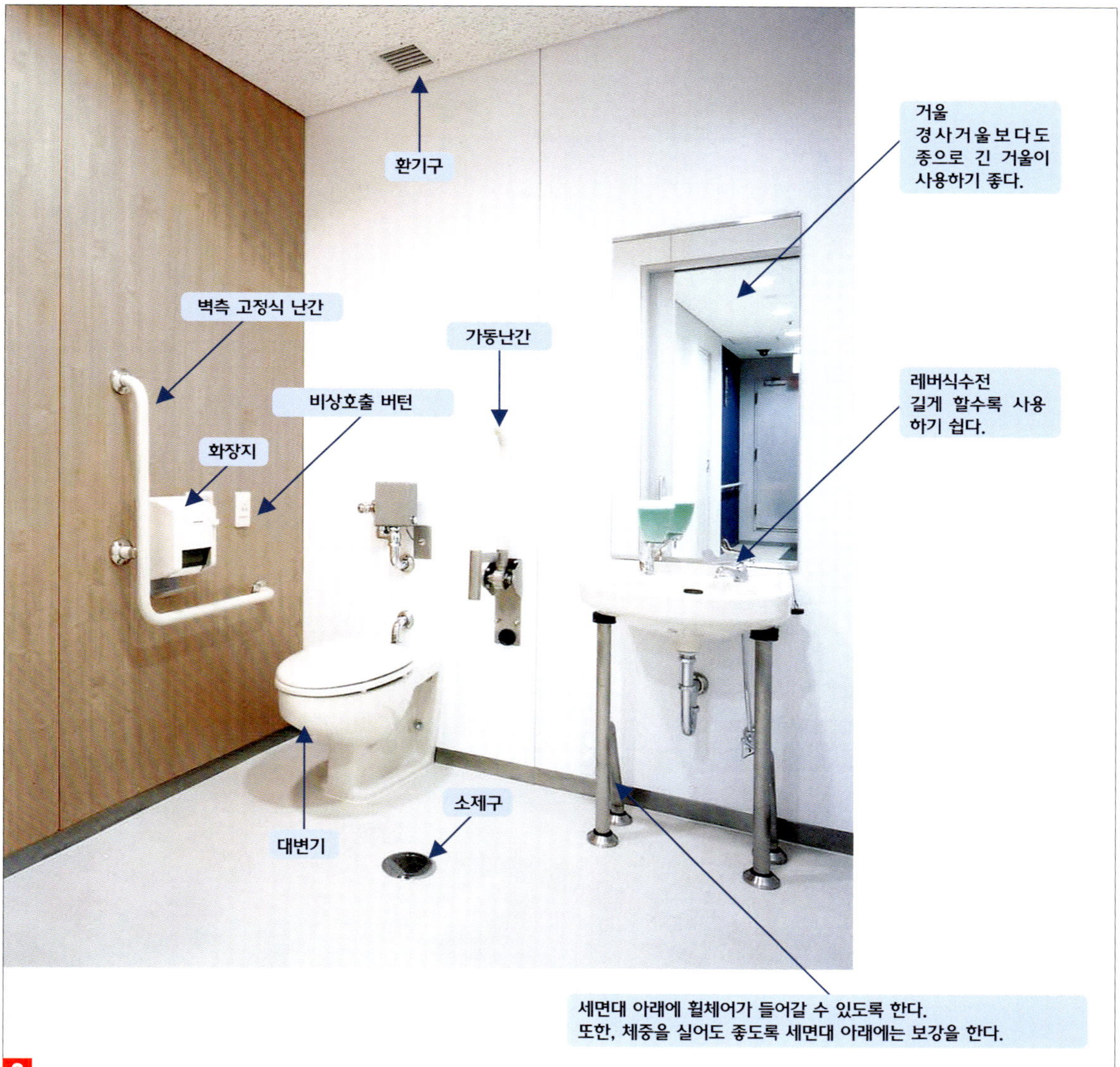

2

출입구 문에 전동문을 채용하였을 때, 소방검사에서 정전 시에도 가볍게 손으로 열 수 있도록 한다.

74 공용화장실의 흡연관리

사무소 건물의 공용화장실에서 금연 규제를 하고 재떨이를 설치하였을 때, 사진과 같이 화장실 바닥에 꽁초가 버려져 바닥의 비닐시트가 타들어가 구멍이 나 버렸다. 타일붙이기를 하면 더럽혀지기 쉽기 때문에 굳이 비닐시트로 하였으나 불특정 다수가 사용하는 화장실의 마감으로는 조금 더 검토의 여지가 있었다.

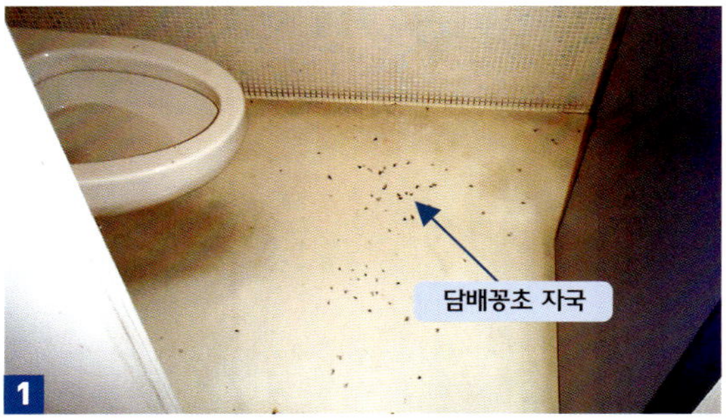

불에 타 구멍이 생긴 불특정 다수가 사용하는 대변기 앞의 바닥

사진 2는 당초에 재떨이 받침을 설치한 화장실. 단, 문제는 화장지 바로 위에 있기 때문에 넘치는 담뱃재가 화장지에 인화될 우려가 있다.

실패방지 포인트 11

우리나라에서도 건강증진법이 시행되어 건물이용자들이 타인이 피우는 담배연기의 흡입을 방지하기 위해 필요한 조치를 그 건물의 관리자가 하도록 하고 있다. 대다수의 건물들은 구내전면금연으로 되어 있지만, 이후 건물을 만드는 상황에서도 단순히 [흡연을 금지시키면 된다.]라는 발생만이 아닌, 이러한 룰을 어기는 사람이 존재하는 것을 염두에 두어 유지보수에 노력 소요가 최소화되도록 하드웨어적인 측면에서 어떠한 대책을 취할 것인지 모색하여야 한다.

75 유닛화장실(UBR)의 배관분리로 인한 바닥침수

숙박시설 준공전에 자주검사에서 욕조의 배수속도를 확인하기 위해 모든 수전을 열어 각실의 욕조에 급수한 결과 배관이 빠져 대량의 물이 복도에 넘쳐 대연회장의 천장에서 누수가 발생하였다. 그 계통은 수압테스트를 실시하여 통수하고 1개월이 지난 후의 일이었다. 복구에는 많은 시간과 비용이 소요되어 개업을 위해 준비하고 있던 발주자에게 매우 많은 손해를 입혀버렸다.

시간을 들여 갈끔하게 마감한 천장에서 물이 흘러내렸다. 바로 위층에 올라가 밸브를 잠그기까지 20분씩이나 걸려버렸다. 잠근시점에서 누수된 복도는 깊이 5㎝에 달하였다.

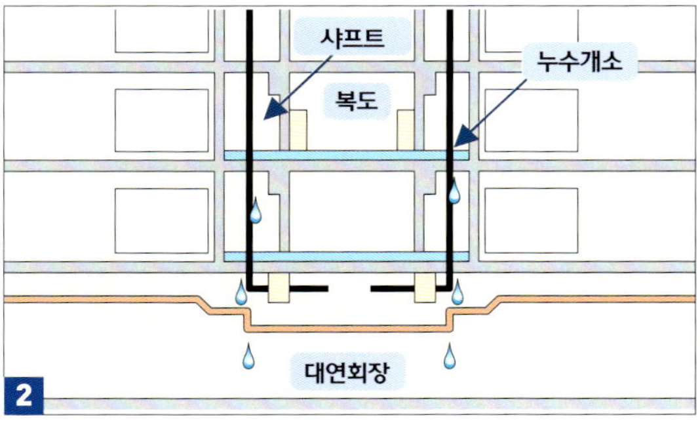

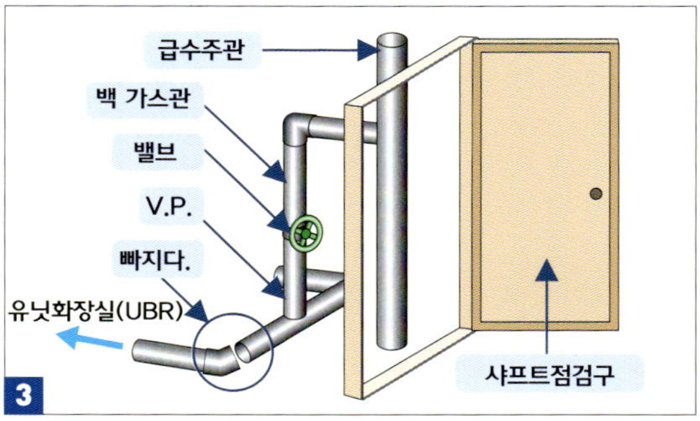

원인을 조사해본 결과, 객실유닛화장실(UBR)의 샤프트 중에 급수의 염화비닐배관(V.P.)은 보온재가 씌워져 망으로 둘러싸여 있었으나, 엘보부분에서 벗겨져 있었다. 계속해서 검사를 진행한 결과 염화비닐배관의 앨보와 직관과의 접속에 접착제가 누락된 상태로 보온망을 말아버린 것을 알게 되었다. 이렇게 접착 없이 결속부분이 통수전에 온도변화에 의해 신축을 반복하여 느슨해져 빠져있었던 것이다.

수압시험은 반드시 실시하여 기록을 남기게 되어 있으나, 수전을 설치 후에 수압시험이 이루어지지 않는 경우가 있다.

실패방지 포인트 12

배관에 접착제를 바르는 것을 누락한 것이 이러한 비극을 낳았다. 그리고 그 최종책임은 현장책임자가 져야 한다. 이러한 사고를 막기 위해서는 배관재료의 선정을 포함하여 그 검사방법을 확인해 놓을 필요가 있다. 특히 중요한 것은 종래의 수압시험 외에도 수전을 모두 설치한 후에 수압을 걸었을 때 상황으로 배관을 가볍게 쥐어 보는 것이다. 이것을 타인에게 맡기지 않고, 최초에는 책임자 스스로 해 봐야 한다. 설비공사는 중층하청구조로 되어 있어 현장의 공정이 쫓기는 경우는 많은 추가작업원을 받아들이나 그 관리가 불충분한 경우가 많아 조례 등을 통하여 이러한 사고가 발생하는 경우를 알려 계몽해 나가는 것이 필요하다.

76 유닛화장실(UBR) 내부의 좌변기 커버의 흠집발생

어느 호텔 공사에서 유닛화장실 내의 좌변기 커버에 흠집이 생겨 반수 이상을 교체하게 되어 버린 사례이다. 작업수순을 충분히 생각하여 시공할 필요성이 있다.

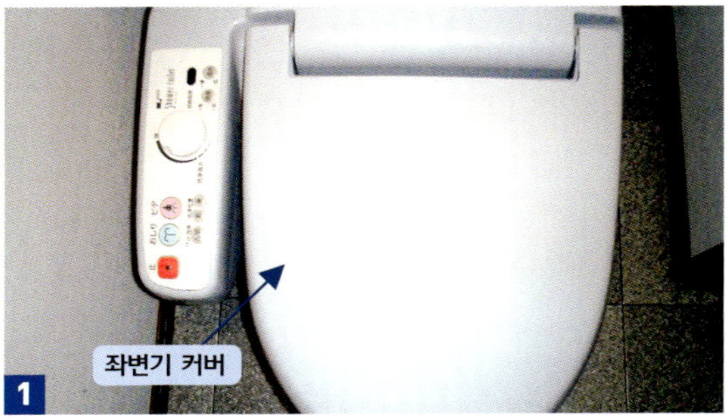

사진 1과 같이 변기 커버에 상처가 발생해 인수할 수 없는 상태가 되었다.

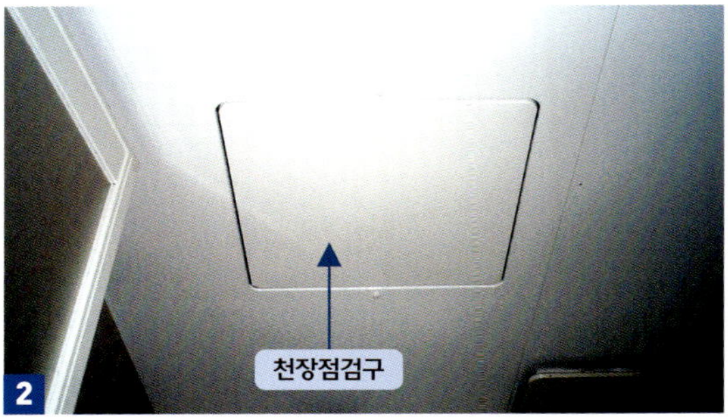

변기 상부에는 유닛화장실의 천장점검구가 있었다. 내부가 협소하여 사다리가 닫지 않기 때문에 천장내의 결선공사를 좌변기 커버 위에 올라서서 시공한 것이 원인이었다고 생각된다.

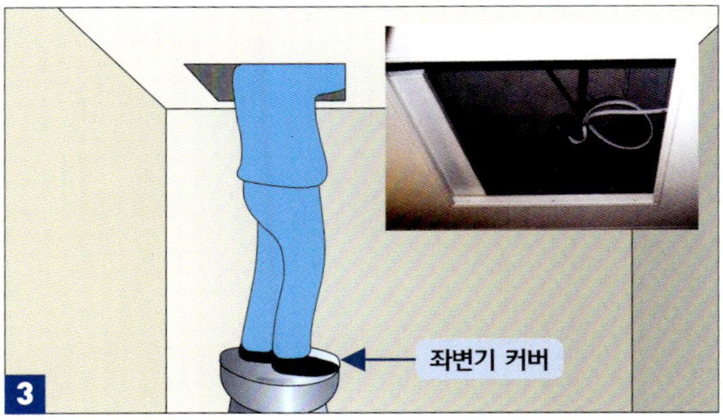

원인이라 생각되는 작업자세. 공정이 늦어지고 있었기 때문에 변기 설치 후에 이러한 자세로 결선을 하고 있었다.

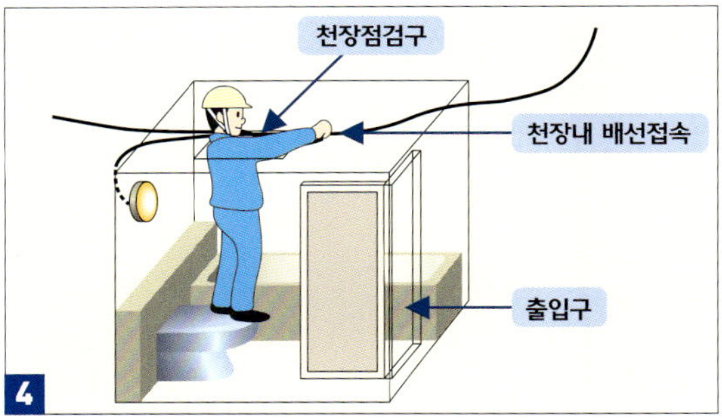

유닛화장실의 배치상황. 유닛화장실 내부에 사다리를 세울 공간이 없기 때문에 변기 바로 위에 천장점검구가 배치되어 있었다.

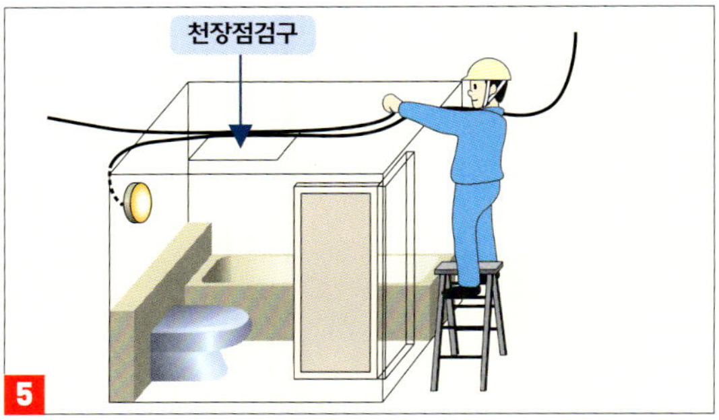

결선과 덕트접속을 위의 그림과 같이 출입구측에 사다리를 세워 천장을 덮기 전에 시공하도록 계획하면 이러한 문제는 해결된다.

실패방지 포인트 13

이러한 생각은 여러 가지 장면에서 대응하기 좋다. 도면의 검토 시에 시공하기 쉬운지 여부를 철저히 생각하여 문제를 일으키지 않는 구성으로 실시하는 것이 중요하다. 현장에서 실제 작업이 어느 정도 이루어지고 있는지 알기 힘들다. 간신히 문제의식을 가지고 현장운영에 있어서 작업성에 대해 실제로 시공을 하고 있는 작업원과 자주 협의하여 개선책을 강구하는 등의 습관을 몸에 들여야겠다.

77 배관의 고정 불량

사진 1은 소변기 상부에 부착된 플러쉬밸브이나 판넬의 홈에서 벗어나 판넬의 구멍이 보여 보기 흉하게 되었다. 준공 당초에는 고정되어 있어도 반복하여 버턴을 누르고 있는 때에 느슨해져 배관이 넘어져 버리게 되므로 배관이 고정되어 있지 않은 시공불량이라 하겠다. 방지대책으로는 라이닝을 설치하지 않고 벽 내에 배관을 올릴 때에 배관공정이 어려우므로 구성도를 작성하여 배관고정방법을 검토해 놓을 필요가 있다.

왼쪽 그림은 소변기의 플러쉬버튼 부분이나 라이닝이 없는 구성이었다.

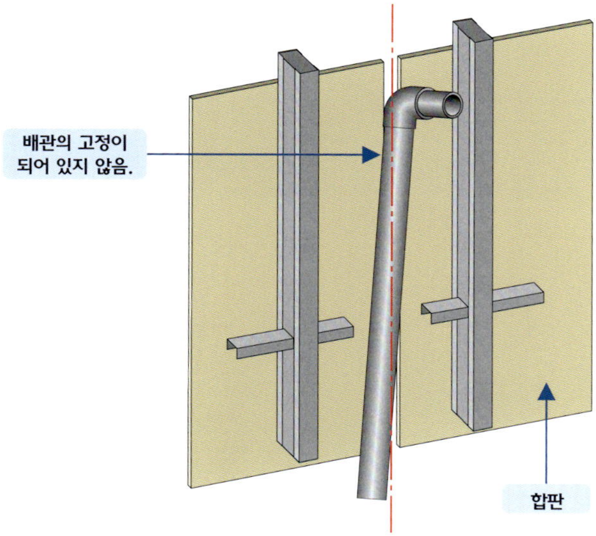

1

78 녹물 발생

급수관 시공이 확실하게 되어 있는지 여부는 하루 동안 열지 않은 상태로 둔 후에 세면기 배수전을 설치하고 수전을 약간 열어서 확인하면 좋다. 그 때에 나온 소량의 물에 녹이 포함된 녹물이 나왔다하면, 그 원인은 소켓 내면을 도장하지 않은 재료가 사용되고 있는 것이 많다는 증거이므로 포금제 소켓을 사용하지 않으면 안 된다. 또한, 사진 1과 같이 대량의 녹물이 발생하는 경우는 배관전체 내부에서 녹이 발생하거나 도중의 내부 라이닝 동관의 연결부분 관 끝단 코어의 시공불량인 경우도 있으므로 주의하지 않으면 안 된다.

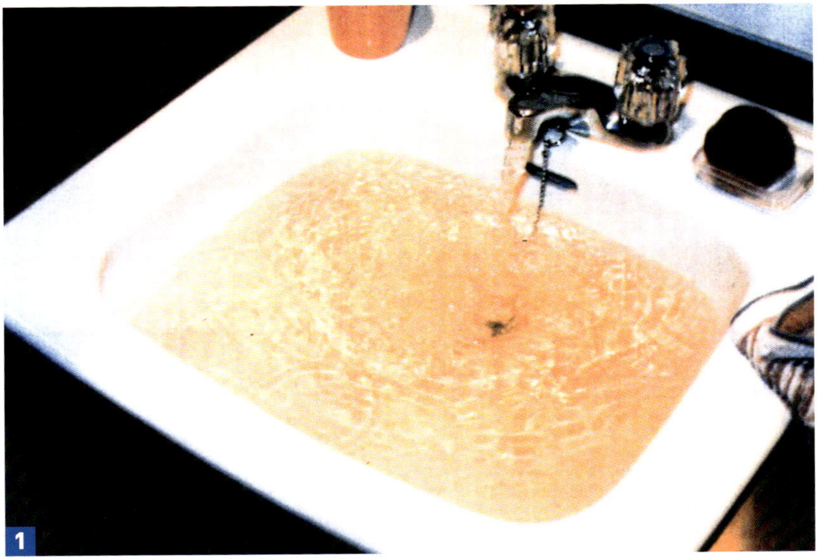

1

이정도 대량의 녹물이 발생하였다. 원인은 배관접속부의 방청을 위해 관의 끝단 코어가 제대로 설치되어 있지 않기 때문이었다.

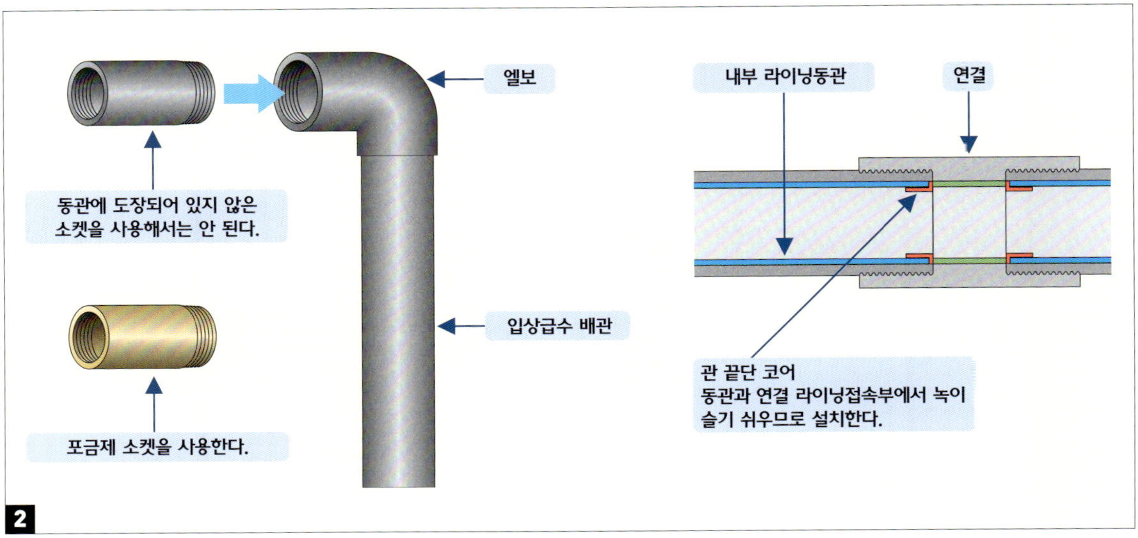

2

79 세면대 주변의 배려 부족이 불러온 불량

세면대 부근의 콘센트를 설치하는 경우는 콘센트에 물이 들어가지 않도록 하고 젖은 수건 등이 그 부근에 있지 않도록 배려하지 않으면 안 된다. 플로트도를 작성할 때에 사용하는 방식을 생각하여 배치하는 습관을 몸에 익히지 않으면 안 된다.

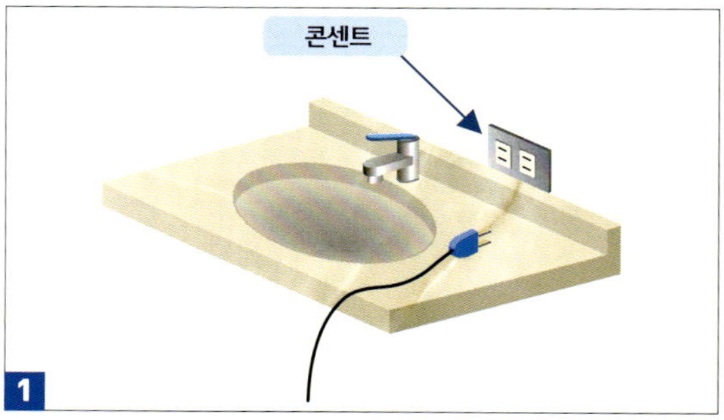

세면대는 물에 젖기 쉬우므로 콘센트 배치는 충분히 배려하지 않으면 안 된다.

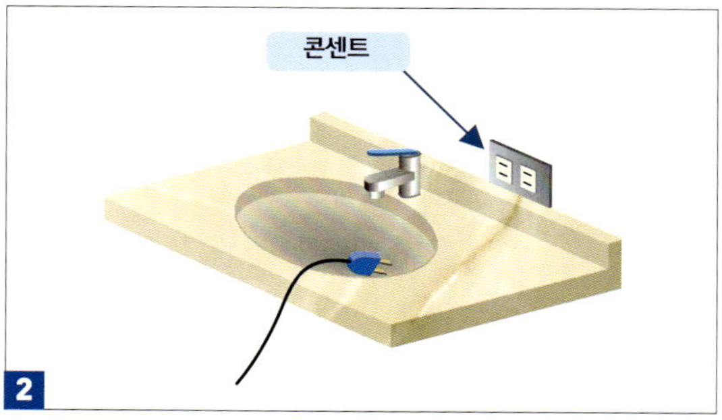

드라이어 등의 가전제품의 플러그를 뺐을 때에 플러그가 수조 속에 들어가 버릴 우려가 있으므로 콘센트는 수조의 위치에서 떨어진 곳에 배치해야 한다.

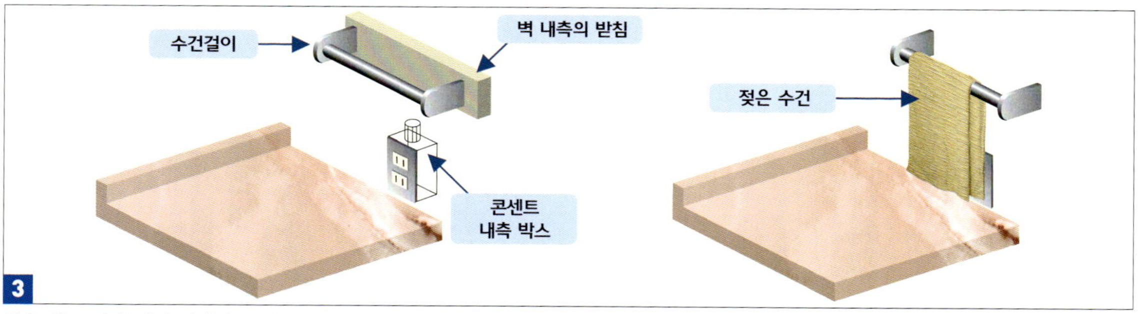

왼쪽 위 그림과 같이 완성된 곳에 오른쪽 위의 그림과 같이 타올을 걸어 그것이 젖은 경우에는 콘센트가 사용하기 힘들고 또한, 플러그를 꼽은 경우에는 감전될 우려가 있다. 완성되어 사용하기 시작한 후에 알게되면 받침부터 교체하는 일이 되어 매우 많은 노력이 소요된다.

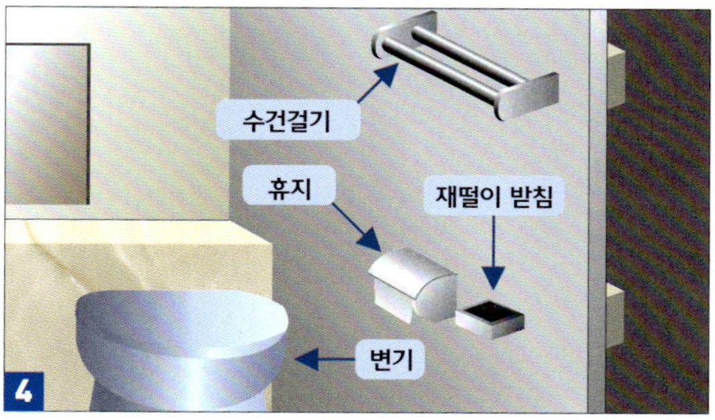

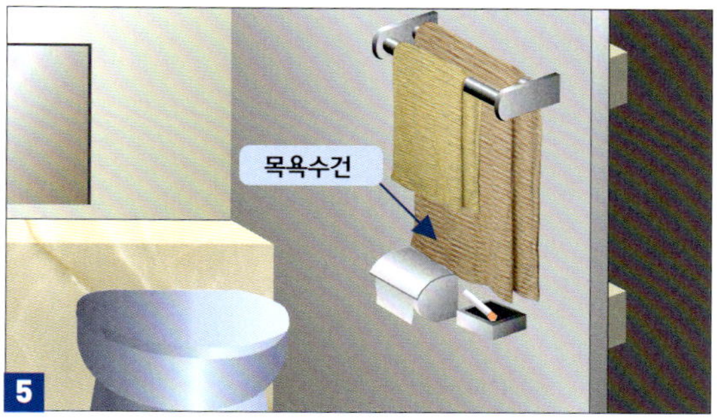

변기 · 세면 · 욕조의 3점식 유닛욕조에서는 벽면에 설치하는 설비류 때문에 공간이 매우 제한된다. 어느 호텔의 신축공사에서 그림 4와 같이 수건걸이 · 휴지걸이 · 재떨이 받침을 배치한 상황에서 목욕수건을 걸면 그림 5와 같이 화재의 위험이 있는 것을 알고, 전량 교체하였다. 수건 등이 실제 걸린 상황을 반드시 검증하지 않으면 안 된다.

80 세면장 설비와 구성

세면장은 발주자의 요구가 많은 장소이기 때문에 완성된 후에 [생각했던 것과 다르다] 라는 클레임이 나오기 쉽다. 발주자는 설비류를 포함하여 계약하므로, 시공시 건축과 설비의 조정부족이 발생하지 않도록 해야한는 부분이다. 평면도 · 설비도로는 발견되지 않았던 문제도 아래 그림과 같은 투시도를 작성하면 협의를 통해 해결가능하다.

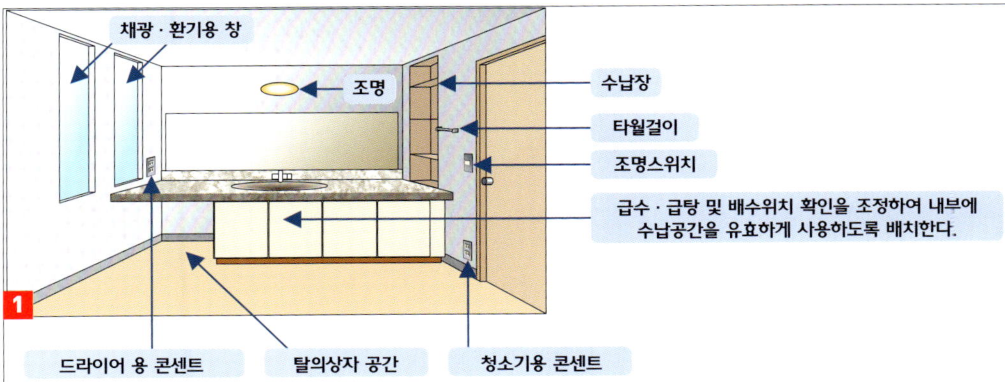

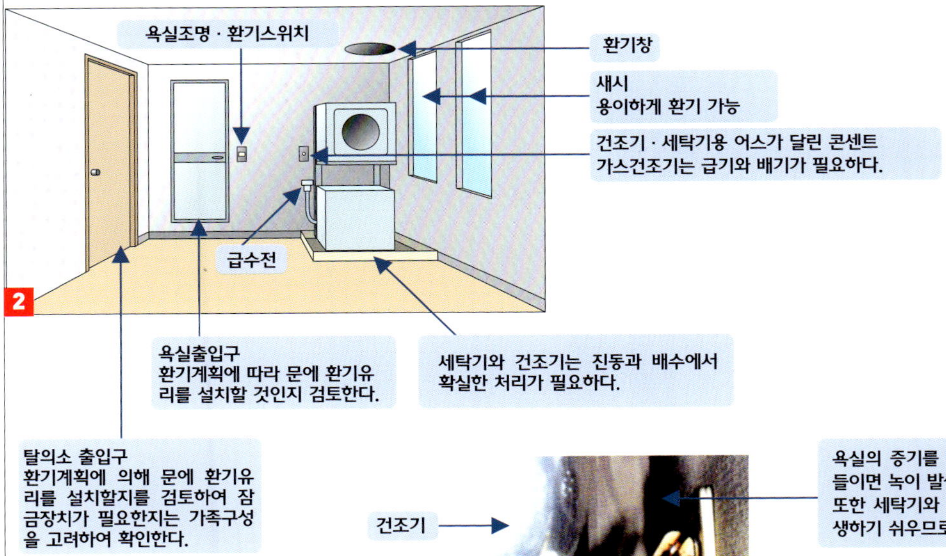

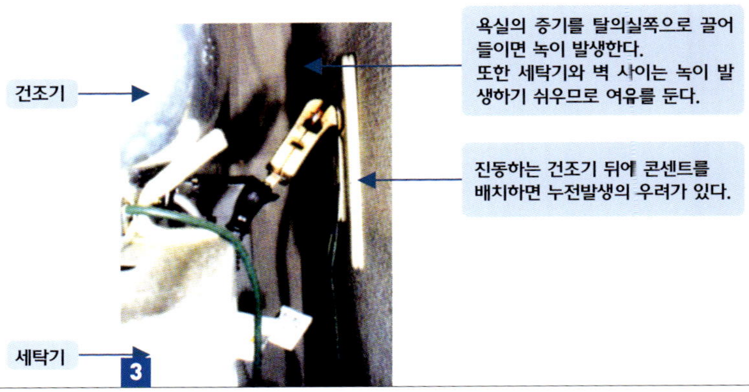

81 수도꼭지와 흐름의 검토 부족

특별히 주문한 세면대를 제작하였는데 사진 1과 사진 3처럼 되어 버리는 경우가 있다. 또한 그림 5와 같이 배관을 매설해 버리면 배관에 누수가 발생할 경우, 복구에 시간이 소요되어 영업이 불가능할 우려가 있으므로 점검을 고려한 공사가 필요하다.

1

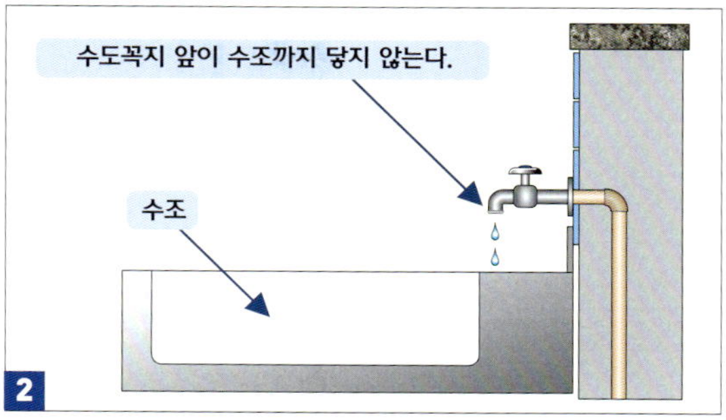

2

학교와 병원 등에서는 특별히 주문하여 스테인리스 세면대를 제작하는 일이 있으나, 단지 싱크대의 단품도만 작성하므로 이렇게 수도꼭지 앞이 싱크대까지 닿지 않는 상태로 제작될 수 있으므로 제작도를 그려 꼼꼼한 검토가 필요하다.

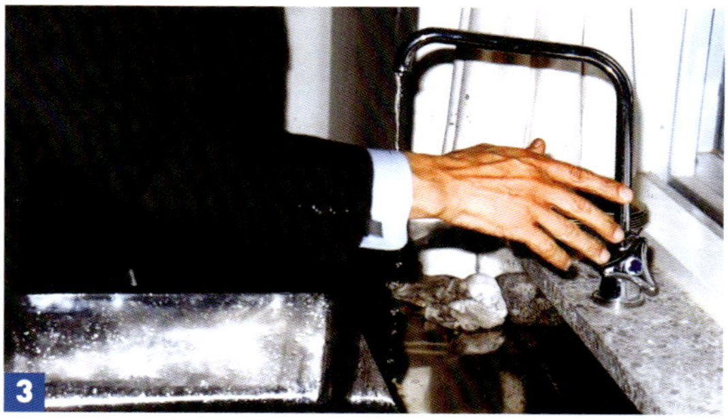
3

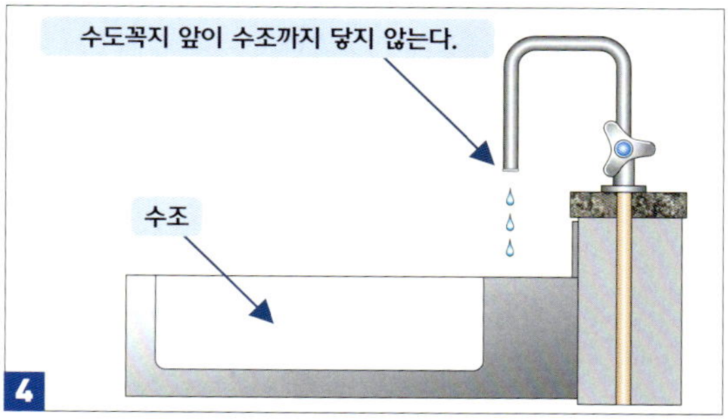

4

이것도 사진 1 · 2와 같은 사례이다. 이러한 것을 검사에서도 알아채지 못하는 경우도 있다.

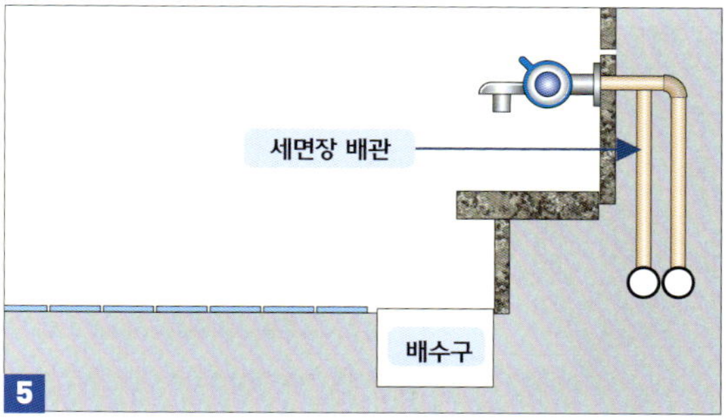

5

욕실의 세면장의 배관에 이상이 있는 경우, 위의 그림과 같이 메워놓으면 파쇄 작업이 필요하게 되어 복구에 시간이 소요된다.

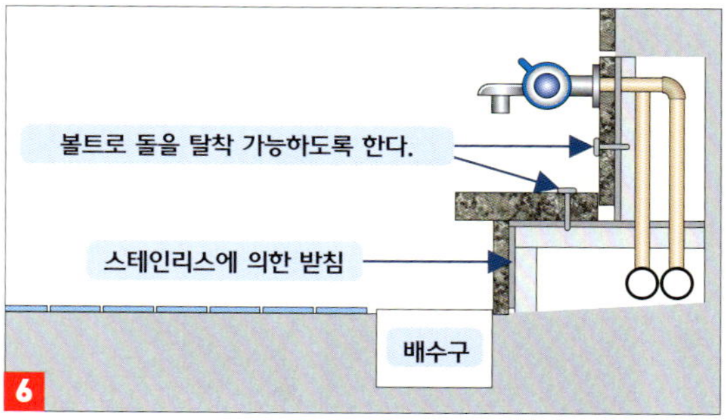

6

위의 그림과 같이 건식으로 구성함으로써 불량이 발생할때 단시간에 용이하게 고치는 것이 가능하다.

82 인도 전 부엌의 싱크대 녹

준공 인도전의 집합주택에서 각 주세대 주방의 스테인리스 싱크대에 얇은 녹이 발생하는 현상이 나타나 싱크대를 교체하게 되었다. 원인을 조사해 보니, 배수관 끝의 정화조에 연결되는 순서에서 오류가 있었다.

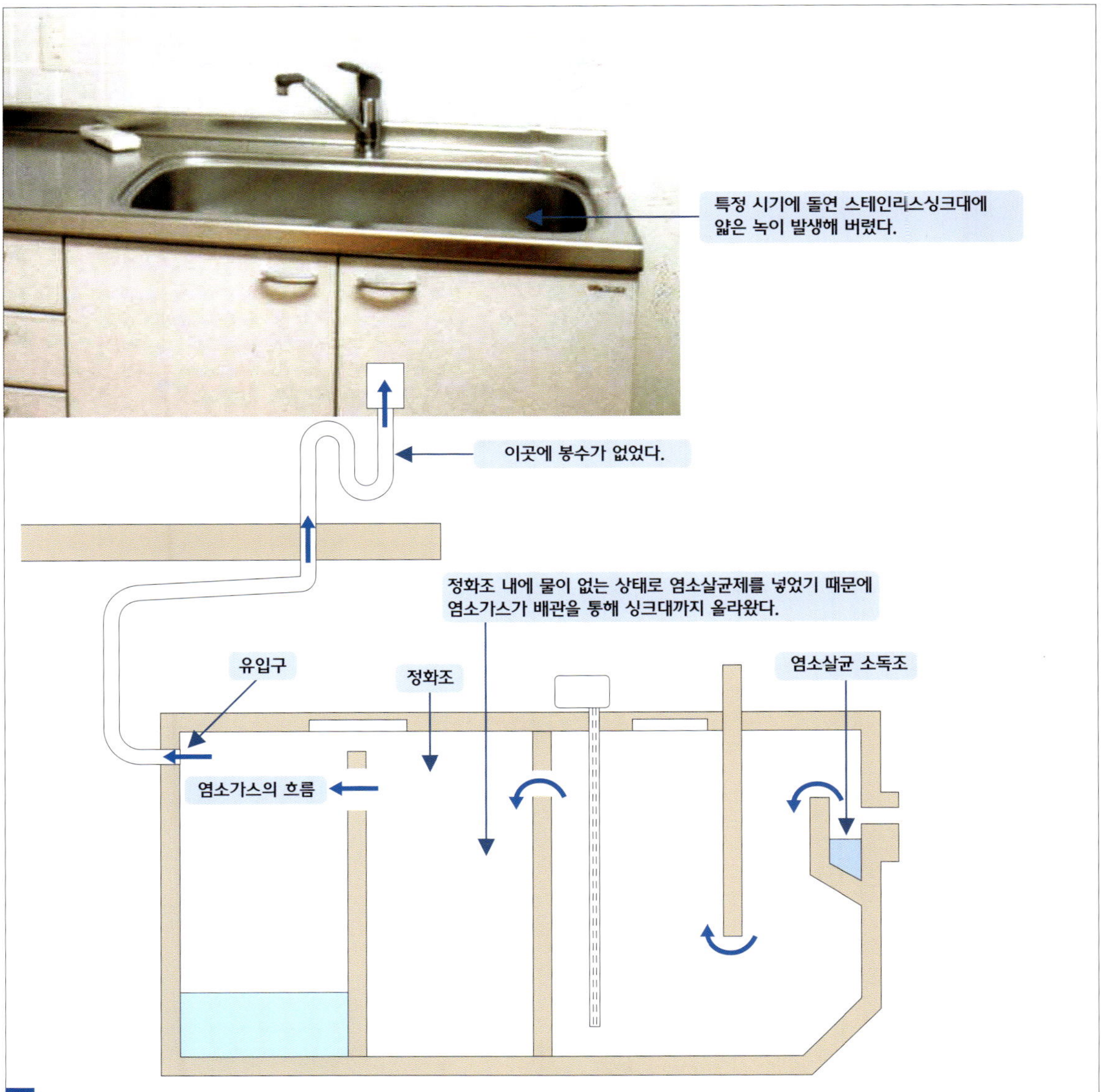

1

정화조는 최종처리단계에서 염소에 의한 살균을 실시하는 시스템이 되어 있으나 정화조에 오수가 없는 상태에서 소독조에 염소살균제를 넣은 경우, 위의 그림과 같이 정화조 내에 염소가 가득하여 유입구에서 배수관을 타고 올라 봉수가 없는 트랩을 지나 스테인리스 수조에 용이하게 도착하게 된다. 염소제를 넣는 타이밍은 정화조 내의 봉수가 완성되고 난 후여야 한다.

83 순환식 급탕설비의 실패

호텔과 병원 등에서 많이 채용되고 있는 순환식 급탕설비는 온도하락 방지를 위해 항상 배관내에 온수가 순환하고 있다. 온수는 기포를 포함하고 있기 때문에 최상부에 설치한 팽창 탱크에서 공기를 빼도록 되어 있으나 각층의 급탕전에서 수도꼭지를 열때 자동배출도 기대하고 있다. 그러나, 순환펌프의 용량이 너무 클 경우 역으로 급탕전에서 공기가 들어가버리는 경우도 있다.

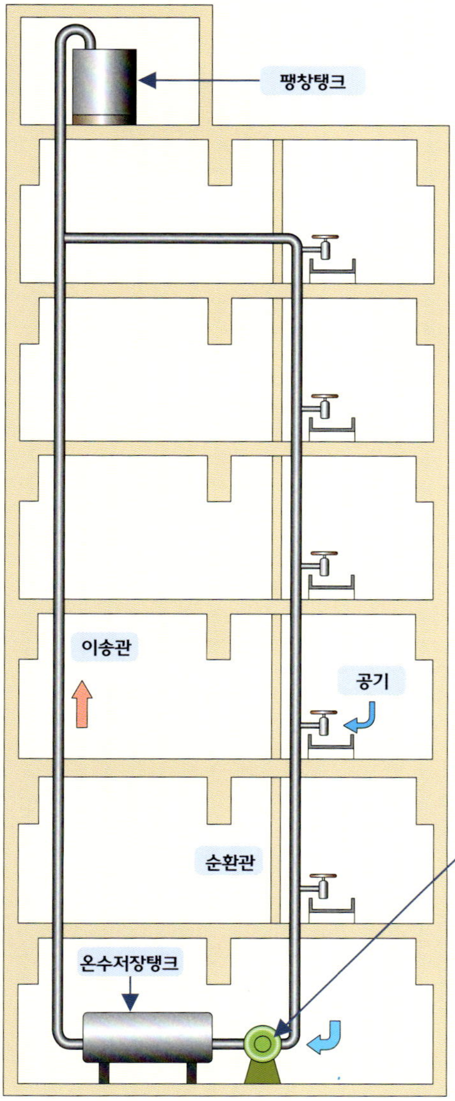

순환펌프는 그림과 같이 순환관측에 배치되는 경우가 있으나, 순환펌프의 용량이 너무 크면, 순환관내부가 부압이 되어 그때의 급탕전을 열면 원래 공기를 배출해야 하는 급탕전에서 공기를 빨아들이는 현상이 발생하는 경우가 있다. 보기에는 공기가 빠지는 것으로 보이나, 실제는 빨려 들게 되는 경우가 있다.
순환펌프의 용량결정에는 충분한 배려가 필요하다.

또한, 이 시스템에서는 목욕탕이나 냉각탑과 비교하여 검출률이 적으나 레지오넬라균의 증식이 발생하기 쉬우므로 급탕온도의 설정에는 주의가 필요한데 구체적 대책으로서는

① 보급수를 많게 한다. (연속플로우)
② 정기적인 청소 (물을 교체)
③ 멸균 (약전)
등이 필요하다.

1

84 통수개시 시에 수도꼭지를 닫지 않음으로 인한 누수 발생

수도꼭지가 잠겨있는 것을 확인한 후에 계통별로 그 밸브를 열어 급수를 개시해 나갔으나, 현장에 견학하러 온 사람이 부엌의 수도꼭지를 열어 두었기 때문에 밸브를 여는 순간 물이 배출되고 마개가 막힌 싱크대에서 대량의 물이 넘쳐흘러 부엌의 내장을 교체하게 되는 경우가 있다.

싱크대 내에 마개가 막혀 있어 오버플로우 되었다.

통수 순서

1. 수도꼭지 개폐여부 확인
2. 밸브의 개방
3. 각 수도꼭지의 통수 확인

사례 84에서는 원래 밸브를 개방한 후에 바로 각 수도꼭지의 상황을 확인하는 것을 태만히 해 버렸기 때문에 발생하였다.

누군가 수도꼭지를 열어둔 채로 방치하였다.

부엌 내에는 거실에서부터 깔려있던 고가의 카펫이 젖어 버려 재발주하게 되어 커다란 손실이 발생되었다.

1

인간은 무언가 물건을 만지고 싶어 하므로 수도꼭지에 손을 대지 않도록 표시해 놓을 필요가 있다. 또한 밸브를 열었을 때에는 반드시 그 자리에서 다시 한 번, 모든 수도꼭지가 닫혀있는 상태인지 확인하는 것을 잊어서는 안 된다.

85 세면대 배수 트랩 부분에서의 누수

아래 사진과 같이 배수관을 고정하는 너트가 느슨해져 세면대 아래의 수납장 내를 적셔 버렸는데 이는 급수 검사보다 배수관의 조사를 간과하여 발생하였다고 할 수 있다. 배수관의 검사는 세면대볼 내에 가득 담긴 물을 한 번에 흘려 동시에 물이 새는 것을 유발하는지 U트랩 부분을 가볍게 두드려 보면 연결불량과 패킹불량의 오류를 확인할 수 있다.

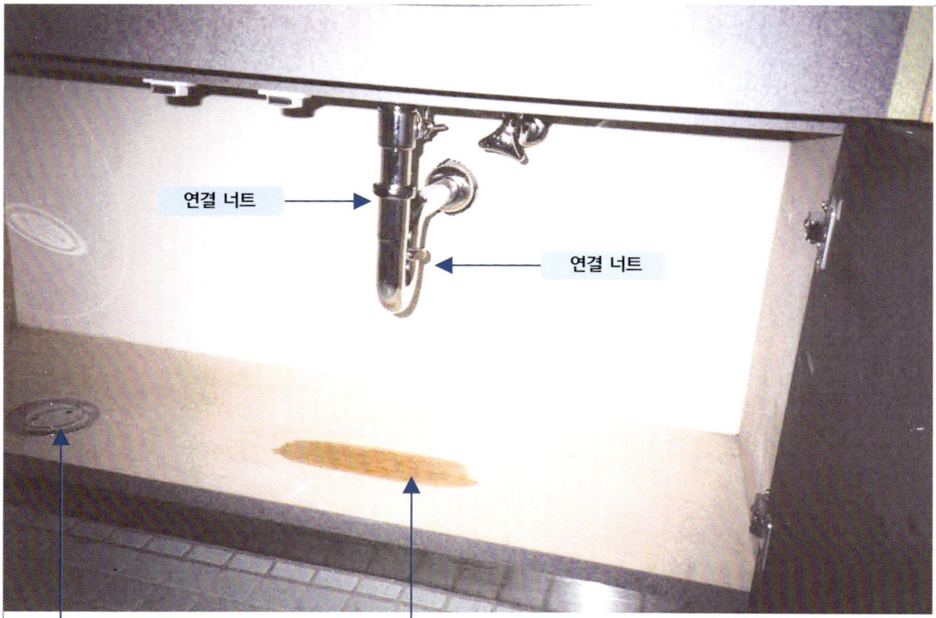

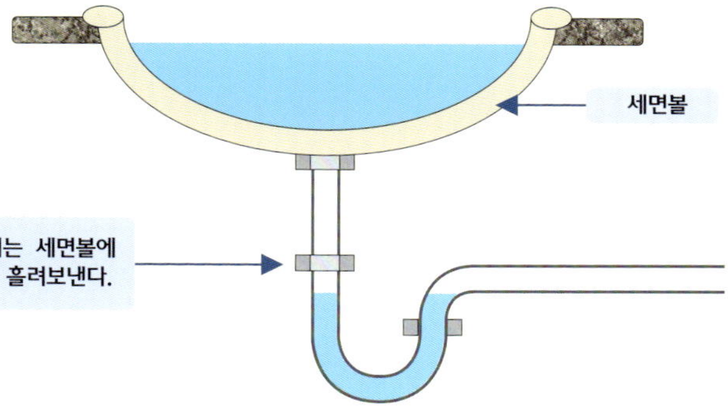

1

86 부엌 싱크대 아래 부분의 구성 실패

부엌 배수관의 슬래브에서 배관을 뽑아 올린 위치가 제대로 구성되지 않으면 매우 많은 불필요한 작업을 하게 된다. 집합주택 등과 같이 시공수량이 많은 경우 특히 피해는 커진다. 실제로 시공하는 사람간에 구성법을 협의하면 오류가 없고 시공성이 향상된다.

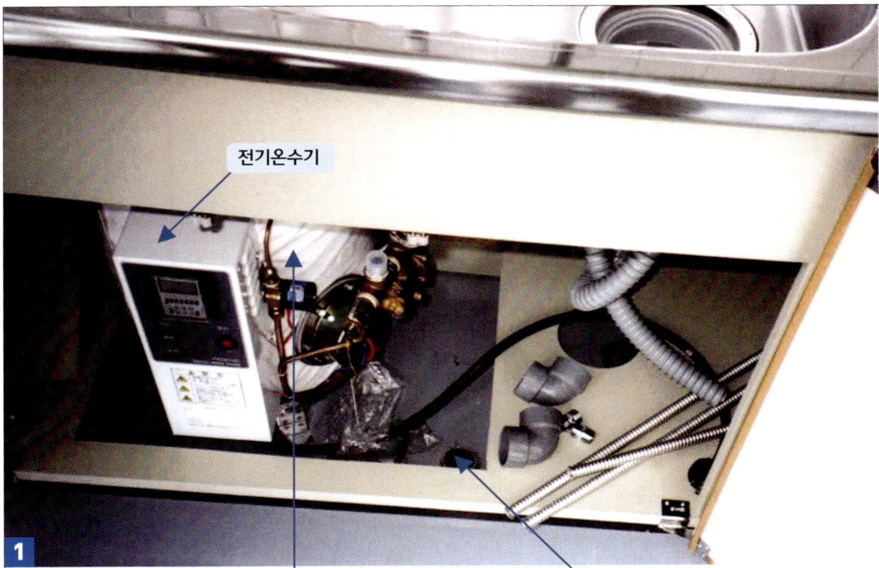

어려운 자세에서의 작업
예를 들어 배면에 샤프트를 만드는 공간을 두어 그곳으로 배수를 하게 함으로서 작업성도 좋고, 싱크대 아래 수납도 유효하게할 수 있다.

배수관을 뽑아 올리면
이 위치에서 부엌 싱크대 하부수납에 장해가 된다.

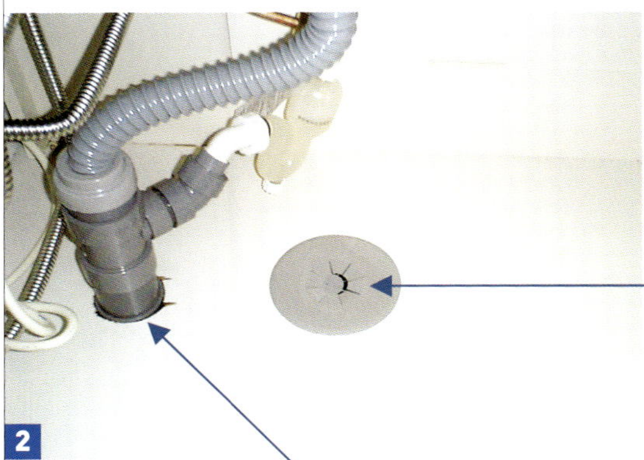

부엌 원래의 배수관 위치
이 개구부는 막지 않으면 안 된다.

배수관을 새롭게 뽑아올린 위치
이 개구부 주변은 깔끔히 처리해야 한다.

87 욕실의 배수량이 많아 원활한 배수 불가

사진 1은 특별양호노인홈의 욕실 배수의 실패사례이다. 많은 사람을 한 번에 입욕시키기 위해 욕조에는 물이 넘치고 동시에 닦는 곳은 여러 명이 한 번에 몸을 닦기 때문에 물을 흘려보내는 상태가 되는 경우 배수가 따라가지 못하고 몸을 닦는 곳으로 물이 넘쳐버렸다. 배수구에 기성 관형 타일을 사용하고 그 아래에 배수망을 설치하였기 때문에 배수망으로 흘러들어가는 압력이 약했던 것이 원인이었으므로 준공직후에 교체를 하게 되었다.

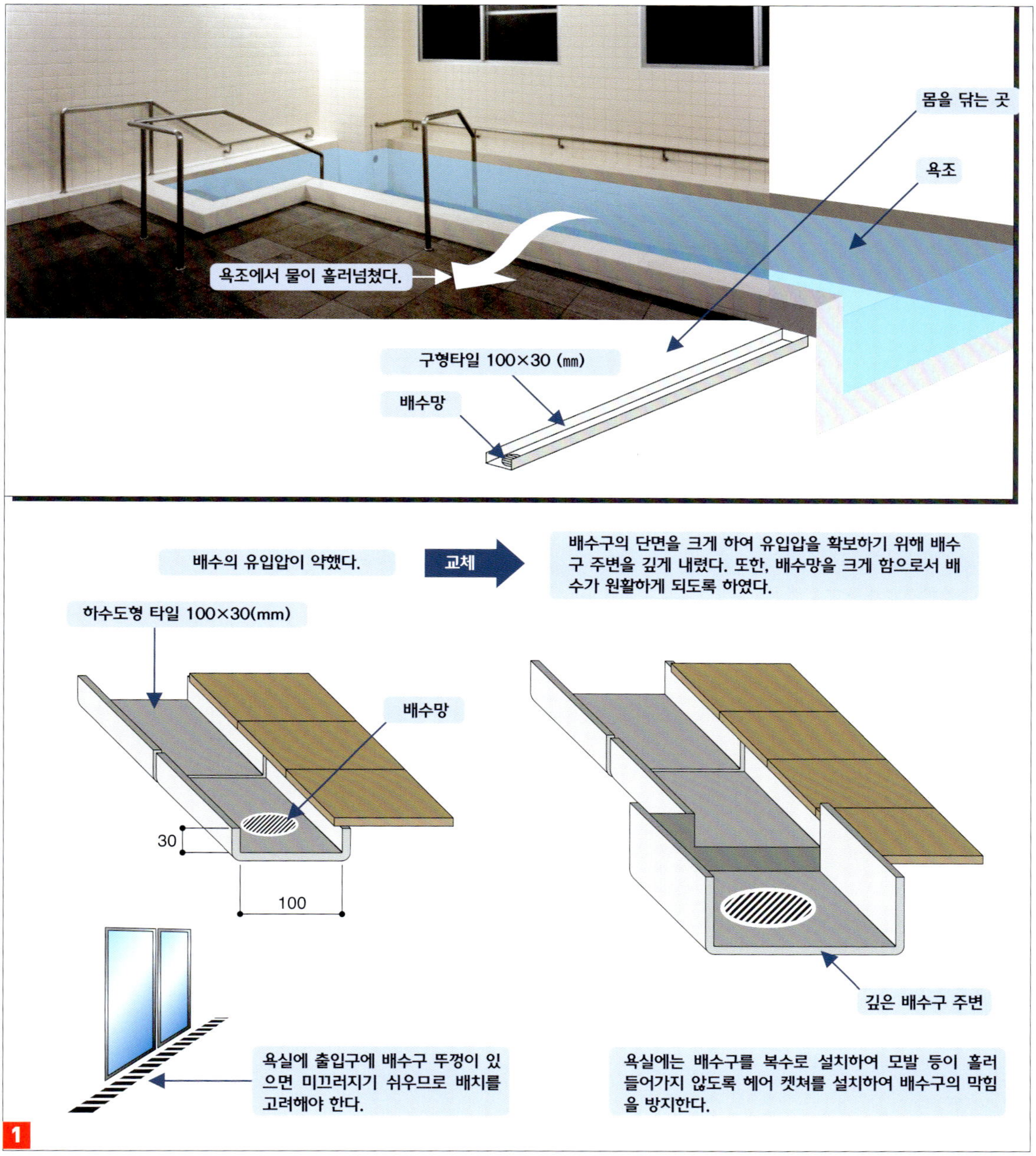

88 우수배수의 실패

사진 1 · 2, 그림 3과 같이 점검하기 힘든 우수통을 만들면, 문제가 발생할 그 원인의 확인만에도 큰 노력이 소요된다. 또한 사진 4, 그림 5에서 나타난 것처럼 외벽에 우수가 넘치지 않도록 계획한다.

1

사진 1은 처마의 배수가 흘러들어 녹을 포함한 물이 외벽을 더럽혀 버린 사례이다.

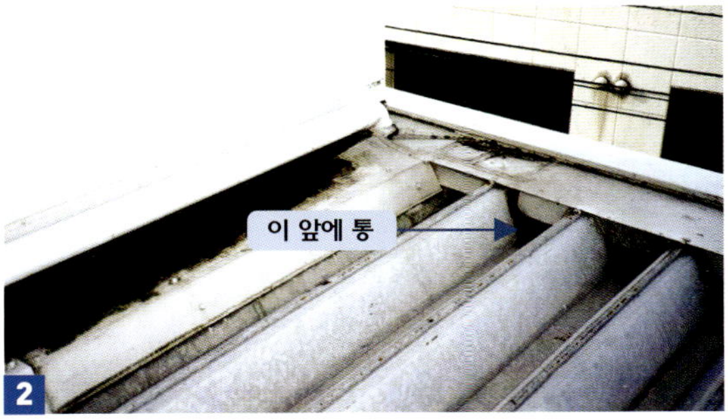

2

지붕면에 꽤 녹이 발생해 있어, 이 녹이 흘러든 것이다.

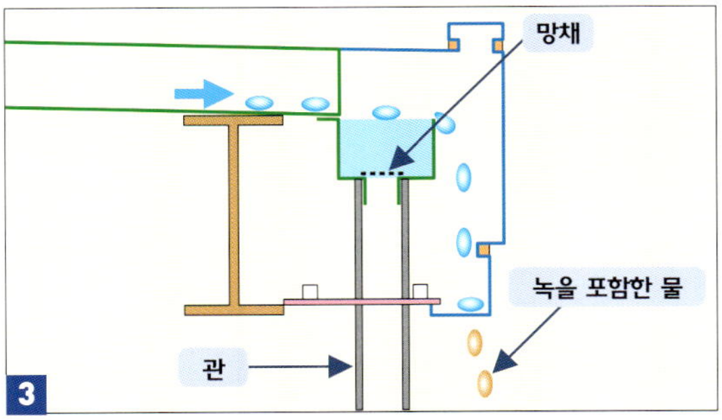

3

원인은 위의 그림과 같이 관에 망채를 달았기 때문에 녹과 쓰레기에 의해 관이 막혀 우수가 흐르지 못하고 넘쳐버렸다.

4

사진 4는 횡으로 뽑은 드레인의 통과 우수받이이나, 통의 경사가 작아 우수받이와 벽면과의 사이에 우수가 넘쳐버린다.

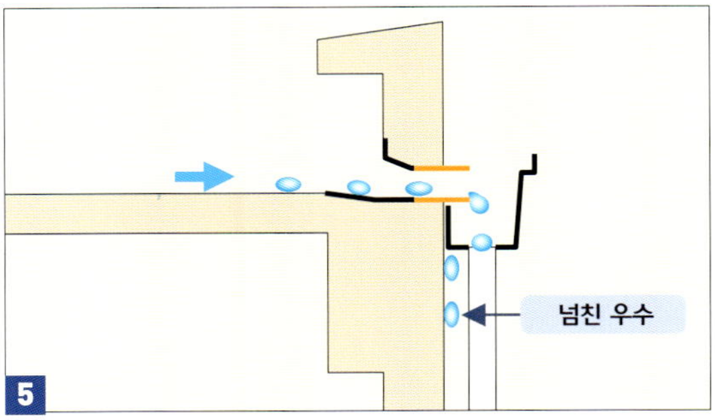

5

우수받이와 관 사이는 실링이 안 되어 있기 때문에 배수불량을 발생시켜 누수의 원인이 된다.

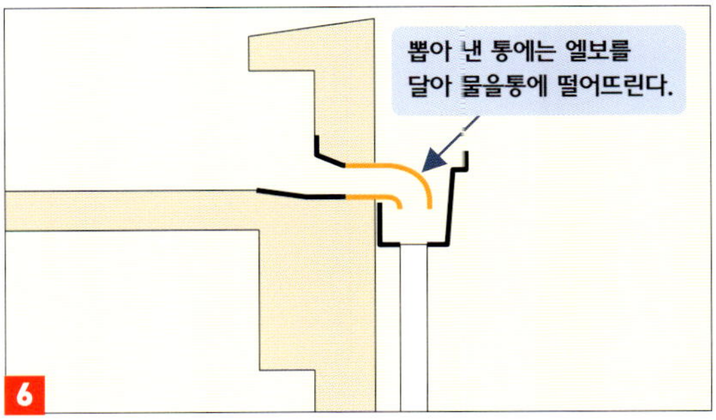

6

위와 같은 그림을 작성하여 엘보를 설치하여 제대로 구성하면 좋다. 또는, 우수받이를 없애고 앨보로 직접 배관하는 것도 검토해 볼 만하다.

89 수도의 양수기함이 침수되어 검침 불가능

외부구조 바닥에 설치된 양수기함에 우수가 유입되어 미터기를 읽을 수없는 상태가 되어 있다. 이 양수기함은 바닥의 물 흐름 위치에 소재했기 때문이다. 외부에 양수기함을 배치할 때에는 물빼기 등의 배수대책을 연구해야 한다.

1

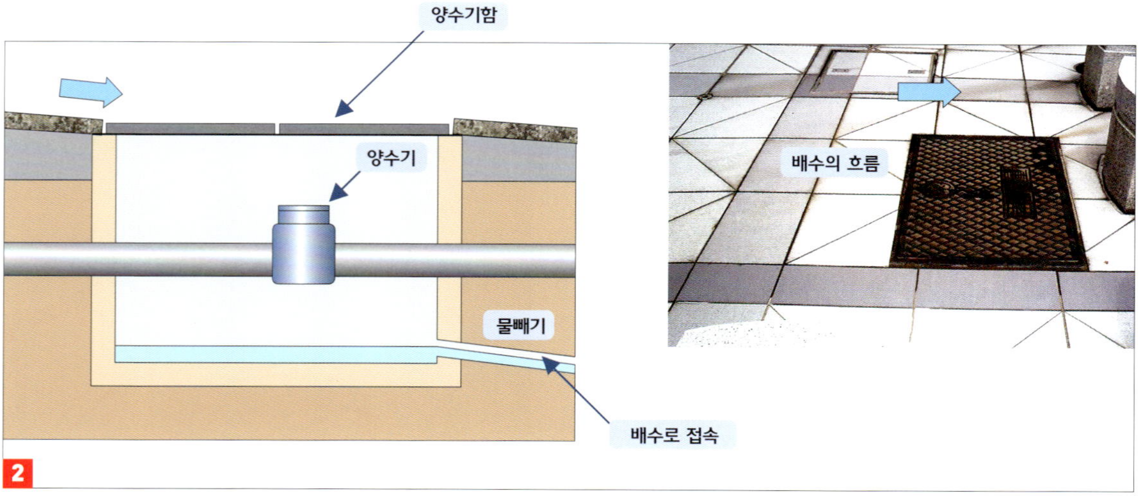

2

90 배관 레이아웃 검토 부족 실패

사진 1은 배관류가 협소한 샤프트 속에 모여 있다. 이 상태로는 장래에 배관에서 누수 등의 문제가 발생할 경우, 별도의 배관을 철거하면서 작업을 하지 않으면 안 된다. 배관 각각에 접근이 쉽도록 하여 장래 유지보수에 대응 가능한 여유 있는 공간이 필요하다.

1

이 상태만이 아닌, 우측의 배선랙과의 사이에는 이곳부터 마감벽을 경량철골로 세우려 하고 있으나 벽부터 하단의 보드 붙임 공사가 매우 어렵다. 공사 단계에서는 안쪽부터 배관을 세워 나오나 장래 안쪽의 배관에 문제가 발생할 경우 빠른 대응이 불가능하다.

2

좁은 곳에서 배관의 용접작업을 하고 있다. 검사가 불가능한 레이아웃에서는 문제가 발생하기 쉬운 것이 당연하다.

91 배관 표시가 없어 유지보수가 불가능

사진 1은 어느 건물의 샤프트 배관이다. 건물의 개선을 위해 배관을 교체할 때에 준공도가 남아있지 않거나 배관별 표시가 없으면 접속해야 할 배관을 확인하는데 매우 많은 노력이 소요된다.

배관에 표시가 없기 때문에 개수공사에 매우 많은 노력이 소요된다.

샤프트 내부의 배관에 전혀 표시가 없다. 이렇게 하면 유지보수와 검사 시에 하나하나 추적하지 않으면 안 된다. 검사만으로 많은 시간을 소모하므로 결국 높은 유지보수 비용이 소요되고 만다. 이는 자체검사에서 준공검사의 지적을 무시하고 지나쳤기 때문이다.

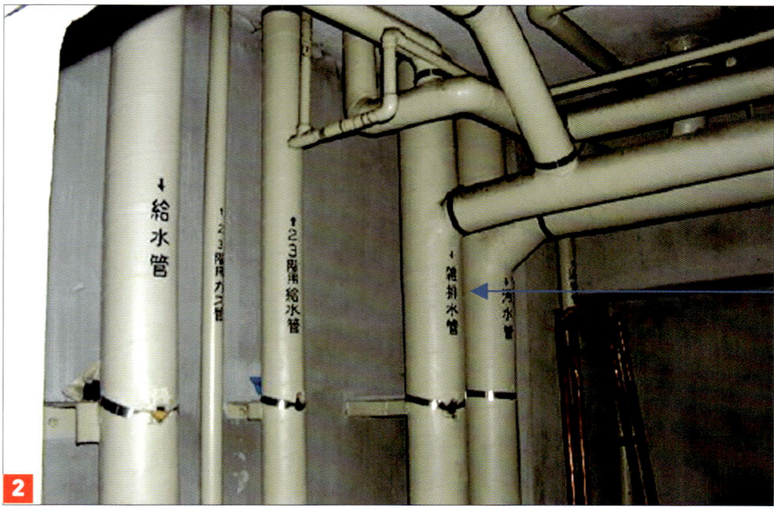

배관의 명칭과 흐르는 방향이 표시되어 정리되어 있다.

이러한 표시가 있다면 문제가 있을 때에도 대응이 용이하다.

92 [보이지 않는 부분은 뒤로 돌림]에 의해 발생한 실패

천장이나 벽공사 등 건축공사 메인부분의 공사로 인하여 무시되기 쉬운 안쪽 부분에 있는 샤프트는 공정상 무시 되는 경향이 있다. 하지만, 그곳으로 이르는 루트의 부분이 세밀하게 관리되지 못하고 마감되어 후속작업이 매우 작업하기 힘든 상황이 되면 이전의 몇 배나 많은 노력이 소요된다. 시공하기 힘든 안쪽부분부터 순차적으로 끝내는 정석을 다시 한번 인식해야 겠다.

1 방재센터를 완성시점에서 방재기기의 점검을 진행하려 하였으나, 안쪽의 샤프트 설비공사가 끝나지 않았기 때문에 일부 위치에 상처를 내고 말았다.

2 모든 배관공사가 완성되지 않으면 보온공사가 불가하며, 보온이 끝나도 바닥의 방진도장과 배관경로의 조성이 아직 남아 있다.

3 작업이 멈추어진 샤프트 내는 남은 자재를 두는 장소가 되어 버린다. 이렇게 되면, 가공관을 한번 더 분류해야 하는 불필요한 노력이 소요되어 작업원도 스트레스가 쌓이게 된다.

4 작업원이 협소한 덕트내의 배관안쪽에서 고생하면서 작업을 하고 있다. 이러한 협소한 상황이 발생하지 않도록 작업수순을 충분히 협의해야 한다.

93 얼굴에 직접 전달되는 가스 온풍기의 열풍

집합주택의 가스 온풍기는 현관 옆의 설비 샤프트에 구성되나 배치와 높이를 고려하지 않으면 내방자와 앞을 지나는 사람의 얼굴과 머리에 열풍이 닿게 된다.

1

94 가스레인지와 후드의 이격거리 부족

레인지 후드팬의 경우는 가스레인지와의 이격은 80㎝ 이상이면 좋은데 사진 1과 같은 일반적인 구성이라면 충분하다. 하지만 사진 2의 경우, 외부 새시와 거의 아슬아슬한 간격으로 구성되면 시공오차가 발생할 경우 예정된 이격이 얻어지지 않게 되어 부엌의 높이를 내리지 않으면 안 되었다.

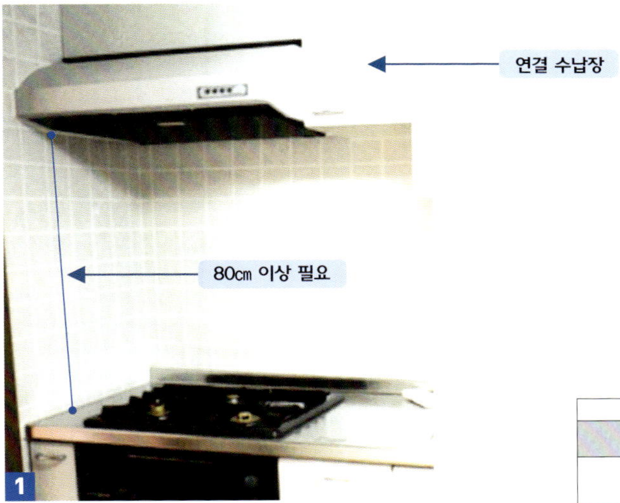

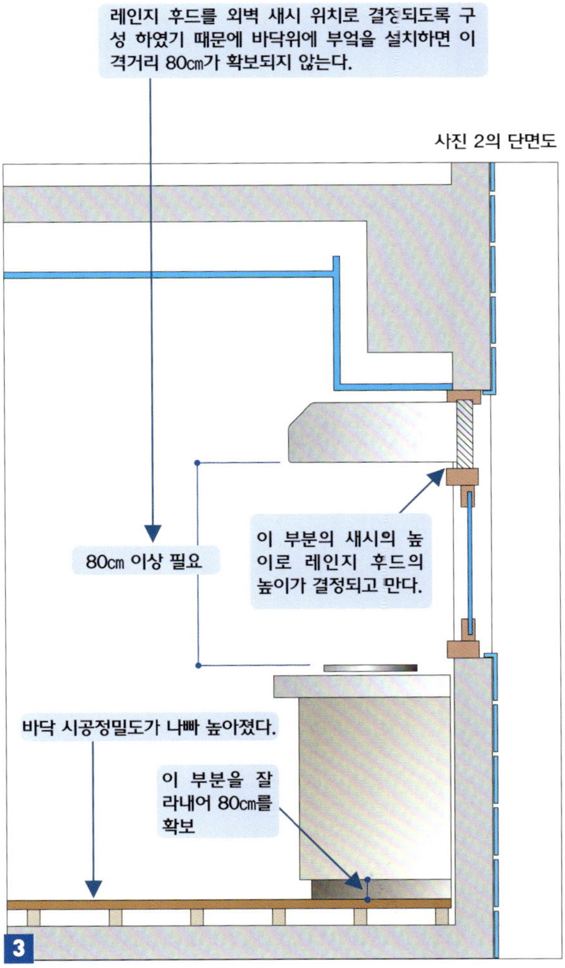

95 생선굽기와 레인지 후드의 이격거리 부족

음식점 등의 부엌 레이아웃 중에 불을 발생시키는 레인지는 레인지 후드의 그리스 필터에 인화되어 화재가 나지 않도록 1m 이상 떨어뜨려야 한다. 그러나 아래 그림과 같은 작업대 위에 생선 굽는 용기를 올렸기 때문에 레인지후드와의 이격거리가 부족하여 검사에서 지적을 받았다. 레인지 후드와의 필요이격거리를 확보하기 위해 대규모 교체공사가 발생하였다.

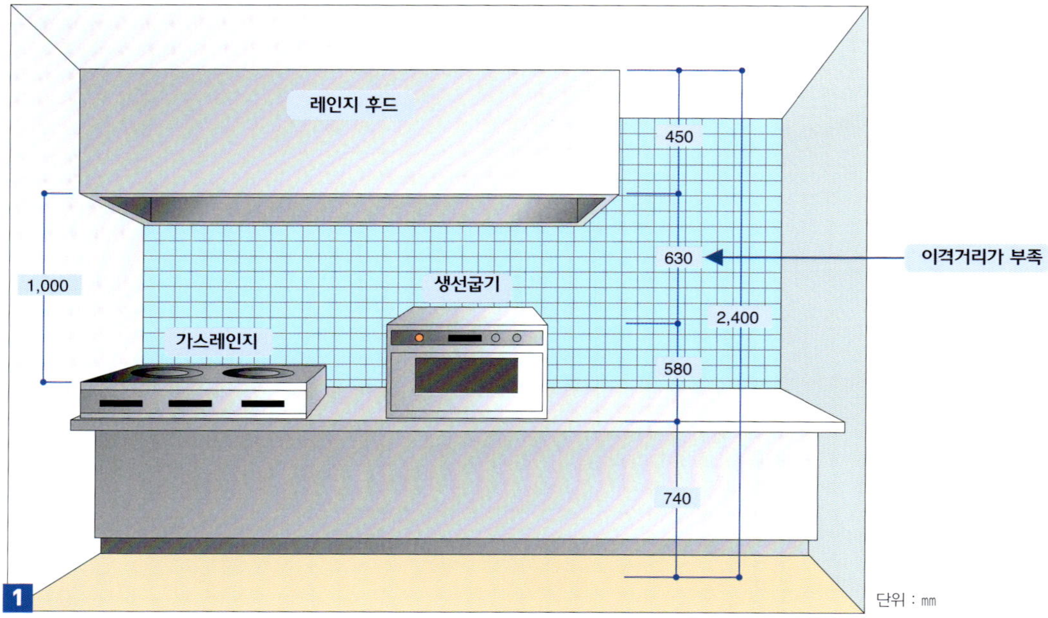

1 단위 : mm

가스레인지와 레인지 후드의 이격거리는 1m를 취하고 있으나, 생선굽기 용기와의 이격거리는 630mm 밖에 확보되지 않았다. 검사에서 지적을 받아 레인지 후드 내부의 오일필터의 위치를 위로 올리게 되었다.

2 위 그림과 같은 주방 내의 상황

96 레인지 후드의 높이 결정시 주의점

사진 1도 레인지 후드의 높이를 안이하게 생각하여 실패한 사례이다. 사진 1과 같은 회전솥의 경우, 반경이 크면 그만큼 뚜껑이 크게 되어 레인지 후드에 부딪혀 여는 것이 불가능하게 된다. 부엌에서 사용하는 기기들을 생각하며 어떠한 배려를 해야 할지 결정해야 한다. 또한, 바닥의 배수가 제대로 구성되지 않은 것에도 주의해야 한다.

97 가스레인지 주변의 설비와 구성의 실패

사진 1은 집합주택 내 주거의 가스레인지 주변의 상황이다. 가스 유입구가 레인지 안쪽에 있어 커버 속에 가스호스를 통과시켜 가스 취사기에 대응하도록 되어 있다. 하지만, 사진과 같이 호스가 나와 있는 경우, 그것을 알아채지 못하고 생선굽기 버너를 사용하면 매우 위험하다는 것을 알 수 있다.

설계자와 시공자는 최악의 상황을 예지한 후에 배치결정을 하지 않으면 안 된다.

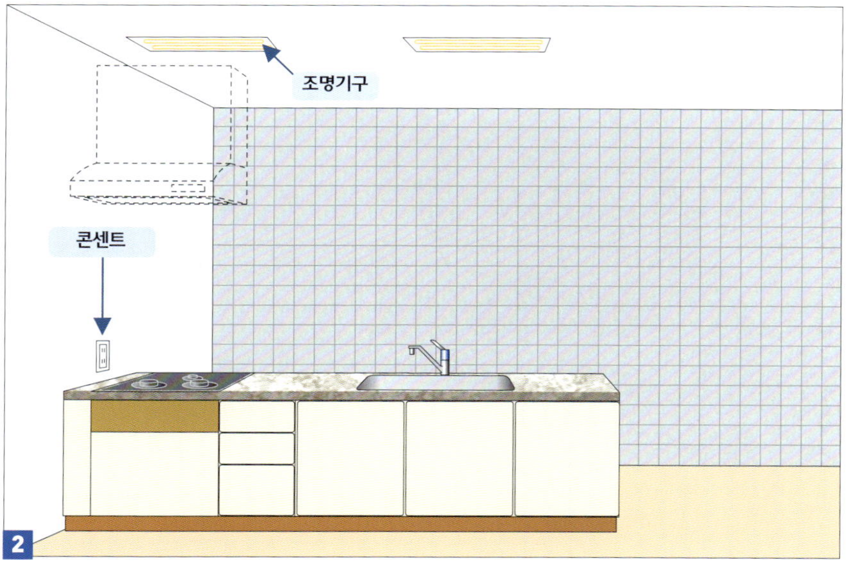

왼쪽 그림과 같이 가스레인지의 옆벽에 콘센트를 설치하는 예도 있다. 또한, 이렇게 부엌이 오픈되어 배치된 경우, 가스레인지 위에 조명기구를 배치해 버리는 경우가 있는데 배기를 위한 레인지 후드배치를 잊어서는 안 된다.

[4] 방재 · 방범설비

98 칸막이벽 위치변경으로 배연면적 부족

칸막이벽의 위치가 결정되지 않은 채로 시간에 쫓기다가 나중에 칸막이벽의 위치가 변경되었을 때에 배연면적이 부족해지는 사태를 불러와 대응에 많은 시간과 비용을 낭비할 수 있으므로 세밀한 검토 등을 통하여 레이아웃의 결정을 늦추면서 발주자를 설득하여야 한다. 일본 건설성 고시 제1436호 4(하) (4)(구고시 제33호 32)에 의한 배연면제를 적용하여 신청한 방을 큰 방으로 변경한 경우, 배연면적이 부족하게 되어버린 예를 나타낸다.

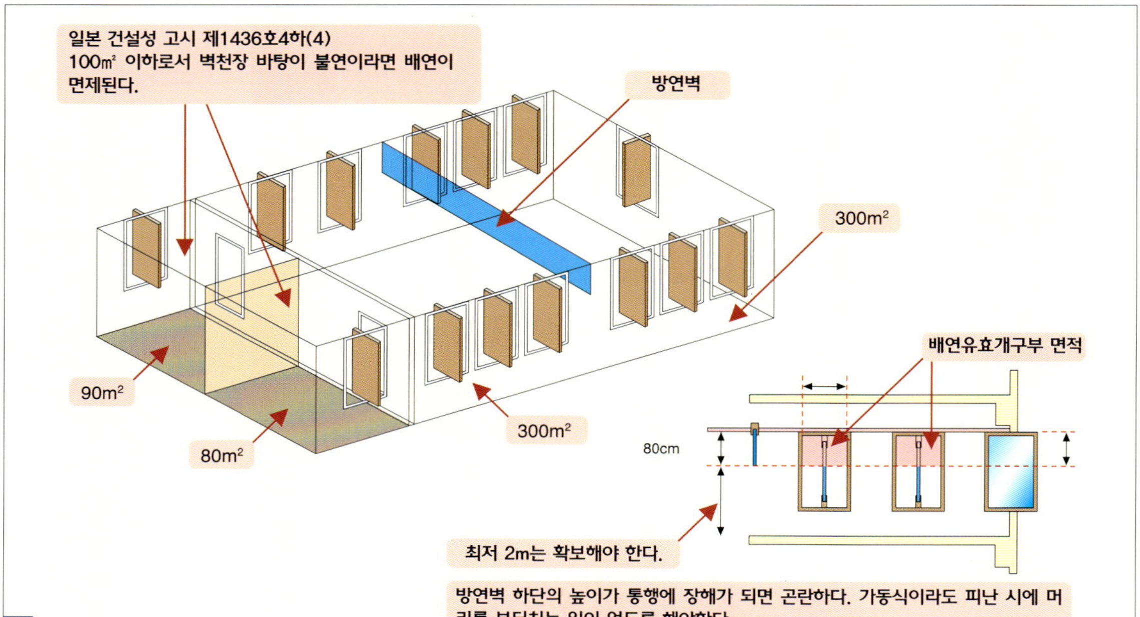

1

위 좌측그림과 같이 당초계획한 방의 레이아웃에서 90㎡와 80㎡의 배연면제의 2개 방을 터서 큰 방으로 사용하도록 변경하게 되었다. 새롭게 470㎡의 방연구획의 배연면적 (470 1/50=9.4㎡)을 택하려 해도, 배연창의 배연면적이 부족하면 외벽을 허물어 부족분의 배연면적을 확보하지 않으면 안 되게 되었다. 또한, 기계배연으로 하는 경우는 배연 덕트의 루트 확보가 곤란해진다. 이러한 방의 레이아웃의 경우는 한쪽 면만의 기계배연은 인정되지 않으므로 남은 300㎡도 기계배연으로 해야 한다.

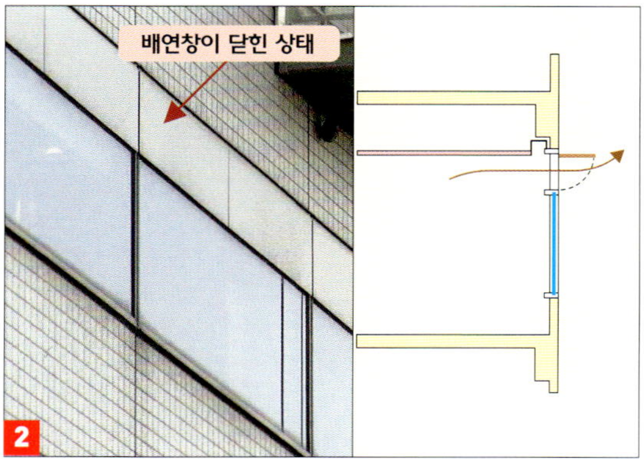

2

사진 2와 같이 단창이고 배연면적이 확보되지 않는 장소에는 연창타입의 배연창을 계획하는 것이 효율이 좋다.

3

사진 3은 연창타입의 배연창을 연 상황. 유효배연면적을 확보하기 쉽다.

99 천장 내의 배연풍량 부족

소방검사에서 연기를 발생시켜 천장내의 배연설비를 확인하였을 때, 연기가 잘 빠지지 않는 경우가 있다. 사례 99에서는 그 원인에 대해 해설한다. 또한, 천장 내 배연구가 설치되어 있는 상황에서 천장까지 구획을 하여 방을 만드는 경우(아래 그림 참조)에 공조를 별도로 설치하여야 한다.

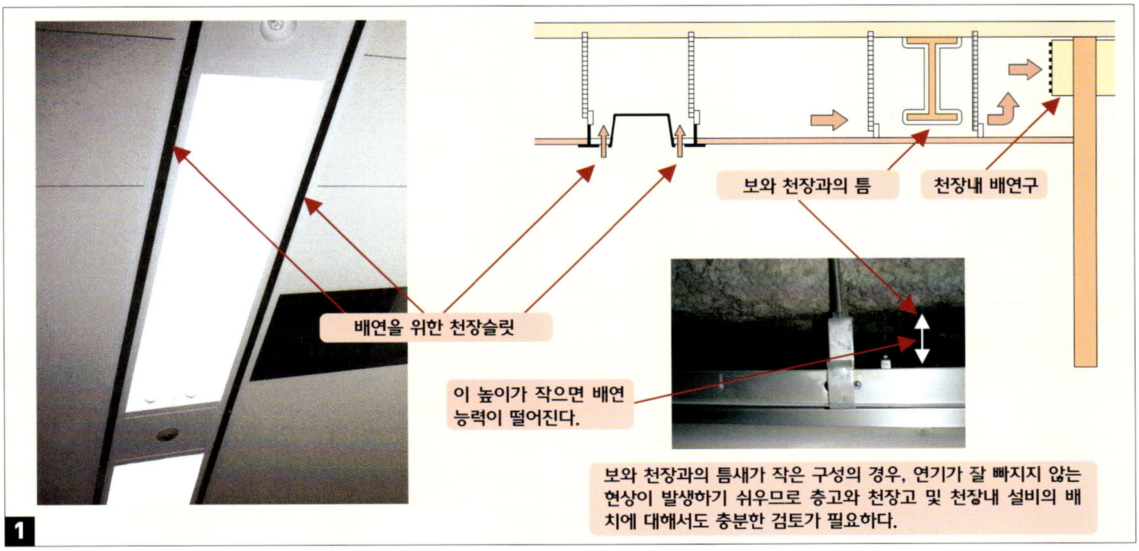

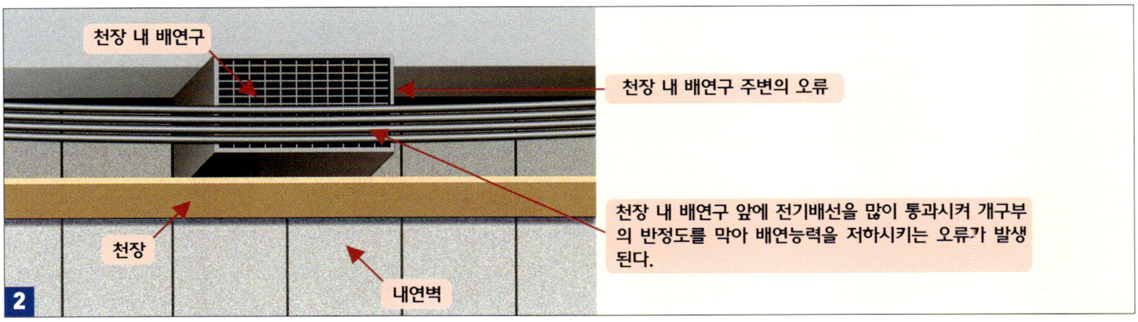

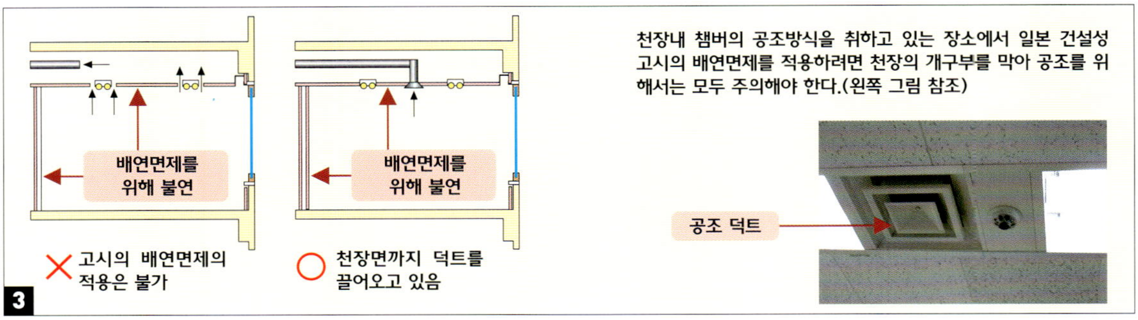

100 높이 31m 이상 층에서 화장실의 배연면제 실패

화장실에 있어서 배연이 확보되지 않은 경우 일본 에서는 건설성 고시 제1436호 4하(2)에 따라 방연벽이 필요하다. 기준층이 고층까지 이어지는 건물에 대해서 50㎝의 방연벽만으로 대응한 결과, 31m이상 층에서는 방화문이 필요하여 재시공해야만 했다. 31m이상 층에서는 배연면제의 규정이 보다 엄해짐을 잊어서는 안 된다.

이제 화장실이라는 이유만으로 배연이 면제되지 않는다.

건축기준법시행령 제126조 2

[...는 배연설비를 설치하지 않으면 안 된다. 단, 다음의 각호 중 어느 것에 해당하는 건축물의 부분에 대해서는 적용하지 않는다.]

이중에 화장실은 포함되지 않는다.

3. 계단부분, 승강기의 승강로 부분 (당해승강기의 승강을 위한 승강로비 부분을 포함)
   그 외 이들과 유사한 건축물의 부분

화장실의 배연면제 조건

평성12년 건설성 고시 제1436호 4하

높이 31m이하의 건축물의 부분 (법별표 제1(이) 난의 용도에 해당하는 특수건축물의 주된 용도로 이용되는 부분에서 지상층에 있는 것을 제외)로 실(거실을 제외)에 있어서는 (1) 또는 (2)에, 거실에 있어서는 (3) 또는 (4)에 해당하는 것.

평성12년 건설성 고시 제1436호 4하 (2)

배연설비를 취하지 않는 화장실에 이것을 적용하였다.

바닥면적이 100㎡이하로 령 제126조의 2제 1항에 해당하는 방연벽에 의해 구획된 것.

건축기준법시행령 제126조의 2 ← 이 조문에 방연벽의 정의가 나와 있다.

칸막이벽, 천장면에서 50㎝ 이상 아래에 돌출된 연기 방지벽 그 외 이것들과 동등이상의 연기의 유동을 막을 수 있는 효력이 있는 것으로서 불연재료로 만들어지거나 덮인것. (이하 [방연벽]이라 한다.)

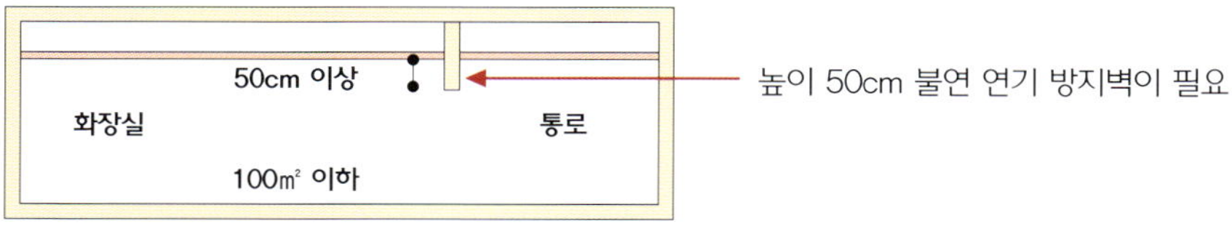

높이 31m를 넘는 층에서의 배연면제 조건

높이 31m를 넘는 화장실은 이것이 적용된다.

평성12년 건설성 고시 제1436호 4ニ

높이 31m를 넘는 건축물의 바닥면적이 100㎡ 이하의 실에서 내화구조의 바닥 및 벽 등은 법 제2조 제9호의 二에서 규정하는 방화설비로 령 제112조 제14항 제1호에 규정하는 구조인 것으로 구획되거나 벽 및 천장의 실내에 면하는 부분의 마감을 준 불연재료로 한 것.

즉, 방연벽이 아닌 방화문으로 하지 않으면 안된다.

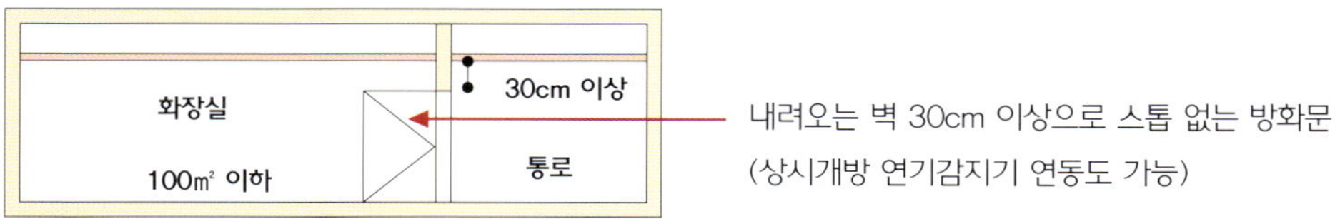

101 스프링클러 설비의 개요와 계획

스프링클러 설비를 설치하지 않으면 안 되는 건물의 시공을 위해 필요한 설비의 개요를 아래와 같이 나타낸다. 큰 주배관은 가능한 정연하게 수직으로 통과시키도록 샤프트의 레이아웃을 생각하여 모든 배관과 알람밸브 등도 양중기계를 생각하여 설치가능하도록 계획해야 한다.

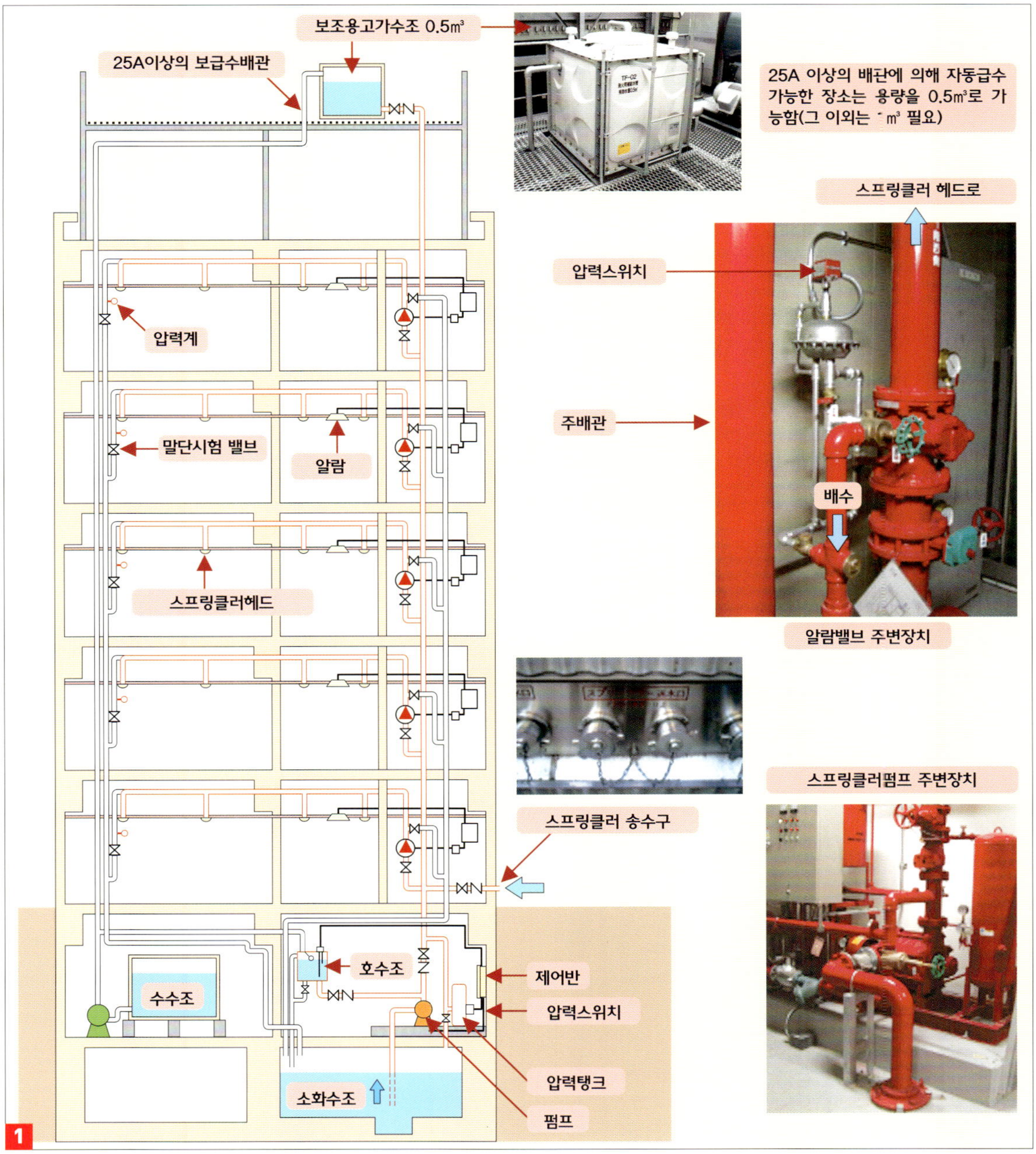

1

102 개수공사 작업 중 스프링클러의 살수

개수공사 시 천장보드를 벗겨내는 작업 전에 스프링클러의 밸브를 잠그고, 그 후에 스프링클러 헤드를 순서에 입각하여 벗겨내었을 때, 물을 멈추었으나 헤드에서 물이 뿜어져 나왔다. 이러한 실패는 과거에도 많이 발생하였으므로 충분히 인식해 두어야 한다.

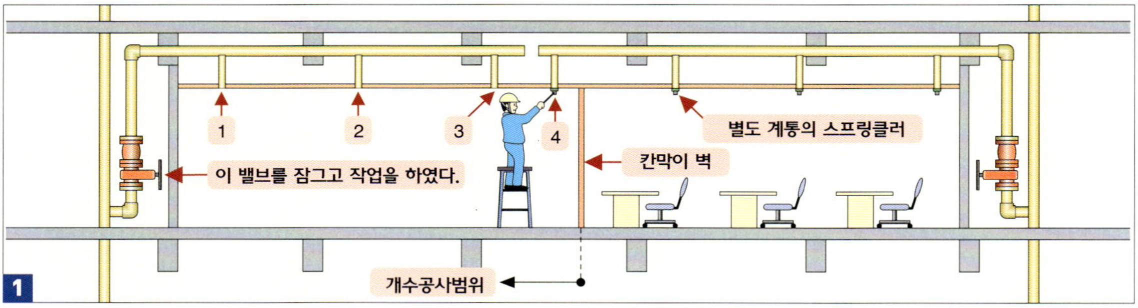

천장을 해체하기 전에 위의 그림과 같이 스프링클러의 밸브를 잠근 후에 1, 2, 3, 4의 순서로 스프링클러 헤드를 벗겨내었다. 최초의 헤드는 신중히 벗겨냈으나, 2번부터는 살수되지 않으리라는 확신으로 단 번에 돌리게 되었으나 4를 벗겨내었을 때에 물이 세게 뿜어져 나왔다. 4의 스프링클러는 별도의 계통이었다.

1플로어에 2계통의 스프링클러가 있는 경우, 도면을 확인하여 불명확한 부분은 먼저 천장의 일부를 해체하여 자신의 눈으로 배관계통 확인을 반드시 해야 한다.

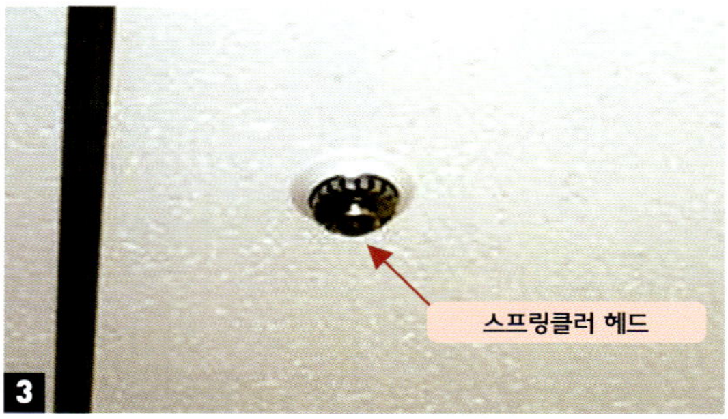

스프링클러 헤드를 먼저 벗겨내지 않으면 보드의 해체가 불가능하다. 하지만, 계통의 확인과정에서 천장 내부는 확인해야 한다.

실패방지의 포인트 14

개수공사에서는 준공도면이 없는 경우가 많고, 있더라도 그 후의 변경을 적어 놓지 않은 경우가 많다. 수상한 부분은 그 보드를 일부 해체하여 루트를 확인하는 것이 가장 중요하다. 특히, 야간공사 등에서는 설비에 능한 담당자가 없기 때문에 피해가 커질 수 있으므로 이러한 실패사례를 참고로 하여 위기관리 능력을 익혀 놓아야 한다. 위기관리능력을 높이기 위한 포인트는 ① 문제를 발생시키지 않도록 사전조사를 충분히 하여 대책을 세워 놓는다. ② 만일 문제가 발생할 경우에도 그 대응이 신속히 취해질 수 있도록 시스템을 구축해 놓는다.

103 스프링클러와 점검구의 취합 실패

천장점검구의 바로 위에 스프링클러의 플렉시블 배관이 통과하는 경우가 있다. 천장 내 작업 시 이 플렉시블 배관을 빼내는 과정에서 물에 의한 피해가 발생하는 경우가 있다. 또한, 사진 2와 같이 점검구의 바로 근처에 스프링클러헤드가 달려 있어도 위험하다. 천장 단면도의 검토를 태만히 하지 않도록 해야 한다.

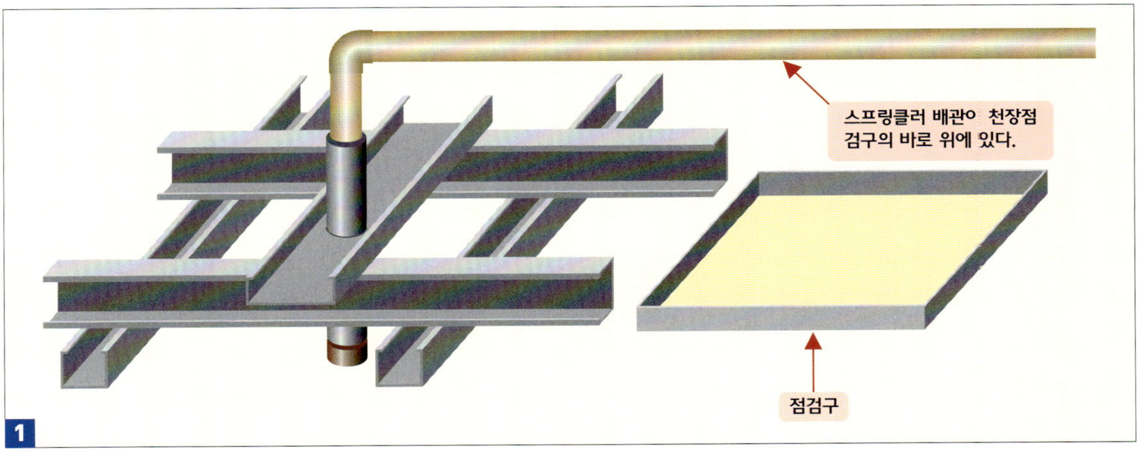

플렉시블 배관을 사용하게 되면서 배관의 통과방법상 나쁜 사례가 발생하고 있다. 장래의 유지보수에 장해가 없도록 점검구의 위치 바로 위에는 배관을 통과시키지 않아야 한다.

이 배치에서는 천장점검구를 열어 놓은 상태로 작업할 때에 스프링클러 헤드에 물건이 부딪힐 경우 살수의 우려가 있다.

104 스프링클러 헤드의 접촉에 의한 살수

습식 스프링클러의 경우 헤드부분까지 수압이 걸려있는 상태이다. 화재 시에는 온도 휴즈가 녹아서 살수되나 물건을 부딪쳐도 끝이 파괴되어 살수가 되는 경우가 있다. 인도 직전 단계에서 그러한 사고가 발생하여 그 복구에 시간과 비용이 소요된 경우가 있다. 새롭게 위험을 예지한 스프링클러의 배관이 필요하며 살수되었을 때에 재빨리 밸브가 닫히도록 관계자들에게 지도를 철저히 해두어야 한다.

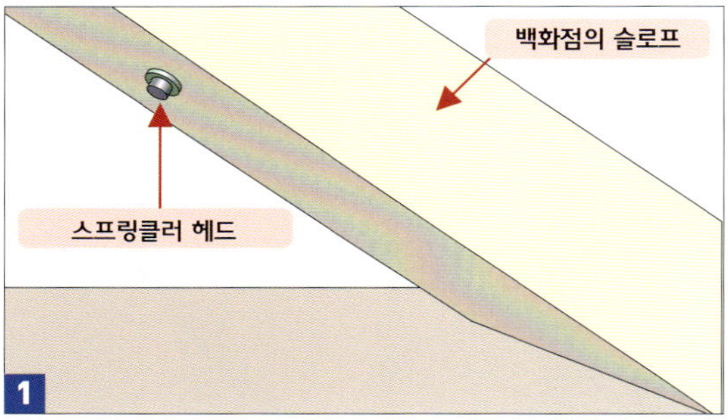

준공이 임박한 백화점에서 슬로프 하부에 설치되어 있던 스프링클러 헤드에 운반하고 있던 공사용 자재를 부딪쳐서 의류 등의 상품을 적셔버리는 사고가 있었다.

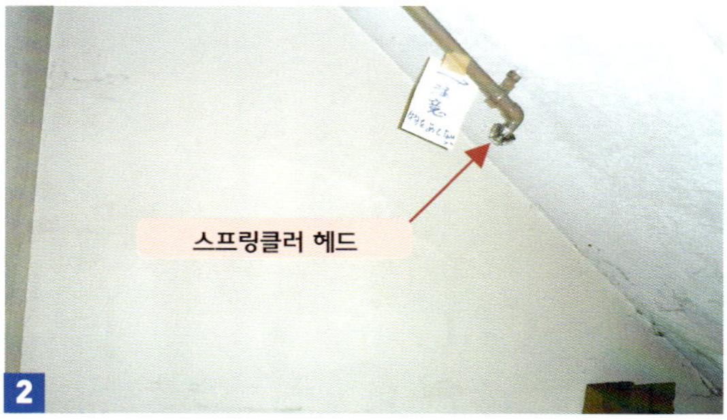

사진 2는 계단아래에 있는 창고의 단 안쪽에 설치되어 있던 스프링클러이다. 헤드가드가 있어도 이 높이에서 짐을 쌓아 놓으면 헤드를 손상해 버린다.

옥상으로 가는 계단실에 설치된 스프링클러. 높이가 낮기 때문에 개수공사중 옥상으로 배관 등을 운반할때 스프링클러 헤드에 부딪힐 우려가 있다.

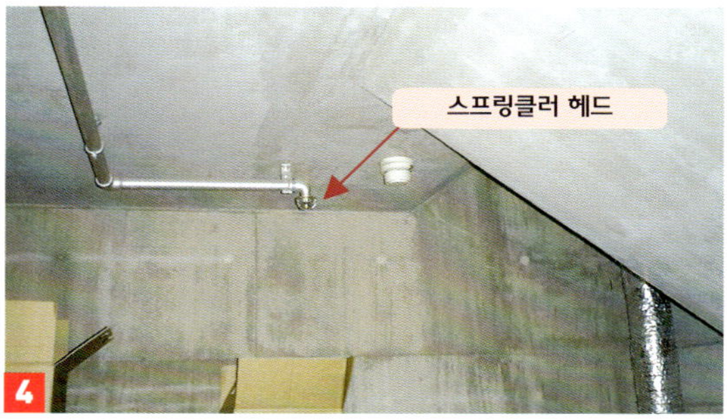

사진 4는 계단참 아래에 설치된 스프링클러이다. 경계범위를 고려한 후에 가능한 물건이 닿지 않도록 배치해야 한다.

스프링클러에서 물이 잘못 살수될 경우, 밸브를 빨리 잠그지 않으면 내부의 피해가 확대될 수 있으므로 비상시 대응을 위해 훈련해 놓을 필요가 있다.

105 지진등으로 인한 스프링클러 작동

지진시의 진동으로 인해 천장에 설치된 스프링클러 헤드가 파괴되어 물이 뿜어져 나온 사례가 있는데 지진의 피해에 더해진 물에 의한 피해로 인해 무엇을 위한 방재설비인지 의심을 가질 수 있다. 이는 동일한 지진의 영향으로 별도의 장소에서 화재가 발생할 때 소화수조가 비어 더 이상 초기소화의 역할을 수행하지 못할 우려가 있다.

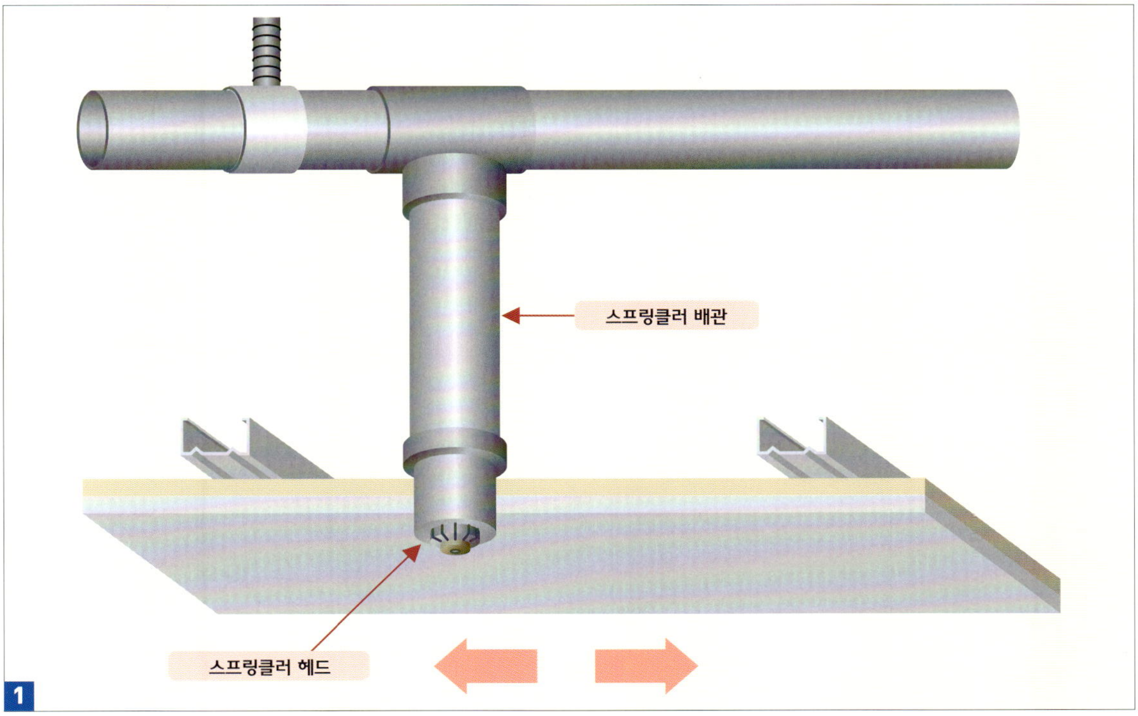

1

스프링클러 배관에 고정되어 있던 스프링클러 헤드와 천장보드의 움직임에 차이가 생기면, 헤드에 큰 힘이 걸려 감열휴즈의 파괴로 살수되어 버렸다.

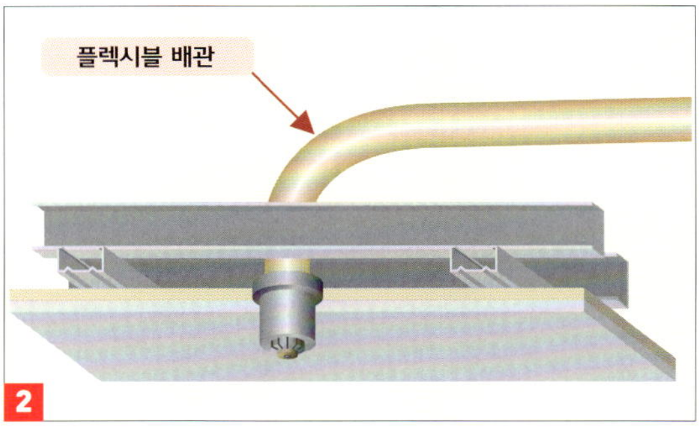

2

지진시에 그림 2와 같은 플렉시블 배관을 사용한 부분에서는 그림 1과 같은 피해가 없었다.

실패방지 포인트 15

스프링클러의 설치가 용이하게 되도록 개발된 그림 2와 같은 플렉시블 배관은 최근 거의 모든 물건에도 사용되게 되었다. 이것은 천장면에 헤드를 고정시켜 배관 사이의 움직임을 흡수 가능하도록 하고 있기 때문에 지진의 영향을 덜 받는다. 특히 오래된 건물의 스프링클러에 대한 지진대책이 필요하다.

106 설치된 스프링클러의 통과 위치오류

사진 1은 퍼티 바닥도장 마감 천장이 완성된 상황이다. 하지만, 스프링클러 헤드 1개가 경로에서 벗어나 있어, 오류개소의 보드를 벗겨내고 재시공을 하게 되었다. 그 때문에 바닥 마감 공사가 지연되어 공정적으로 어려운 상황이 되어 버렸다.

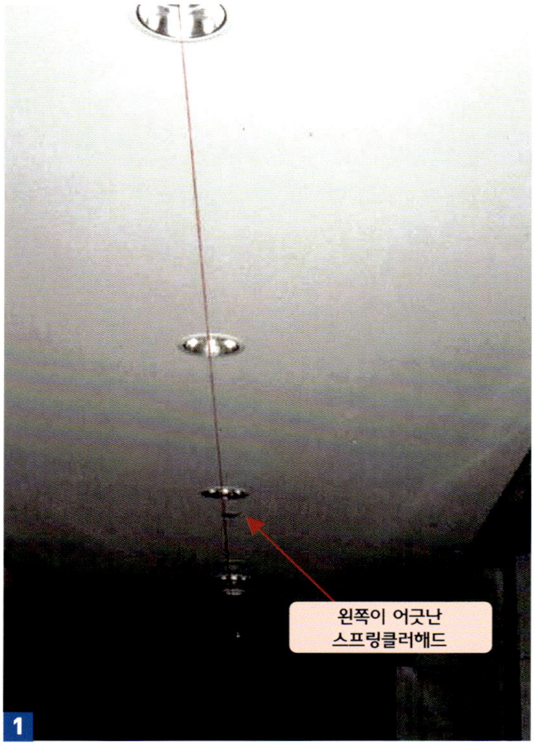

시간을 들여 정성스럽게 시공한 천장이었지만 스프링클러의 헤드위치가 어긋나버려 재시공을 하였다.

스프링클러의 플렉시블 배관은 천장면에 위치를 결정한 후에 금속을 고정하지만 천장작업 후에 고정 작업을 실시하면 천장면이 움직여 위치가 어긋나기 쉽다.

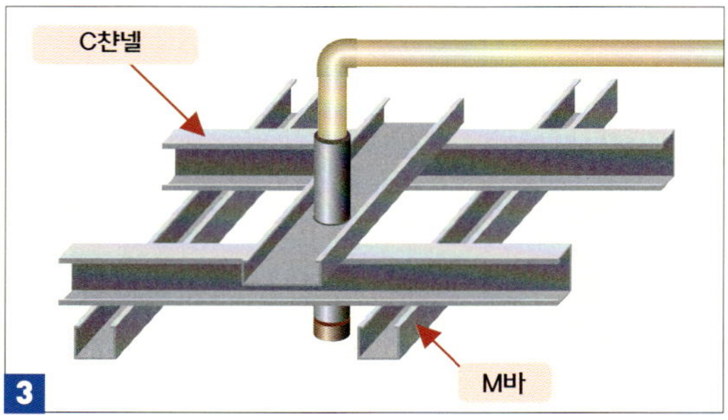

위의 그림과 같은 상황에서 M바에 힘을 주면, 헤드의 위치가 어긋나 버린다.

사진 4는 플렉시블 배관이 아니며, 돌출고정하고 있어 어긋나기 쉽다.

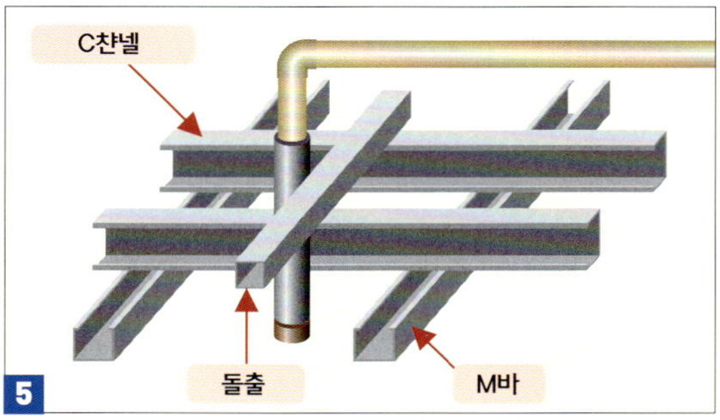

위의 그림과 같이 설치방법도 어긋나기 쉬우므로 주의깊게 보드 붙임 시점에서 확인하는 신중함이 필요하다.

107 스프링클러의 확산범위 불만족

그림 1은 유효살수반경 2.6m의 스피링클러 헤드를 기준으로 하여 가장 효율적인 구조체의 스팬을 결정한 것이다. X-Y방향 모두 3.6m 피치로 헤드를 설치하면 살수가 미치지 않는 부분이 없어진다. 하지만, 그림 1과 같이 외벽과 기둥보다 나와 있는 경우, 기둥의 외부측에 살수가 불가능하기 때문에 재시공을 해야하므로 주의해야 한다.

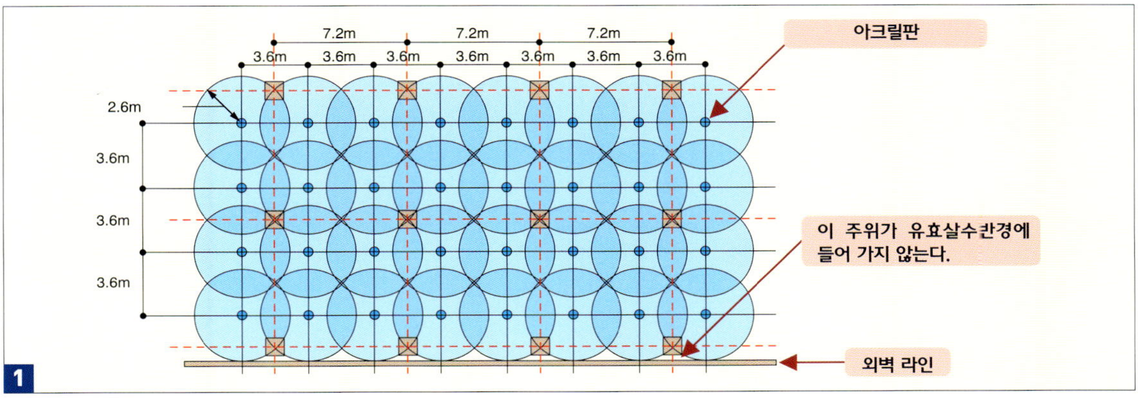

1

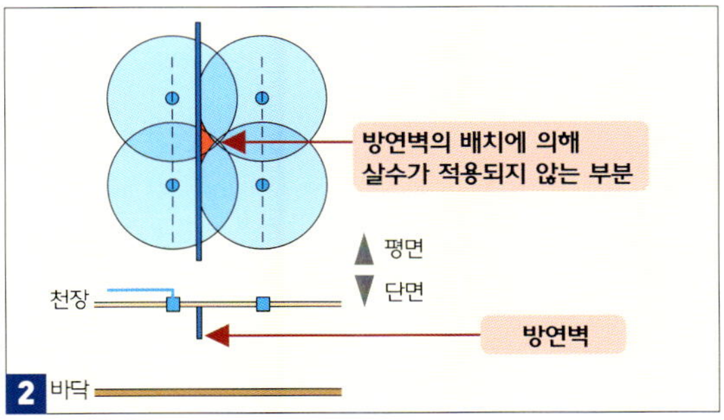

2

이것은 방연벽의 배치가 나빠 살수장해가 되어 위 그림의 적색으로 표시한 범위에 살수가 적용되지 않기 때문에 스프링클러를 증설하게 된 예이다.

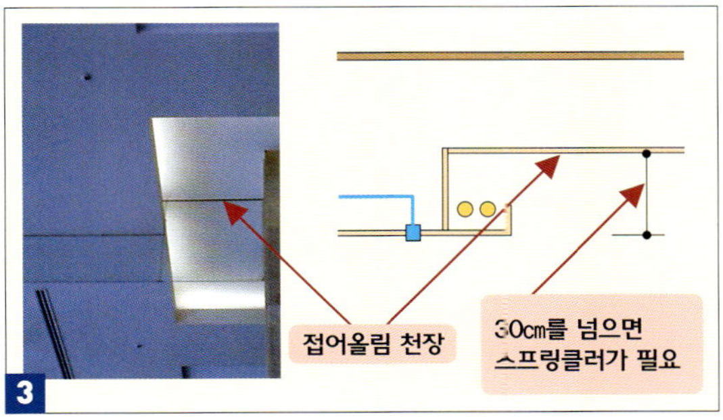

3

모든 범주가 유효살수반경 내에 들어와 있어도 접어올림 천장의 깊이가 30cm를 넘는 부분은 높은 천장부분에 헤드를 증설하도록 검사에서 지적을 받은 사례가 있다.

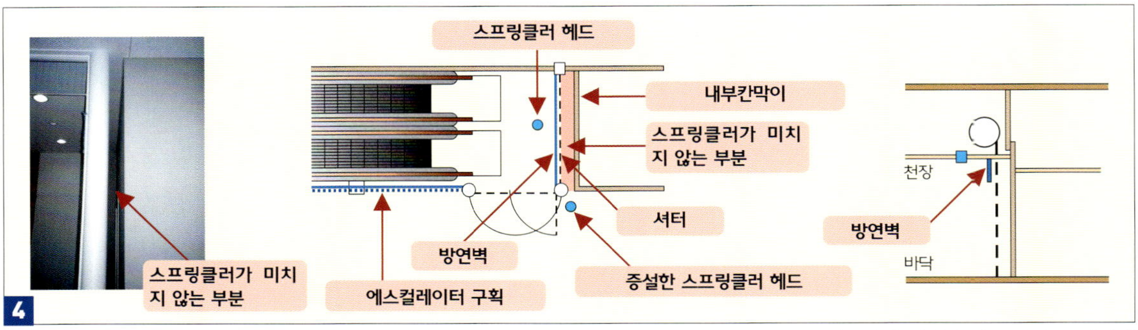

4

에스컬레이터 구획의 셔터 가까이에 칸막이를 두었으나, 셔터를 내렸을 때에 발생하는 틈새에 스프링클러가 미치지 않는 부분이 생겼기 때문에 새로이 스프링클러 헤드를 증설하게 되었다.

108 스프링클러 배관과 다른 설비와의 취합 실패

실제 스프링클러 배관의 상태를 다른 설비와의 관련성을 고려하면 공사 시공성 향상에 도움이 된다. 사진은 천장면의 스프링클러 헤드의 위치 바로 위에 중간 팬이 배치되어 있어 스프링클러 배관을 우회시켜 기계의 아래에 두고 있다. 이래서는 나중에 공조기에 불량이 발생할 때에 스프링클러 배관이 장해가 되어 수리에 노력이 소요되게 된다.

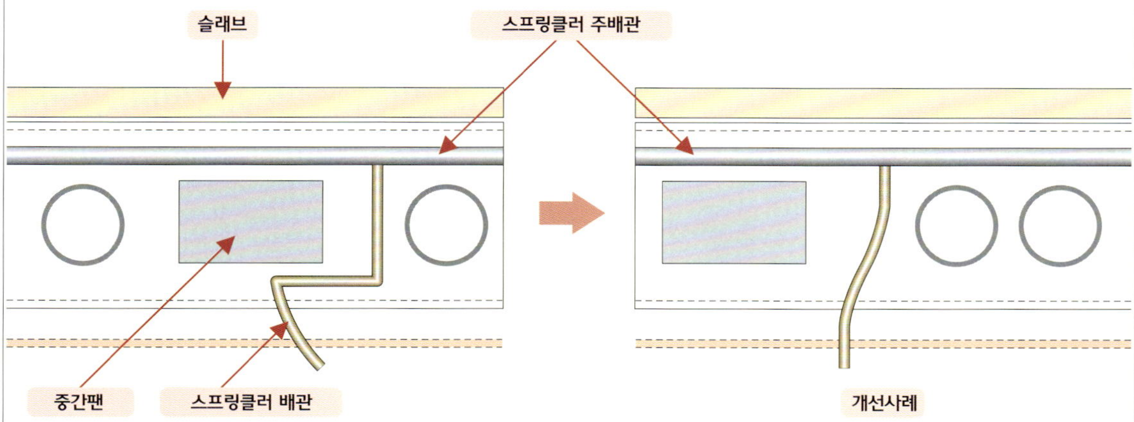

1

천장도면에서는 먼저 스프링클러 헤드의 배치를 결정하고 그 후에 공조기기 등을 배치하여 슬리브 관통위치를 결정하면 문제를 해결할 수 있다. 천장도면 검토 시에 그 위의 천장내 기기의 배치를 생각하는 것이 중요하다.

109 스프링클러의 살수장해가 불러온 추가공사

최종 소방조사에서 스프링클러에 대해 지적을 받으면 천장내 관경의 여유가 있는 부분에서 배관을 분기해오는 재시공이 발생하기 때문에 여러 가지 장해가 발생하므로 이러한 오류를 발생시키지 않도록 충분한 조정이 필요하다.

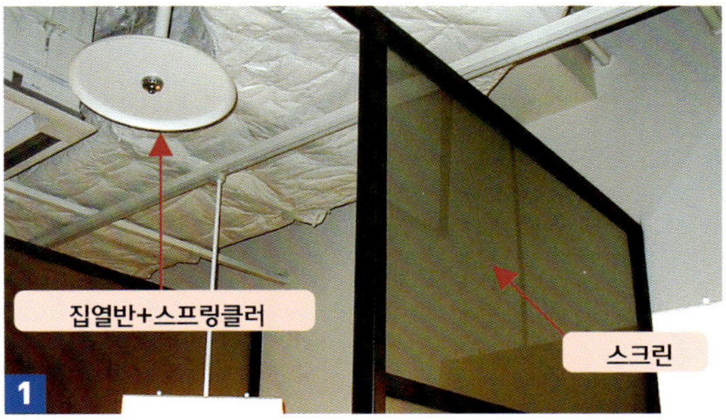

테넌트공사의 스크린이 사전 취합된 도면에 표시되어 있지 않기 때문에 살수장해가 되어버려 스프링클러를 추가하게 되었다.

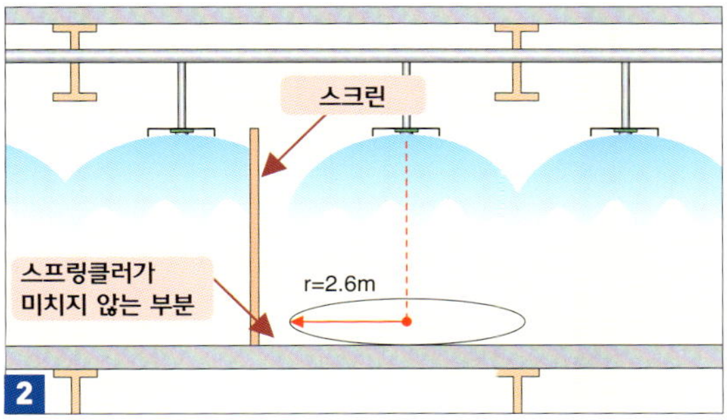

위의 그림은 사진 1의 상황도이다. 상부가 열려있는 간단한 스크린이라도 이러한 상황에서는 살수장해가 되므로 방심해서는 안 된다.

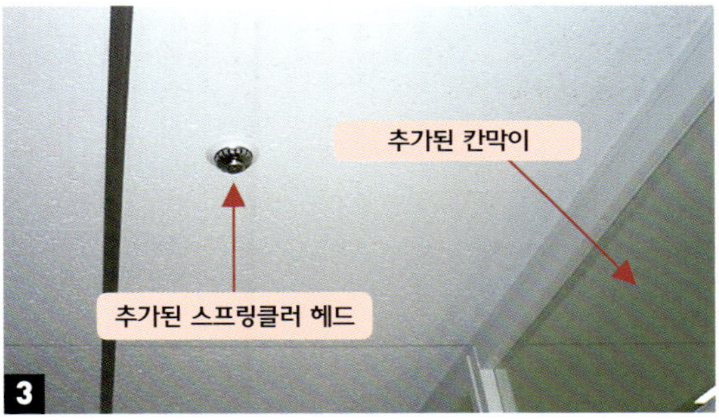

사진 3은 스프링클러 가정 위치에서 떨어진 위치에 공간나눔 칸막이가 배치되어 있기 때문에 스프링클러 헤드를 증설해 놓은 상황이다.

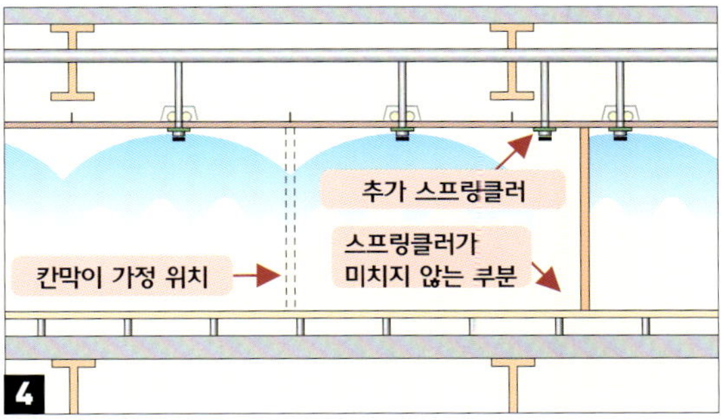

그림 4는 사진 3의 상황도이다. 살수장해가 되지 않도록 칸막이의 난간부분(상부)을 오픈해 놓는 방법도 있다. (그러나 소리가 바깥으로 새어나갈 우려가 있다.)

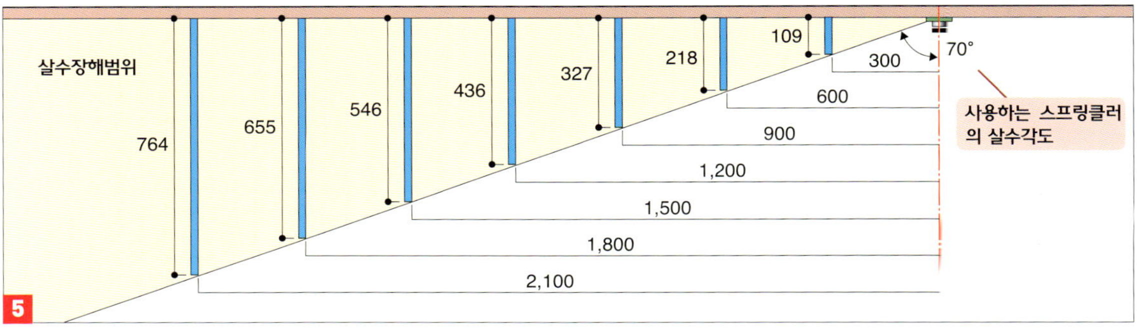

사용하는 스프링클러의 살수궤적을 작성하여 다시 한번 소방서의 지도를 받아 그 범위를 지키기 위해 세밀한 지도 · 조정을 거쳐 재시공을 없앤다.

110 부엌 내 방재설비 배치

방화구획이 필요한 부엌은 덕트류에 방화댐퍼가 부착되어 그 점검을 위한 천장점검구가 필요하다. 또한, 면적이 큰 배기후드가 설치되면 천장면에는 설비를 설치할 여유가 적어진다. 특히, 스프링클러는 주변에 살수를 방해할 만한 것이 있으면 안 되므로 충분한 검토가 필요하다.

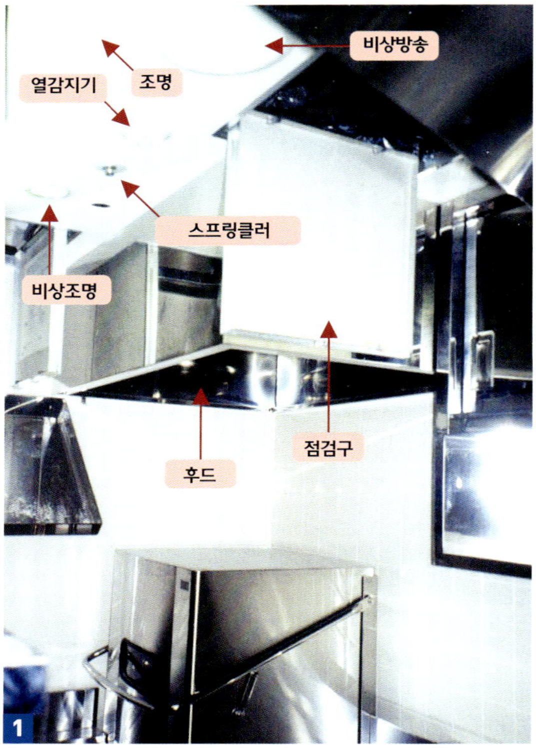

사진 1은 부엌 내 천장의 상황이다. 많은 설비류가 있어 배치의 어려움을 알 수 있다.

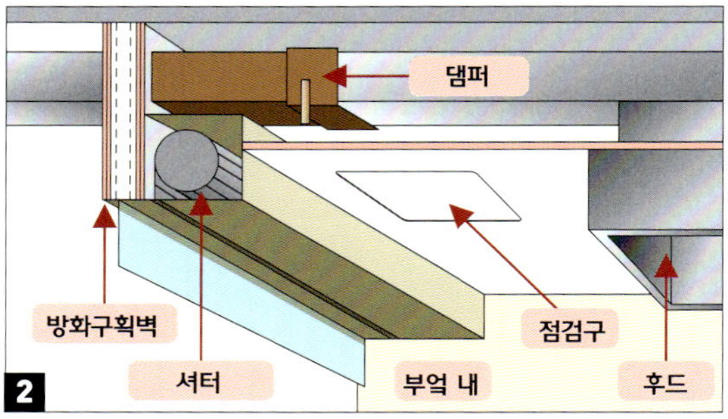

위의 그림은 방화구획과 셔터 및 후드의 상황을 나타낸 것이다. 여기에 살수장해가 발생하지 않도록 스프링클러 헤드를 배치해야 한다.

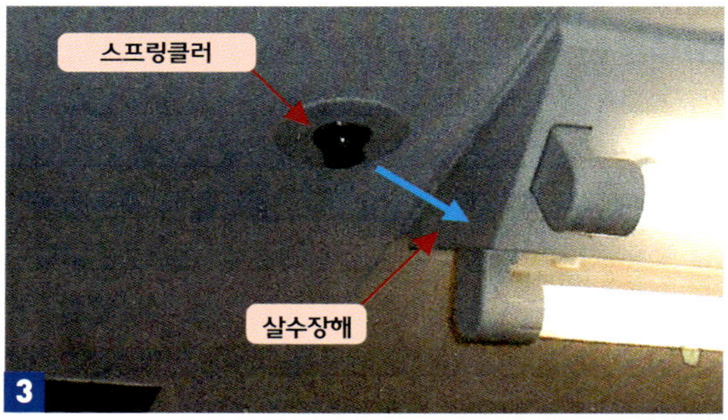

사진 3은 스프링클러와 조명기구의 관계를 나타낸 것인데 살수장해로 인하여 조명기구를 이설하는 사례도 있다.

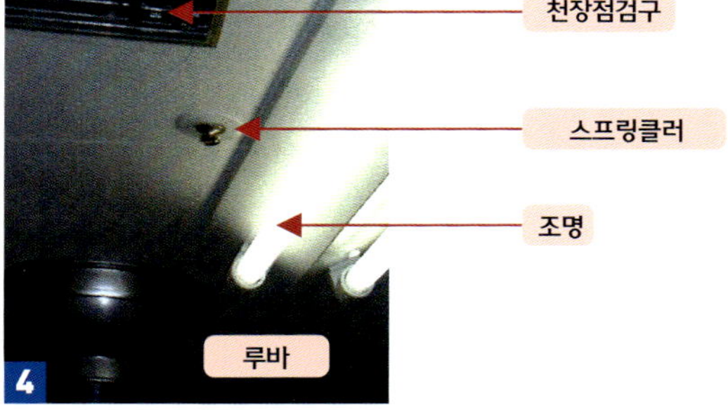

사진 4처럼 스프링클러가 조명기구에 가깝게 있기 때문에 소방조사에서 지적을 받아 이동한 사례도 있다.

실패방지 포인트 16

음식점이 입점할 예정인 임대 빌딩의 경우, 소방조사는 건물전체로서 검사를 받는다. 설계내용을 보고 법적으로 문제가 없도록 스프링클러, 비상조명, 비상방송 등을 배치하지 않으면 안 된다. 그러나, 스프링클러의 옆에 조명기구를 배치하여 살수장해가 되는 등 원활히 되지 않는 것이 현실이다. 일반적으로는 인테리어관리실을 설치하여 관리를 하나 별도공사에 있어서도 그랜드오픈에 시간을 맞출 수 있도록 확실한 관리가 필요하다.

111 전시용 이동패널에 의한 살수장해

어느 건물의 일부에 갤러리를 만들어 내부에는 그림의 레이아웃을 자유롭게 변경하도록 전시용 이동패널을 3장 설치하게 되었다. 그러나 소방검사에서 패널의 위치에 의해서 살수장해가 발생한다는 지적을 받아 결정한 위치에 고정하게 되었다.

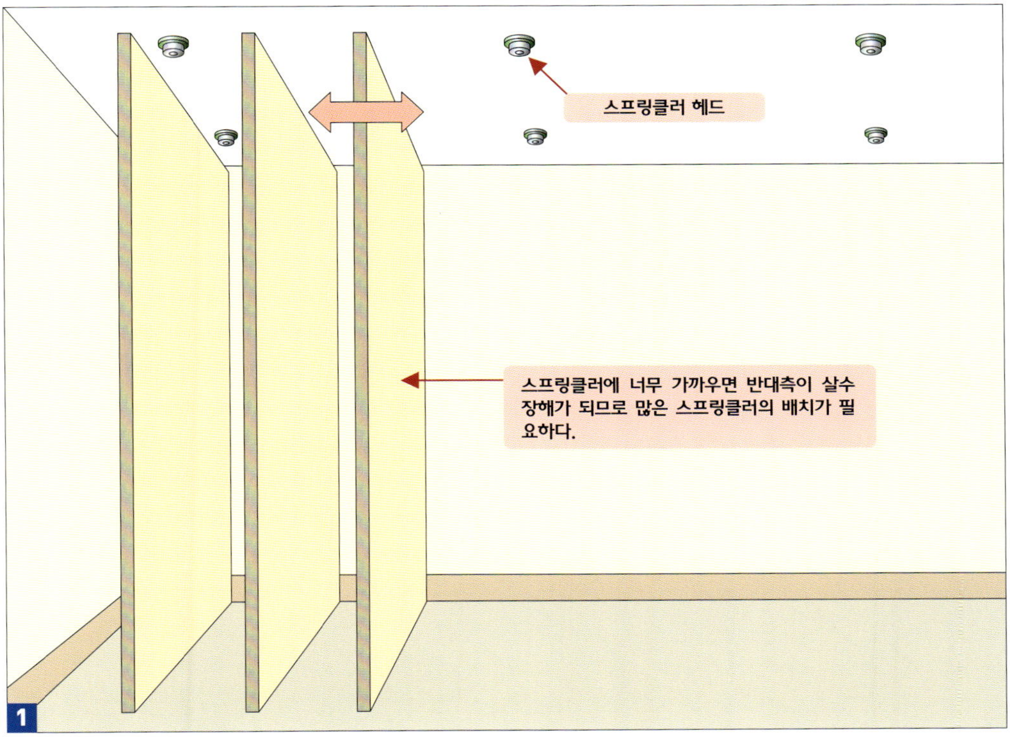

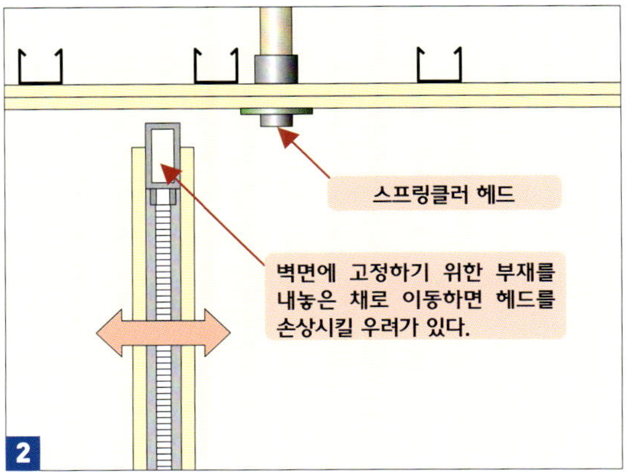

실패방지 포인트 17

레일방향으로 이동하는 가동 칸막0 의 경우, 천장도면으로 표현하기 때문에 오류는 확인하기 쉬우나, 그림 1과 같이 레일과 직교방향으로 이동하는 벽의 경우, 살수장해를 일으키는 문제가 발생하기 쉽다. 발주자의 요구에 맞춰 만들려 해도 방재설비의 인식이 철저하지 않으면 이러한 실패에 다다른다.

112 쇼윈도 부분의 방재·방법

점포 등의 창은 쇼윈도 형태로 되어 있는 경우가 자주 있다. 이때 천장부분에는 조명기구를 위한 스페이스를 설치하기 때문에 접어올림이 필요하다. 그곳에 스프링클러를 설치하려면 그림 1에 나타내는 바와 같은 문제가 발생한다. 특수한 부분에 대해서는 구성 도면을 작성하여 미리 협의를 하지 않으면 안 된다. 스프링클러는 바닥면을 경계하고 또한, 연기감지기는 높은 곳으로 올라간 연기를 감지하는 것이 기본이다.

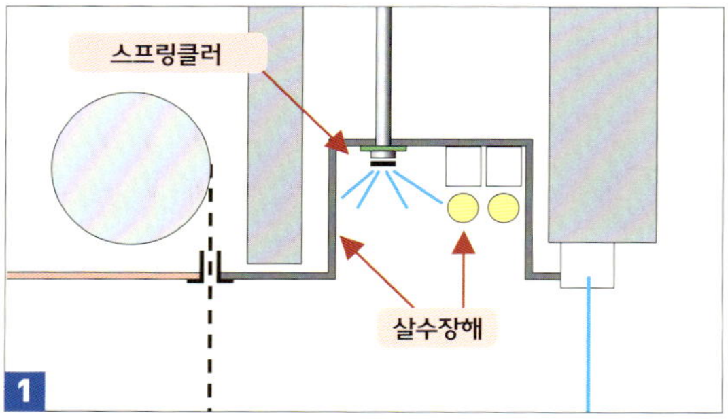

1

스프링클러를 위의 그림과 같이 설치하였을 때, 박스의 벽면과 조명기구에 닿아 살수장해를 일으키기 때문에 재설치하도록 소방검사에서 지시를 받았다.

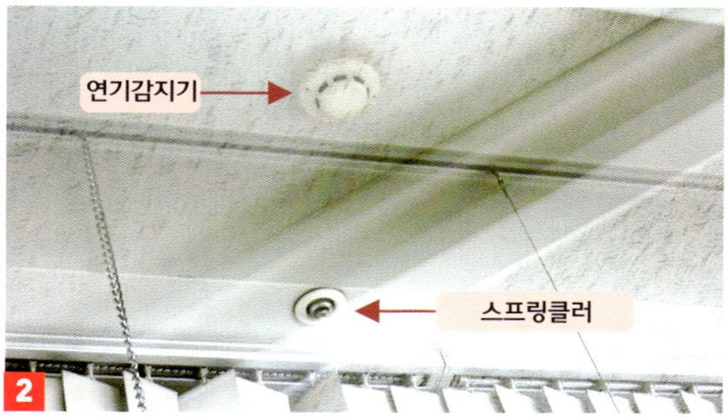

2

그림 1에 나타내는 구성은 사진 2와 같이 배치하지 않으면 안 되었다. 또한, 연기감지기는 연기가 상승하기 때문에 높은 부분에 배치하지 않으면 안 된다.

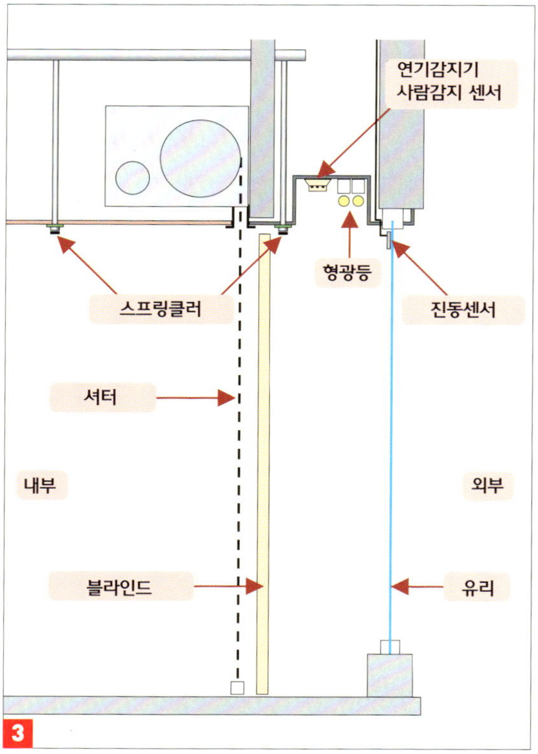

3

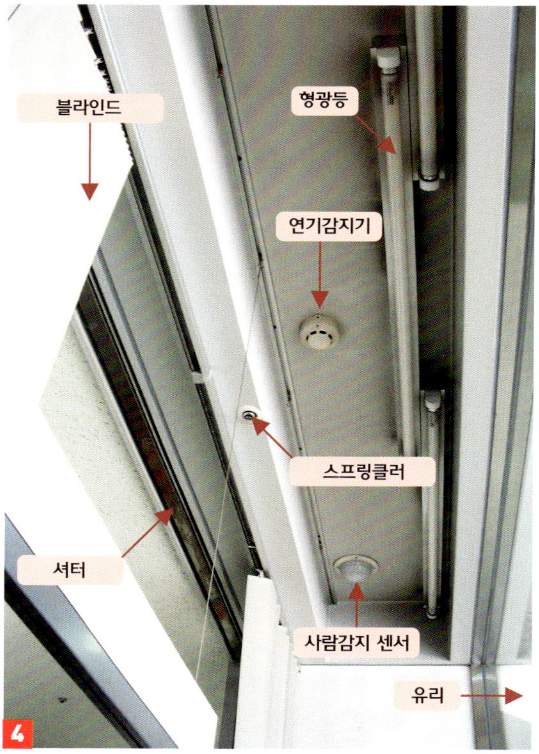

4

참고로 그림 3·사진 4에 건물의 쇼윈도의 예를 나타낸다. 유리면이 대지경계선에서 거리가 부족해 망입유리로 하지 않으면 안 되나, 내부의 셔터를 방화셔터로 함으로서 투명한 유리를 사용할 수 있다. (링셔터의 경우는 불가능) 또한, 방범을 위해 진동센서를 유리면에 설치하거나, 셔터와 유리사이에 사람감지 센서를 조합해 설치하기도 한다.

113 담배연기에 의한 연기감지기 작동

어느 건물에서 화재방송 후에 화재단정방송이 나오고 공조기기가 정지하고 엘리베이터가 피난층에 정지하는 사태가 발생하였다. 화재경보 발령 장소를 확인한 결과 화재는 아니었다. 원인을 확인해 보니, 휴게시간이 되어 작업원이 한꺼번에 흡연을 시작하고 휴게시간 종료 시에 에어컨과 환기팬을 멈추고 퇴실하였기 때문에 충만한 연기에 의해 연기감지기가 발령된 것을 알 수 있었다. 경보작동식 스프링클러를 사용하였기 때문에 밸브가 개방되어 배관내로 물이 전달되어 복구에 매우 많은 노력이 소요되었다.

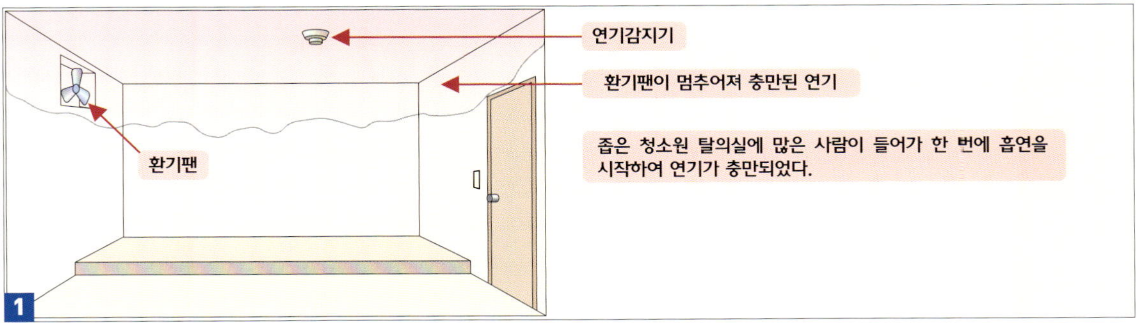

이러한 방은 당초 레이아웃에서는 간과할 수 있으므로 기계실 등에 무리하게 공간을 확보하는 경우가 많다. 이러한 장소에서는 유사한 사례와 같은 문제가 발생할 수 있다는 것을 설계단계에서 예측함과 동시에 흡연장소에 관해 대책을 강구해야 한다.

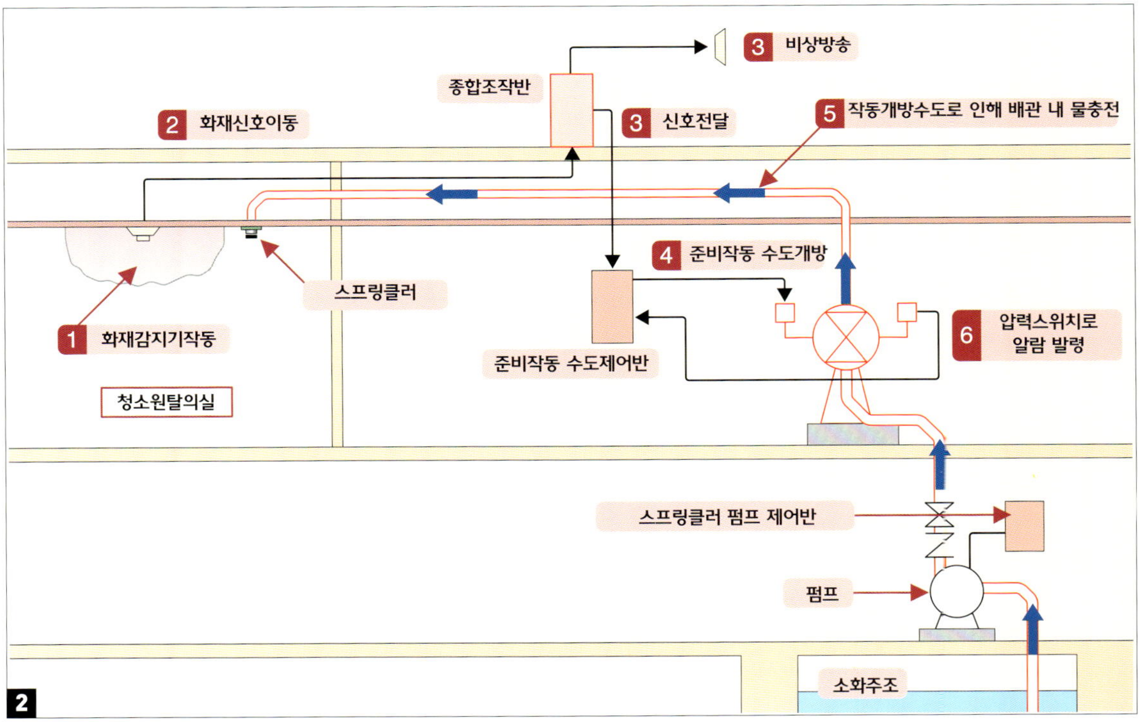

준비작동식 스프링클러의 배관내에 물이 보내지면 !

준비작동식 스프링클러 설비는 스프링클러 헤드가 오작동해도 물에 의한 피해를 막기 위해 화재감지기가 작동하지 않으면 물은 방출시키지 않는 구성이 되어 있다. 하지만, 그 에리어의 화재감지기의 작동에 의해 예보 작동 밸브를 개방하기 위해 헤드까지 배관내에 물이 흘러버린다. 화재감지기의 오작동이 발생하면 그 때마다 2차 측의 스프링클러 배관내의 물을 빼지 않으면 안 된다.

114 준비작동식 스프링클러 장치 (1)

각 층에 설치되어 있는 준비작동 밸브와 그 주변의 구성을 어느 건물의 예로 나타낸다. 체크 밸브에서 스프링클러 헤드까지는 0.15MPa의 압력으로 공기가 들어 있으나, 화재감지기의 작동에 의해 밸브가 열려 헤드까지의 배관 내에 1.0MPa 압력의 물이 보내진다. 화재감지기의 오동작에 의해서도 이 동작이 되어버리므로 그 때마다 물을 빼지 않으면 안 된다.

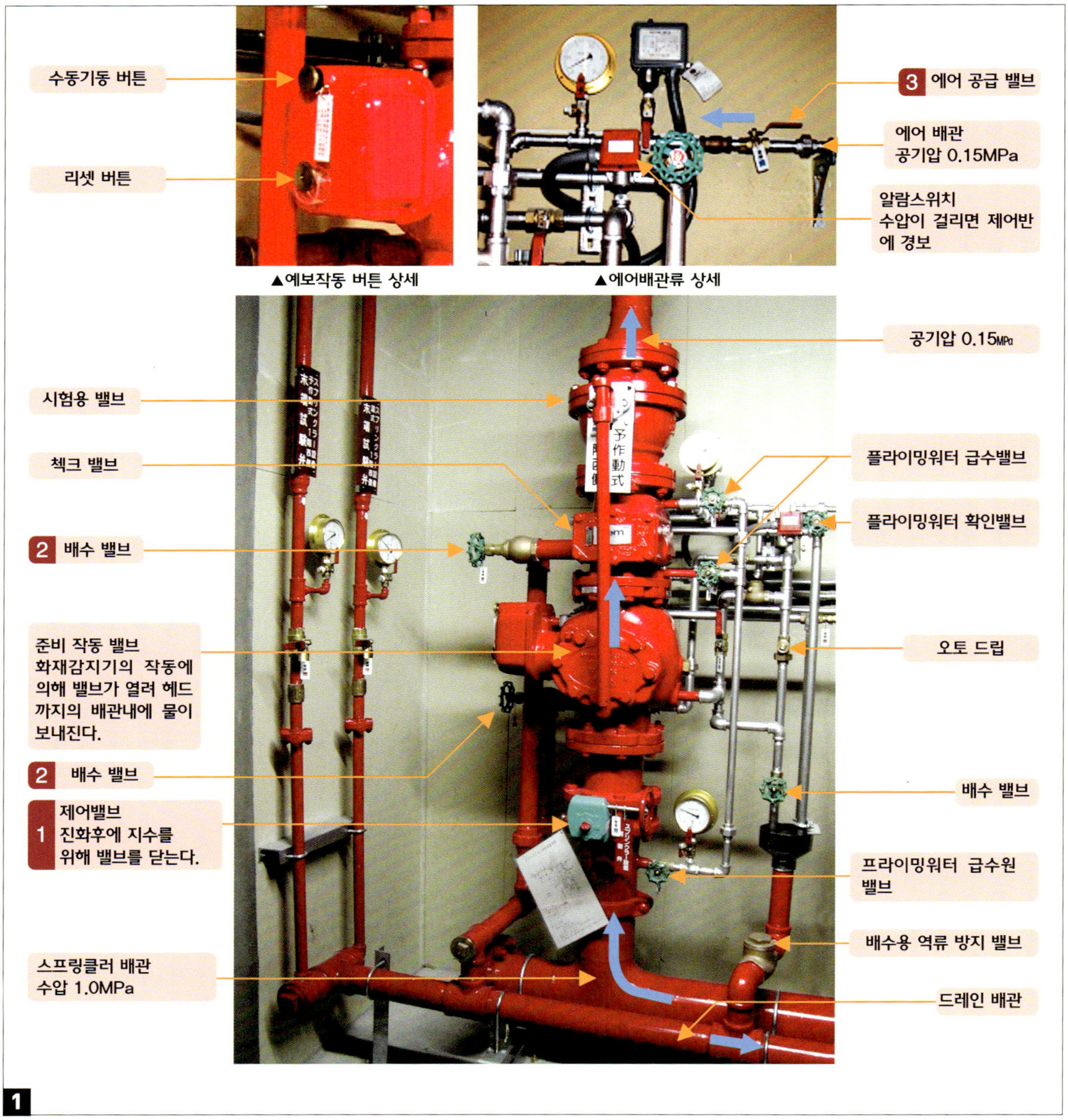

▲예보작동 버튼 상세

▲에어배관류 상세

1

진화후에는 물에 의한 손해를 막기 위해 ①제어밸브를 닫는다. → ②2개소의 배수 밸브를 개방한다. → ③공기배급밸브를 잠근다. 의 순서로 작업을 실시한다.

115 준비작동식 스프링클러 장치 (2)

사진 1은 각층의 준비작동 밸브의 옆에 배치되어 있는 준비작동 밸브 제어반이다. 종합조작반에서의 신호에 의해 128페이지의 준비작동 밸브를 연다. 사진 2는 각 층의 준비작동 밸브에 연결되어 있는 스프링클러 펌프이다. 배관내의 압력이 내려가면 스위치가 들어가 펌프가 기동하여 소화수조의 물을 끌어올려 압송한다.

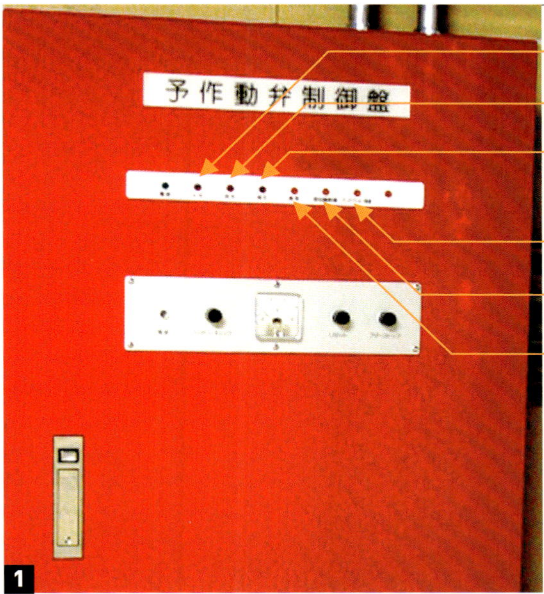

1

2

116 옥내소화전설비

옥내소화전설비는 소화전이 있는 기동버튼을 누름에 따라 옥내소화전 펌프가 기동하여 호스까지 소화수가 충수되어 소화활동을 하는 장치이다. 하지만, 화재장소까지 호스를 끌어온 후에 소화전 밸브를 열려 하면, 수압이 걸려 조작이 자유롭지 않으므로 주의가 필요하다. 또한, 진화 후에는 반드시 펌프 제어반의 정지 버튼을 누르지 않으면 펌프가 고장날 수 있다. 훈련 후 이를 지키지 않아 고장이 난 경우가 많으므로 주의해야 한다.

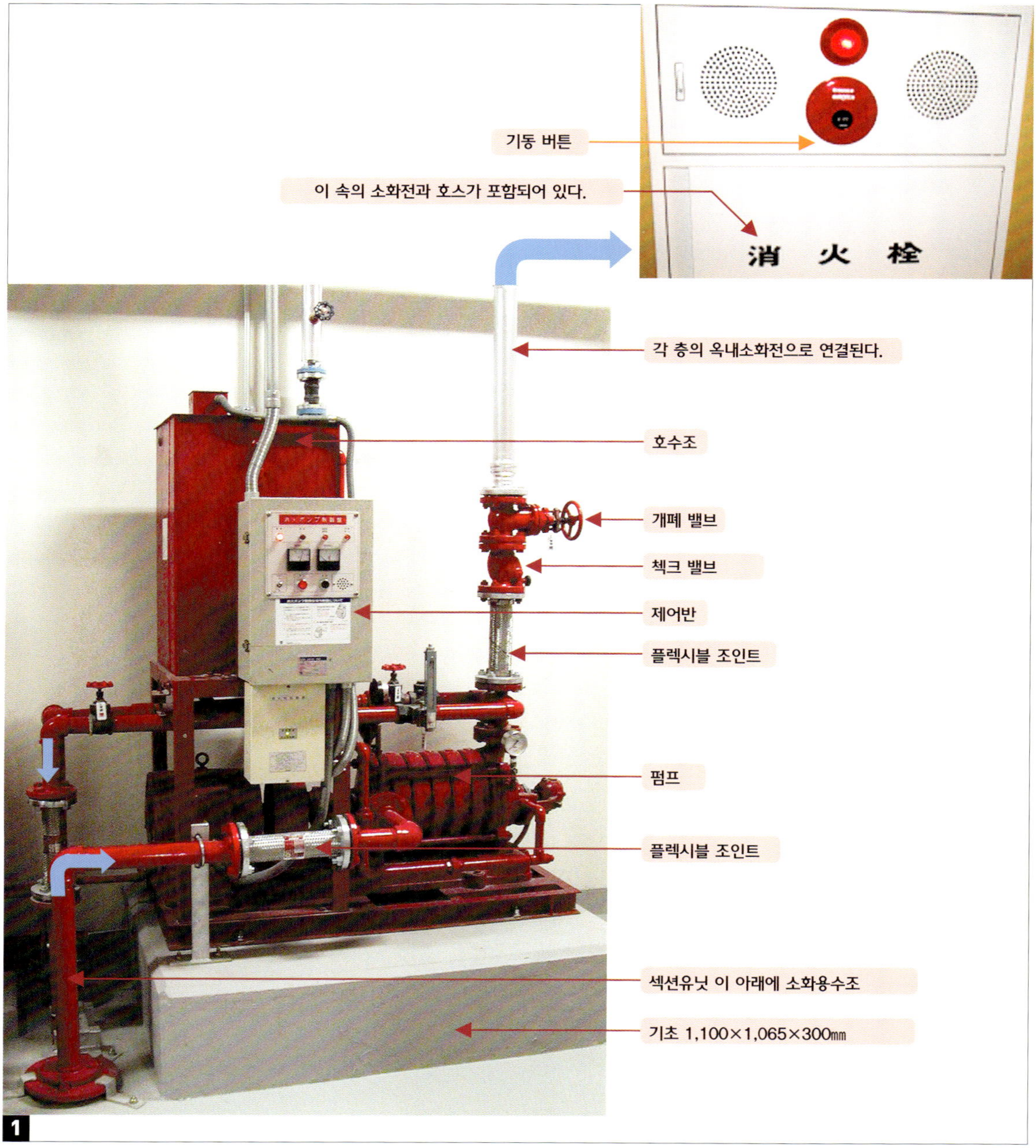

1

117 포말소화설비의 기동밸브에 공사차량 접촉으로 인한 내용물 방출

지하실이 있는 기계식 주차장과 일반주차장은 포말소화설비를 설치하는 경우가 많은데 기둥에 설치되어 있는 포말소화장치의 수동 기동 밸브에 공사차량이 부딪히면 그 계통의 폼헤드에서 한번에 거품이 쏟아져 나온다. 화재도 아닌데 방출된 거품의 처리는 매우 많은 수고가 소요되므로 충분히 배려해야 하는 바 이러한 사고를 일으키지 않도록 어느 건물을 예로 포말소화설비의 구성을 해설한다.

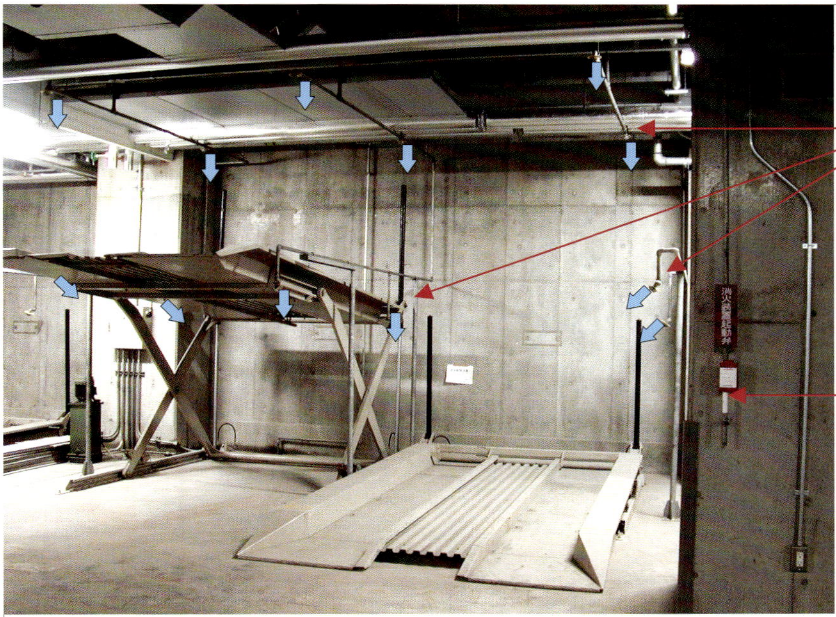

2단식기계주차장 주변에는 포말소화설비의 폼헤드가 배치되어 있고 그 설비는 자동차화재를 상정하고 있기 때문에 감지 헤드의 휴즈나 기동 밸브의 작동에 의해 그와 동일계통의 헤드에서 한 번에 거품이 방출되는 구성으로 되어 있다.

당시 현장은 자재 등에 의해 차로가 막혀있어 무리한 상태로 공사차량을 움직일 수밖에 없었기 때문에 잘못하여 포말소화설비의 기동 밸브에 접촉되면서 거품을 방출시켜 버렸다.

1

118 포말소화설비의 구성 (1)

주차장의 천장부분에 계통마다 설치되어 있는 일제 개방 밸브와 그 역할에 대해 서술한다. 포말소화장비는 가솔린 등의 가연성 액체에 대하여 거품을 한 번에 뿜어내어 공기차단과 냉각을 하는 감지 헤드의 휴즈가 화재의 열로 녹아서 액이 흘러 관내부의 압력저하가 된 시점에서 일제 개방 밸브가 열려, 동시에 펌프가 기동하여 각 폼 헤드로 순식간에 혼합액을 보내는 시스템으로 구성으로 되어 있다.

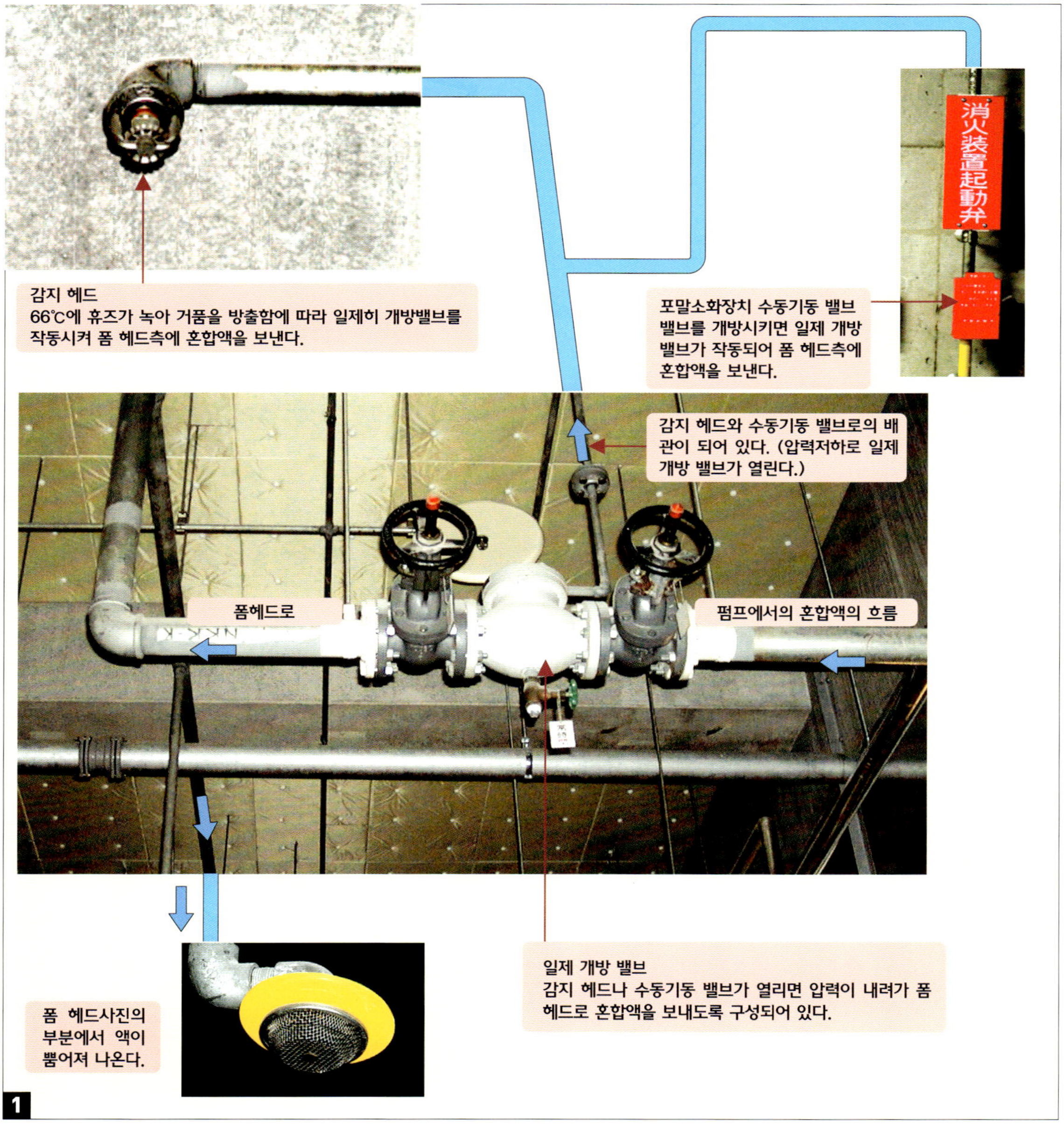

119 포말소화설비의 구성 (2)

사진 1은 어느 건물의 포말소화설비에서 포말소화의 원액을 보내는 측의 설비이다. 배관내의 압력이 0.32MPa로 내려가면 압력스위치가 켜져 폼 헤드에 포말혼합액이 보내지는 시스템이다. 다이어프램형 포말원액조에 소화수의 압력이 걸리면 그 내부용기에 들어있는 포말 원액이 밀려나와 혼합기에 들어가 물과 혼합되도록 구성되어 있다.

1

120 소화펌프의 플렉시블 조인트 위치 불량

사진 1 · 2를 비교하면 소화펌프 주변의 배관설치 순서가 약간 달라진 것을 알 수 있다. 위의 사진은 위에서부터 개폐 밸브 · 첵크 밸브 · 플렉시블 조인트의 순서로 되어 있으나, 아래의 사진은 위에서부터 개폐 밸브 · 첵크 밸브의 순서로 되어 있다.

플렉시블 조인트는 진동을 흡수하기 때문에 다른 밸브와 비교하여 수명이 짧기 때문에 교체를 고려할때 개폐 밸브가 위에 있다면 상층의 배관 내부의 물을 빼지 않아도 되므로 사진 1의 접속방법이 바르다고 하겠다. 하지만 위의 사진에서도 개폐 밸브의 바로 위의 위치에 배관의 고정은 필요하다. 플렉시블 조인트가 첵크 밸브의 아래에 있다는 것은 배관내의 수압이 직접 걸리지 않으므로 가동손잡이의 수명도 길어진다.
펌프 측에서 순서대로 플렉시블 조인트, 첵크 밸브, 개폐 밸브의 위치관계는 모든 펌프에 공통이다.

121 옥내소화전 배관 시공의 실패

소화전의 배관은 가능한 직선으로 올려야 한다. 설비배관도에는 보의 표시가 없는 경우가 많아 충분한 검토가 없는 채로 소화전박스의 위치가 결정되기 대문에 사진 1과 같은 시공이 이루어져 매우 많은 노력을 들이고도 결함이 나오기 쉬우므로 주의가 필요하다.

사진 1은 옥내소화전의 배관이 복도에 노출되어 있으나 배관의 아랫부분이 소화전박스보다 나와 있어 발이 걸리기 쉽게 되어 있다.

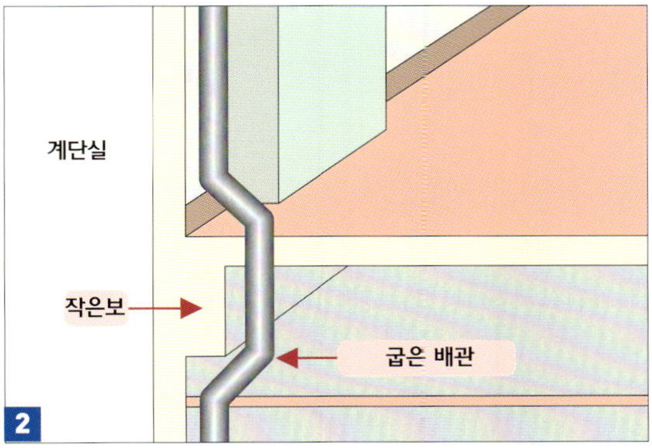

사진 1은 아래층의 작은 보가 복도측으로 나와 있기 때문에 배관을 굽히지 않으면 구성이 이루어지지 않는 사례이다. 배관의 루트는 구조체를 확인하여야 한다.

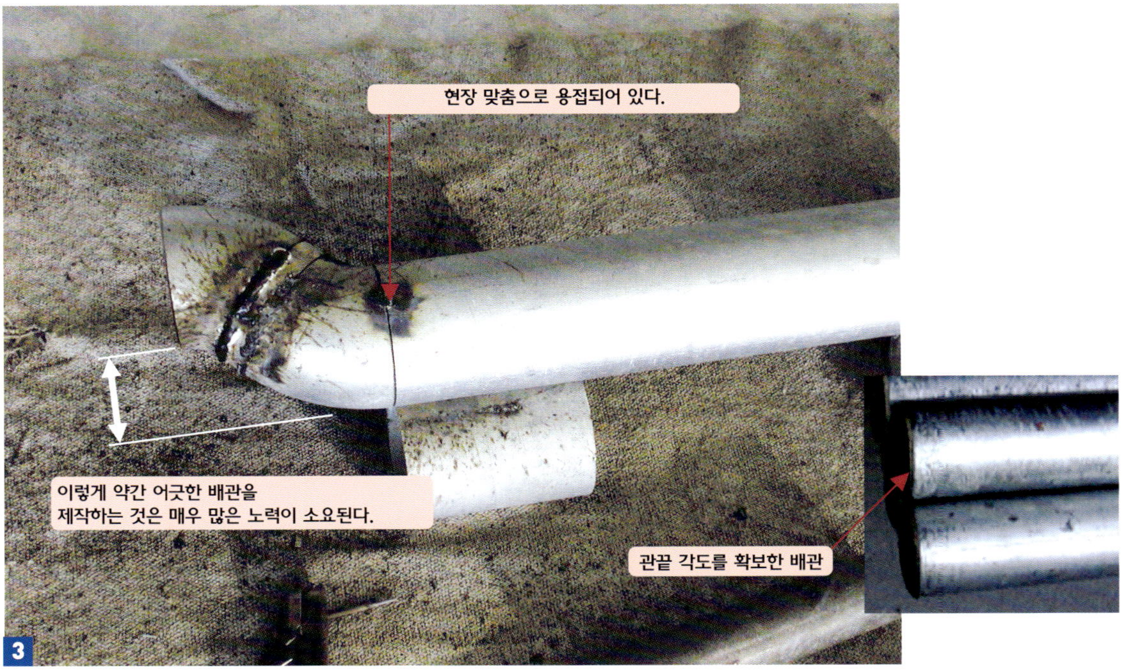

사진 3에서는 현장에서 길이측정을 하여 배관을 용접하고 있으나 관끝 정리가 되어 있지 않다. 각층에서 이러한 작업이 발생되면 매우 많은 노력이 소요되고 결함 발생이 우려된다. 사전에 약간의 검토가 되었으면 하는 아쉬움이 남는다. 또한, 이러한 아연도금강관의 용접 작업은 유독가스가 발생하므로 협소한 장소에서는 하지 않도록 계획한다.

122 소화전박스 구획처리

내화벽부분에 소화전박스를 설치할 때, 방측의 구성을 우선시키면 소화전박스가 내화벽을 관통하는 경우가 있다. 소화전박스의 철판만으로는 내화에 불충분하므로 내화시트 등으로 안쪽을 커버하게 되나 좁은 곳에서의 작업이라면 말끔하게 구성되지 않고 검사에서 지적을 받는 경우가 많이 발생하므로 주의해야 한다.

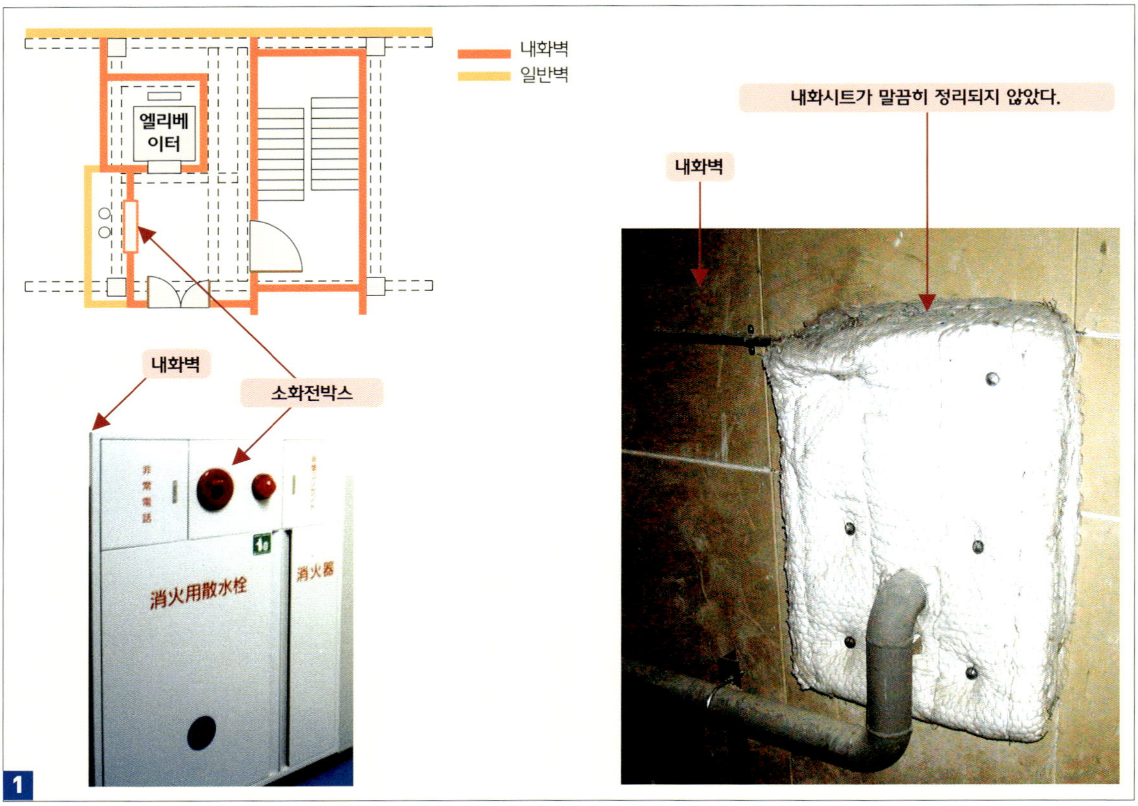

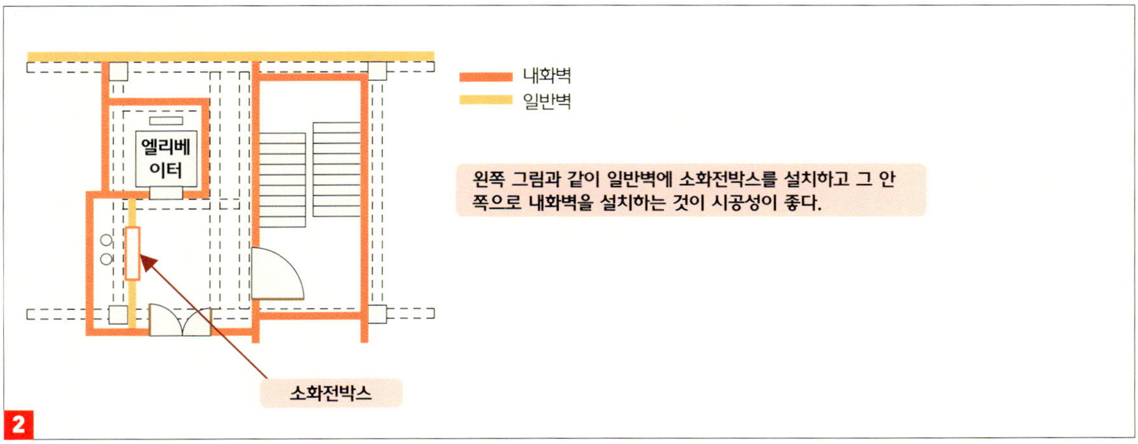

123 부엌배기덕트의 화재사고

튀김을 위해 받아 놓은 기름이 발화하여 그리스휠터에 착화한 기름으로 옮겨 붙고, 그것이 덕트 내에 부착된 기름으로 연결되어 덕트 출구까지 불이 도달하는 화재사고가 매우 많다. 덕트의 입구에는 방화 댐퍼를 설치하도록 되어 있으나, 그것이 기름의 부착에 의해 닫히지 않거나, 닫혀도 불꽃의 전달이 더 빨라 화재에 다다르는 사례가 있다.

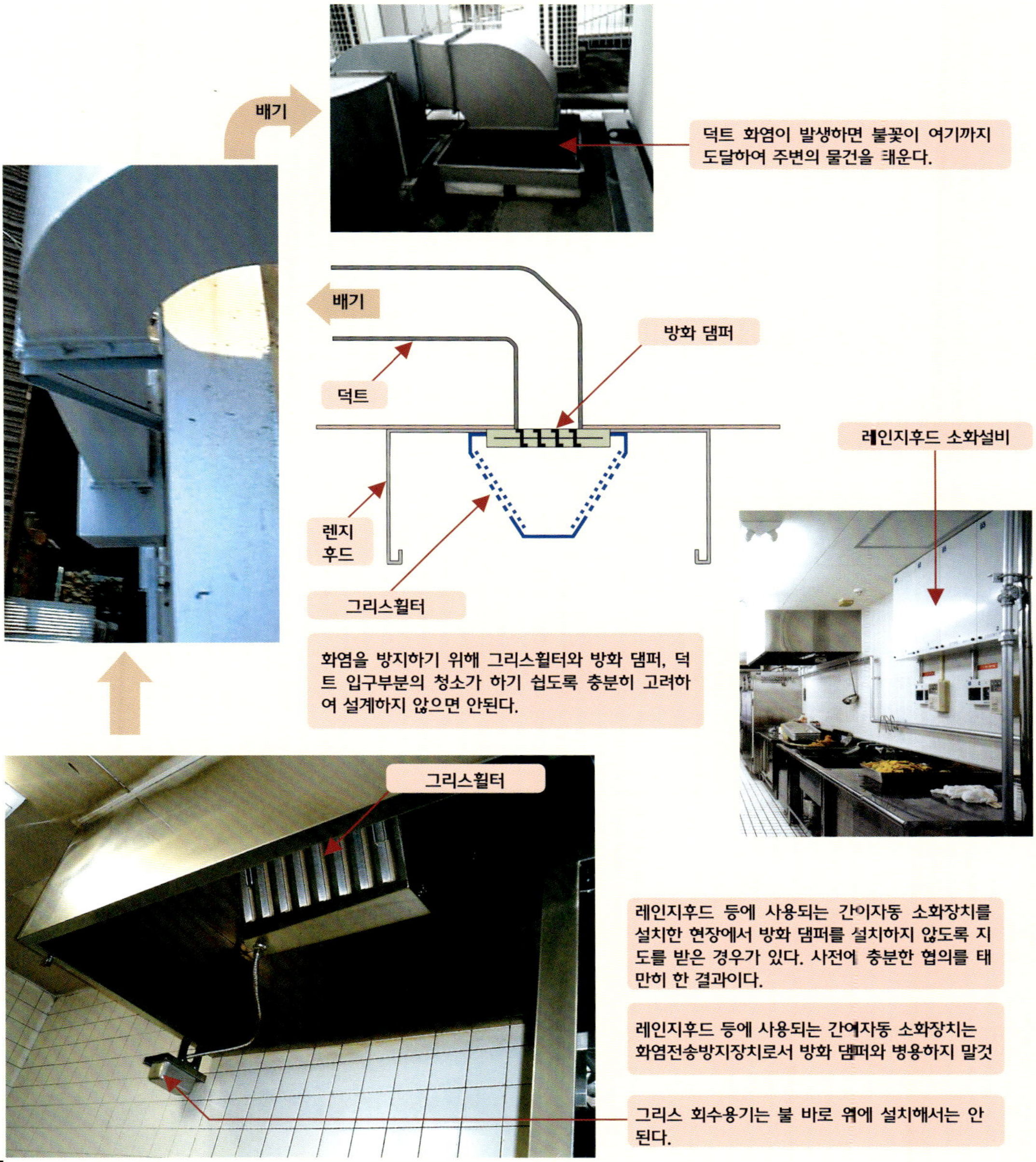

1

124 방재감시반 검토시 포인트

방재감시반은 화재감지기에서 신호수신에 의해 그 내용을 표시하여 비상방송을 기동시킨다든지, 엘리베이터에 피난층 도착을 위한 신호와 방화 댐퍼 폐쇄 팬의 정지 등의 신호를 각각의 기기에 보내 재해의 확대를 막도록 구성되어 있으나 이 연동이 제대로 되지 않는 경우가 많다. 개념도를 바탕으로 그 원인과 대책을 해설한다.

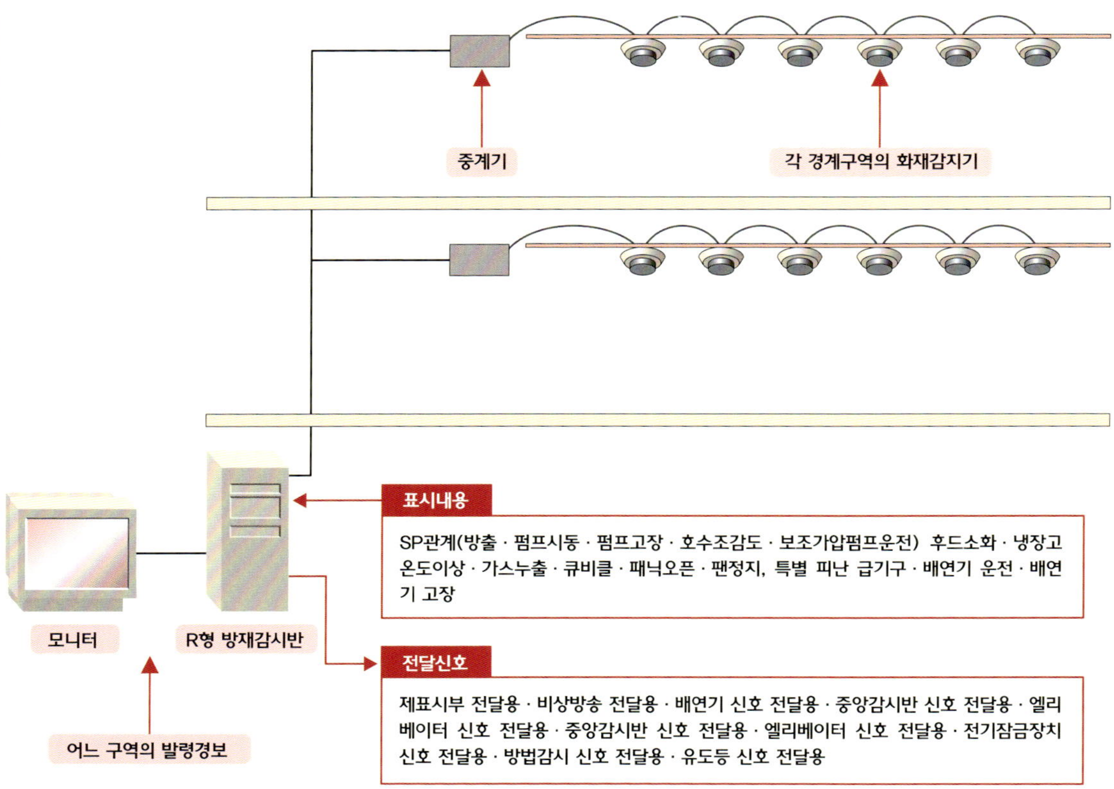

방화문과 셔터는 현장의 전용감지기의 정보 발신에 의해 폐쇄하는 것이 일반적이나 하나의 경계구획에 많은 방화문과 셔터, 댐퍼, 이동방연벽 등이 있는 경우, 모든 것을 연동시키도록 지도를 받는 경우가 많다. 또한, 실제의 검사 시에 각 기기의 연동이 제대로 이루어지지 않는 경우가 있는데 이것은 계통의 오류 등의 프로그램 작성 미스가 원인으로 야기된 동작불량인 경우가 많다. 이 동작불량을 방지하기 위해서는 이하의 사항에 대하여 타이밍을 잘 맞추어 진행할 필요가 있다.

1) 미리 레이아웃과 실명의 결정
2) 모든 관련 직종이 모여 연동확인
3) 연동표를 작성하여 소방서와 다시 확인 · 협의 실시
4) 프로그램의 작성
5) 프로그램의 확인
6) 모니터로 프로그램이 맞는지 확인(즉, 하나의 경계구역의 화재감지기를 모니터 상에서 발신한 경우, 방화문 등의 연동이 제대로 되는지 확인)

1

125 소방검사의 준비 (1)

건축공사를 진행 중의 중요한 것은 완성까지의 공정을 추측하여 그 도중에 합리적인 마일스톤을 배치하는 것이다. 아래의 표는 현장의 진척상황을 고려하여 천장에 의해 가려지는 부분에 대해서 소방중간검사를 적정 시간에 미리 받기 위해 작성한 것이다. 다시 한 번 소방서와 협의를 실시하여 검사일정에 대해 승인을 얻고 나서 공사관계자 전원에게 주지시킴으로서 원활한 현장운영이 실시된 사례이다.

건설공사의 주요공정과 검사예정표

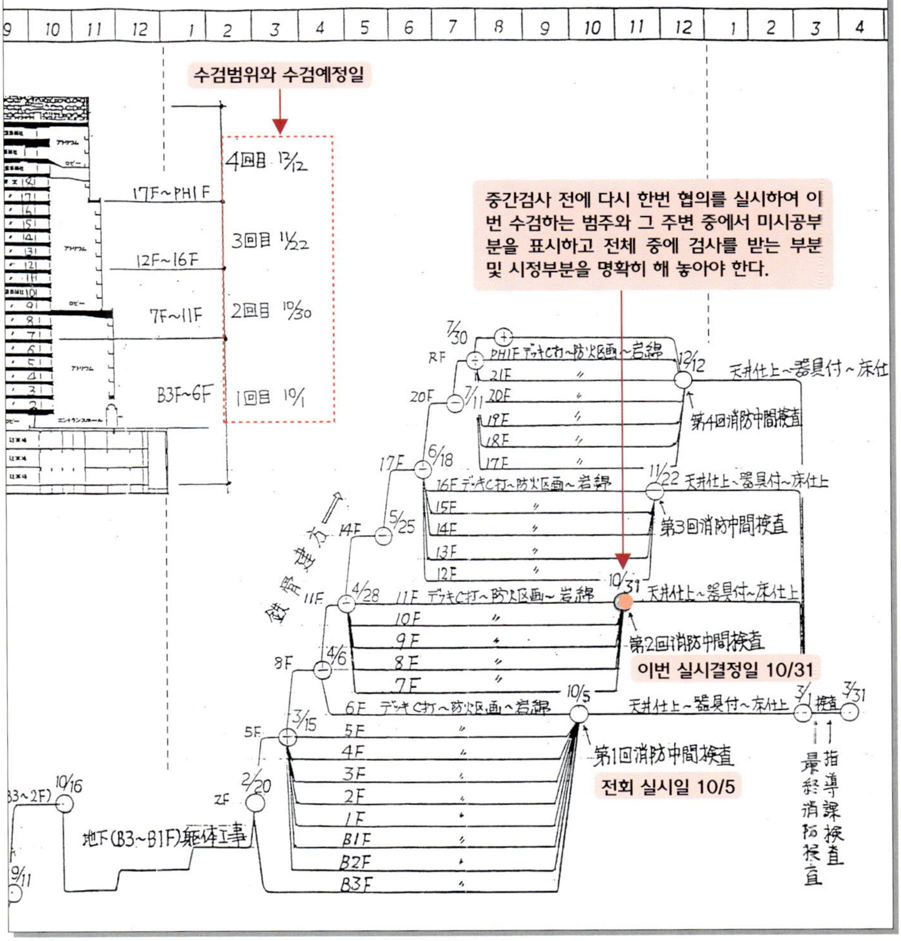

1

126 소방검사의 준비 (2)

소방검사를 받음에 있어서 아래 그림과 같은 도면을 작성하여 준비해 놓는 것은 현장운영을 원활히 하기 위한 방법으로서 매우 중요하다. 이 도면을 기본으로 소방검사관에게 천장 내에 감춰지는 스프링클러 배관 등의 소방설비와 방화구획의 설비관통부분의 처리상황을 검사 받는다. 검사 지적사항도 시정 전과 시정 후와의 사진을 촬영하여 이 도면에 장소를 명기해 놓는다. 최종 소방검사에 이 자료를 종합한 것을 제출하여 확인을 받음으로서 만일 검사관의 이동 등에 의해 담당자가 바뀌어도 원활히 수검할 수 있게 된다.

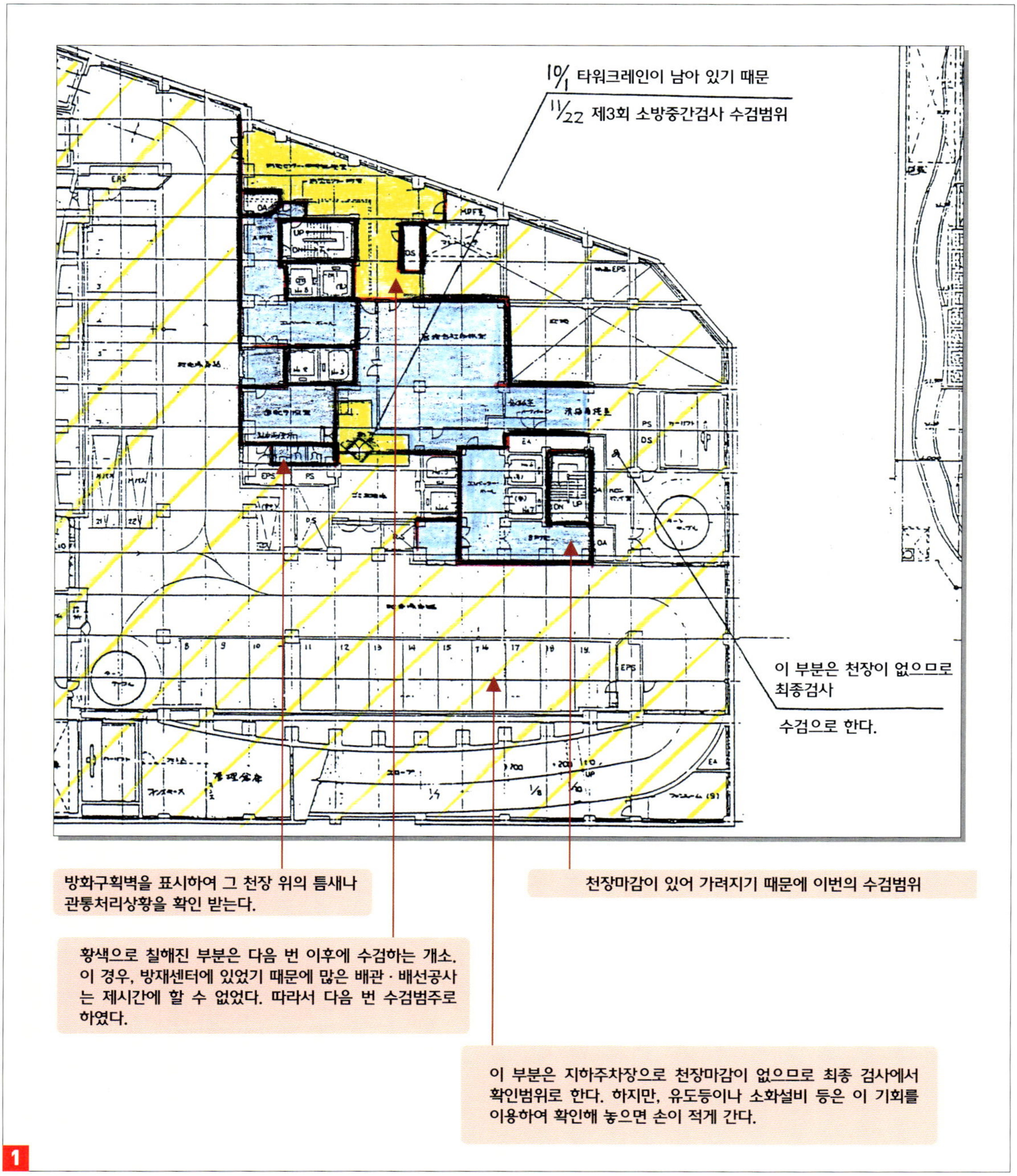

127 소방관계제출서류일람

소방관계서류신청에 누락이 생기면 완성인도에 지장이 발생하는 경우가 있다. 누락이 생기지 않도록 확인하기 의해 소방관계제출서류와 적용대상물, 제출시기 등을 한 번에 모아 놓은 것이 아래의 리스트이다. 서류의 제출에 있어서도 반드시 모든 관계관청을 통해 상세하게 확인해야 한다.

	신청서류명		적용대상물	제출시기	제출처	신청자
1	방화대상물 사용요청서			사용개시전		
2	소방용설비 등 착공요청서	1)	(자동 화재 경보 설비)	공사착공 10일전	소방서 예방과	갑종소방설비사
	상동	2)	(가스 누출 화재 경보 설비)	〃	〃	〃
	상동	3)	(옥내소화전 설비)	〃	〃	〃
	상동	4)	(스프링클러 설비)	〃	〃	〃
	상동	5)	(물 분출소화설비)	〃	〃	〃
	상동	6)	(포말소화설비)	〃	〃	〃
	상동	7)	(이산화탄소소화설비)	〃	〃	〃
	상동	8)	(할로겐화물소화설비)	〃	〃	〃
	상동	9)	(미분말소화설비)	〃	〃	〃
	상동	10)	(옥외소화설비)	〃	〃	〃
	상동	11)	(피난기구 (피난계단 · 구조대 · 완강기)	〃	〃	〃
	소방용설비 등 설치요청서		1) ~ 11)	공사완료 후 4일 이내	소방서 예방과	발주대표자
3	상동		(누전화재경보기)	〃	〃	〃
	상동		(비상경보설비)	〃	〃	〃
	상동		(유도등설비 및 유도표식)	〃	〃	〃
	상동		(비상콘센트설비)	〃	〃	〃
	상동		(소방용수)	〃	〃	〃
	상동		(연결송수관설비)	〃	〃	〃
	상동		(연결산수설비)	〃	〃	〃
	상동		(배연설비)	〃	〃	〃
	상동		(소화기)	〃	〃	〃
	상동		(동력소방펌프)	〃	〃	〃
	상동		(덕트소화설비)	〃	〃	〃
	상동		(자가발전설비) 코 · 제네레이션 발전기설비	〃	〃	〃
	유선전기통신설비설치계		(무선통신보조설비)	공사착공 2주 전	총무성 종합통신국	발주대표자
	상용방재겸용기의 특인신청서		(자가발전설비) 코 · 제네레이션 가스엔진 발전기설비	착공 전	소방서 예방과	발주대표자
4	전기설비 설치요청서		전 출력20kW이상의 고압 혹은 특별고압수변전설비	공사착공 3일전	〃	〃
5	상동		내연기관 부착 발전기설비 (혹은 연료전지)	〃	〃	〃
6	상동		4,800AH셀 이상의 충번지설비	〃	〃	〃
	상동		2kVA이상의 네온등 설비	〃	〃	〃
	불을 사용하는 설비 등의 설치요청서		(화덕 · 가마) 가스온수기	공사착공 7일전	소방서 예방과	발주대표자
	동경도 화재예방조례 제2 · 13 · 57조		전기히터 설치 게이지	〃	〃	〃
7	상동		건조설비	〃	〃	〃
	상동		사우나설비	〃	〃	〃
	상동		최대소비열량 70kW 이상의 급탕설비	〃	〃	〃
	상동		불꽃을 발생시키는 설비	〃	〃	〃
	상동		보일러	〃	〃	〃
	상동		부엌설비 (120kW 이상)	〃	〃	〃

1

128 종합시험

소방검사의 종합시험에서는 정전 상태를 만들어 비상용발전기를 기동시켜 그 전원에 의해 각종 방재부하를 기동시키는 시험을 하는데 이 시험을 받는 시간대는 다른 검사를 받을 수 없다. 그렇기 때문에 단시간에 계획적으로 수검하기 위하여 충분한 협의를 하고 각 기기의 사전 동작시험내용을 요령서에 종합하여 작성해 놓고 실시하여야 한다. 여기에 어느 건물의 소방검사시의 종합시험순서를 소개한다.

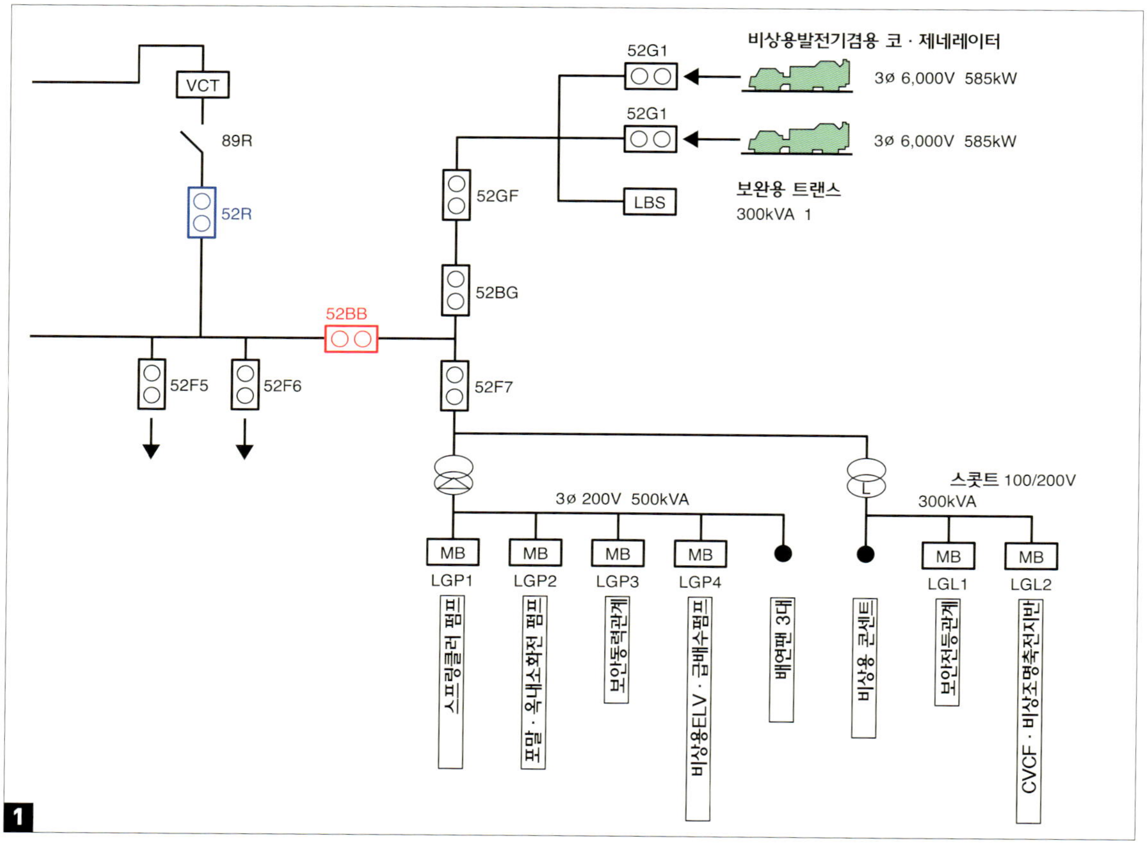

1

① 발전기를 자동운전모드상태로 두고 발전기 정지상태로 한다.

② 방재부하를 기동시킨다.

- 배연기를 수동배연조작 스위치로 2대 운전
- 스프링클러 펌프, 포말소화펌프를 제어반으로 수동으로 기동
- 옥내소화전 펌프를 소화전함의 발신기로 기동

③ 수변전설비의 모선연락용 차단기(52BB)를 강제적으로 수동개방시켜 발전기를 가동시킨다.

④ 발전기 2대가 가동되어 선 발전기에 의해 방재부하가 순차 투입되는 것을 확인 (충전기전압 확립은 40초 이내)

⑤ 후 발전기가 동시 투입되어 보안동력이 순차 투입되는 것을 확인

⑥ 방재센터에서 3F AHU를 기동

⑦ 발전기 운전등에 3F에서 발염통에 의한 배연기 기동의 확인

⑧ AHU의 화염연동정지의 확인

⑨ 배연시험과 동시에 비상용 엘리베이터의 운전확인

⑩ 비상조명의 점등상황 확인

※일반적으로는 52R을 OFF하여 정전상태로 하고 발전기가 기동하고 나서 방재부하를 넣는 상황의 검사가 많다.

⑪ 상용전원에 복귀시켜 화재부하를 정지시켜 통상상태로의 복귀상황 확인

129 흡기설비의 방화문과 셔터 폐쇄 불가

소방검사전의 연기감지기의 경보 발령에 의한 작동검사에서 9층 흡기설비에 있는 총 50대의 방화문 및 셔터 중 폐쇄되지 않는 상태의 것이 있었다. 셔터에 대해서는 오류개소를 조정하여 다시 한 번 시험을 한 결과, 이번에는 셔터가 폐쇄되지 않는 상태가 되었다. 원인을 추정하는 데에 매우 많은 고생을 한 사례이다.

검사 때마다 폐쇄되지 않은 셔터가 바뀌는 현상이 발생하여 원인 추정에 많은 시간이 소요되었다.

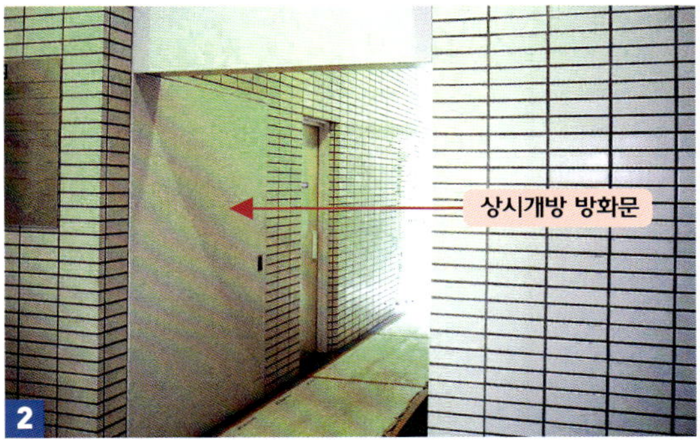

셔터뿐 아니라 폐쇄되지 않은 방화문도 있었다.

연기감지기의 발령으로 방화벽 · 셔터가 내려오지 않는 원인

이 장소의 특수한 조건은 9층 흡기설비가 하나의 방화구획으로 되어 있어 경계구역내의 화재경보기가 발령할때 작동시키는 방화문과 셔터의 총수가 50대로 너무 많았기 때문에 전압강하가 발생해 버렸다. 지연 릴레이를 걸어 아래층에서 순서대로 방화문 및 셔터를 내리는 방법을 시험한 결과 모두 문제가 없이 작동되었다.

실패방지 포인트 18

문제발견이 늦은 원인은 발생한 오류에 대한 책임회피 본능때문이라 사료되며, 그러한 기업자세가 그 회사의 신용을 크게 실추시키는 것을 알아채지 못한 것은 아쉬운 일이다. 기술을 생업으로 하는 집단은 자기방어본능을 발휘하기 전에 겸허하게 발생 상황과 현상, 그리고, 직접적인 원인을 추궁하여 그 후의 기업활동에 활용해야 할 것이다. 기술자는 [진리의 추구]를 중추로 하는 마음가짐이 필요하다.

130 방범계획 지연으로 인한 재시공 소요 발생

방범(시큐리티)의 사고방식이 설계에 담아져 있지 않기 때문에 최종단계에 경비회사가 결정된 시점에서 지금까지의 설계로 대응 불가능한 것을 알게 되므로 설계변경이 발생되어 불필요한 비용이 소요되는 경우가 있다. 방범은 영업이나 방재의 사고방식과 정반대가 되는 경우가 많으므로 여러 가지 각도에서 발주자의 자세를 경청하여 조기에 결정을 하도록 발주자를 설득하지 않으면 안 된다. 그 순서로서 다음의 스탭을 밟으면 이해가 쉽다.

① 영업시간 중의 방범체제

영업시간 중에 악의가 있는 인물이 침입하지 않도록 관리한다. 손님에게 불쾌한 인상을 주지 않고 어떻게 선별할지를 생각하지 않으면 안 된다. 사원은 사원증으로 판별가능하나, 불의의 손님에 대해서 어떠한 확인을 할지는 각 기업에 따른다. 방문증에 소속회사명과 방문부서 및 이름을 명기한 임시 입관증을 받아들고 들어오는 경우가 많으나, 악의가 있는 인물이 가공의 이름을 명기하고 들어 올 수도 있다. 접수창구에서 방문처를 조회하여 확인이 취해진 경우에만 입관 가능하도록 하는 시스템도 있다. 후자의 경우는 노력이 소요되나, 안전성은 높다. 또한, 차량의 관리도 중요하다. 폭탄을 실은 차가 대지 내에 입장하는 것에 대해서도 상정 여부를 정해 놓을 필요가 있다.

② 잔업시간 중의 방범체계

통상 근무시간이 종료한 단계에서 불의의 손님에 대해서는 누가 어떻게 대응할지 결정한다. 이 시간대의 경비방법에 따라 경비에 요구되는 인수가 크게 변한다. 매일 발생하는 일이므로 한 사람이라도 달라지면 장래에 걸쳐서 그 비용이 경비로 소요되는 일이 된다. 가능한 적은 인수로 효율이 좋은 경비를 하기 위해 사람이 없는 부서의 경계는 방범 센서와 CCTV 카메라를 훌륭히 사용하도록 레이아웃으로 하지 않으면 안 된다.

③ 잔업자가 돌아간 후의 방범체제

최근 단시간에 금고 채로 가져가는 강도단이 침범하는 것은 이 시간대이다. 이러한 악의가 있는 집단은 충분한 조사를 하고 틈새를 찾아서 침투해 오는데 기업명이 보도됨에 따라 사회적 신용을 잃을 우려가 있다. 설계단계에서 대책을 세워 놓는 것이 매우 중요하다. 이 후 범죄의 억제를 위해서 범인의 검토가 최고 중요하다는 관점에서 생각하면 악의를 가지고 침입해 온 인물을 트랩을 만들어 가두어 버리는 시설이 필요할 것이다.

④ 휴일의 방범체제

휴일에 출근하여 작업하는 사원만이 아닌 설비기기의 유지보수·청소 등이 꽤 많은 작업이 휴일에 일어나는 것을 인식하지 않으면 안 된다. 악의가 있는 인물이 그 중에 섞여 있는 경우에도 기업의 안전이 지켜지는지 여부를 생각하지 않으면 안 된다.

⑤ 시큐리티가 높은 정도에 대한 대응

기업 내에서도 기밀성이 높은 장소와 그렇지 않은 장소가 있다. 사원에 대해서도 시큐리티 정도의 계층을 어떻게 구별할지를 생각하지 않으면 안 된다. 이 방법은 적용이 부적절하면 사내에 불신감을 발생시키거나, 의욕을 떨어뜨리는 일이 발생할 수 있으므로 발주자의 스케줄에 맞추어 충분히 검토를 받도록 의뢰한다.

⑥ 침입자의 입장에서 시큐리티 계획의 검토

이상과 같은 스탭에 따라 시큐리티 계획이 완성된 후의 단계에서 다시 한 번 검토해 본다. 검토방법은 침입자의 입장에서 각각의 단계에서 여러 가지 상황을 생각하여 어떻게 침입 가능한지를 검증한다. 이러한 검토를 해 보면, 완벽하다고 생각했던 부분에서도 빠져나갈 길이 있는 경우가 있다.

131 방재 · 방범 관리실의 배치

건물의 방재와 방범은 매우 중요한 업무이므로 그것에 소요되는 비용은 건물이 유지되는 한 계속되므로 그 건물의 상주관리자가 몇 명 필요한지에 따라 그 비용에 커다란 차가 발생해 버린다. 통용입구가 1층, 방재센터가 지하에 있는 경우, 각각의 장소에 인원의 배치가 필요하다. CCTV 카메라와 패시브센서, 전기잠금장치 등의 기계경비장치가 있으나 그것을 효율적으로 적은 사람으로 사용할 수 있는 레이아웃이 가장 중요하다.

이것은 준공 후 14년이 된 약 2만㎡ 건물의 관리실인데 유지비용이 얼마나 적절한지가 중요하다. 설비를 숙지한 설계자가 열의를 가지고 만든 건물은 시간의 흐름에 따라 평가되는 것이다.

또한 통용입구와 접수, 방재센터, 그리고 간단한 관리업무가 가능한 실을 보여주고 있다. 내객의 동선을 제대로 생각하고 좋은 환경에서 적은 사람으로 관리가 가능하도록 하는 아이디어가 중요하다.

영화에 등장하는 호화로운 방재센터가 지하에 설치되어 있는 건물을 자주 볼 수 있다. 기계와 장비만으로 충분한 관리가 가능한 것은 아니다. 접수대 앞을 지나는 사람을 현실적으로 보고 인사를 함으로써 방범효과가 오르는 경우도 있다.

132 방범카메라와 센서

건물의 방범을 생각할 때에 중요한 것은 어떠한 범죄를 상정하는가이다. 최근 다발하고 있는 사람이 없는 아침에 건물로 침입해 금고를 훔쳐가는 사건에서는 경비회사와의 연락으로 경찰이 도착한 때에는 이미 늦어버리고 만다. 이러한 침입자에게는 경비회사를 배치하여도 그들을 제압하기가 어렵다. 미리 확인하고 경찰에게 연락하여 그 도착을 기다리지 않으면 안 된다. 그들은 범행 전에 충분한 조사를 하고 있으므로 뚫고 들어갈 틈을 보이지 않는 건물을 만드는 방법이 필요하다. 최근에는 방범 카메라의 영상이 증거가 되어 범인 체포와 연결되는 사례가 늘고 있다.

사진 1은 외부에 설치된 방범카메라와 방범회전등이다. 이 배치라면 꽤 범죄방지효과가 있다. 카메라에 비치는 주변의 야간조명을 잊을 수 있으므로 주의해야 한다.

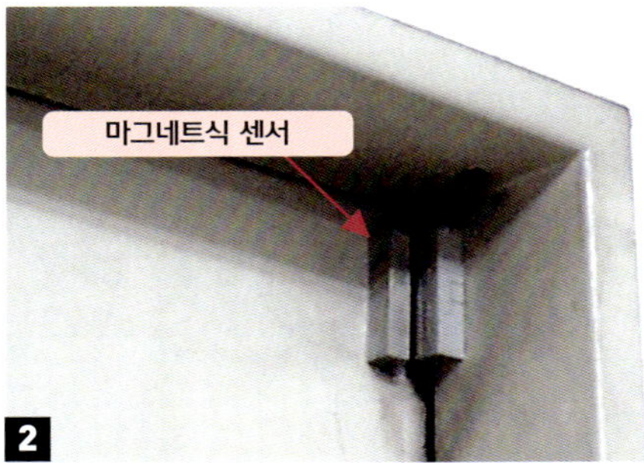

사진 2는 출입구의 문의 개방에 의해 신호가 경비실로 보내지는 구성을 나타낸 것으로 최근에는 전기 잠금장치 중에 여러 가지 정보를 보내는 시스템이 있다.

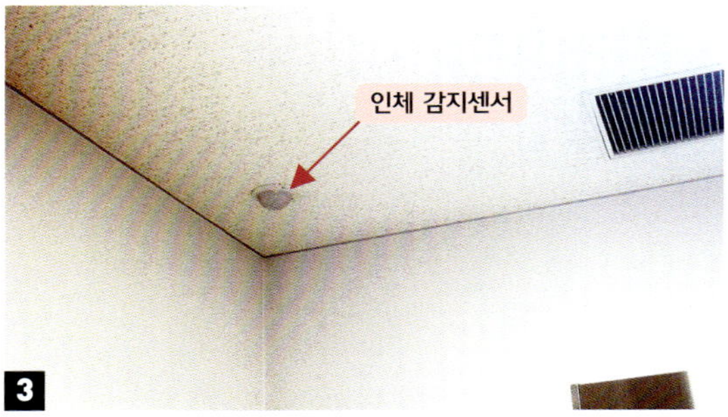

사진 3은 천장에 설치된 인체 감지센서이다. 유리창에 더해진 진동을 감지하는 센서도 있다. (126페이지, 사례 112 참조)

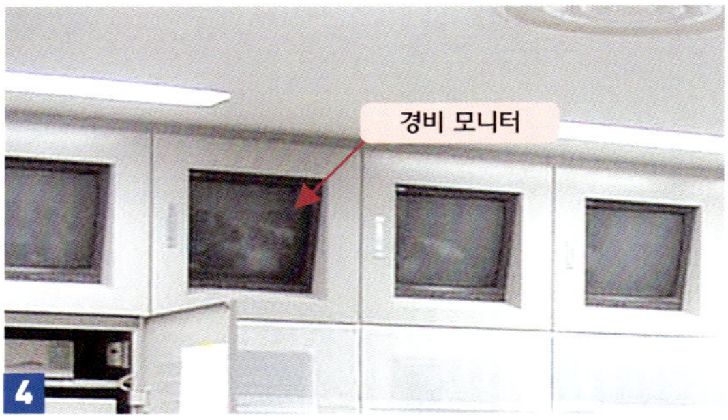

사진 4는 경비실에 배치된 모니터이다. 언제 올지 모르는 범죄에 대해서 모니터를 집중해서 보고 있는 것은 매우 어려운 작업이다.

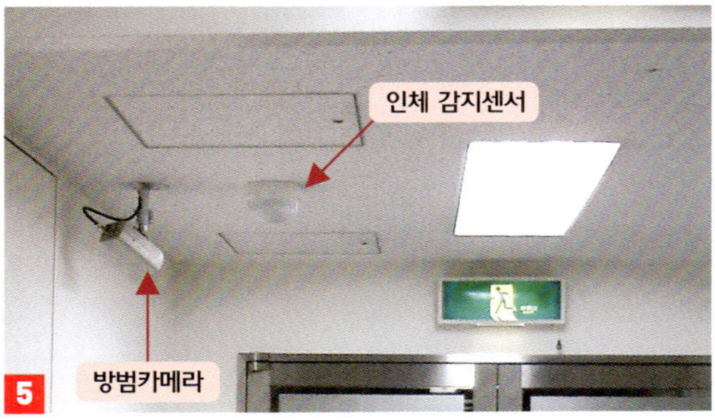

사진 5는 인체 감지센서와 방범카메라를 설치하고 있는 상황

실패방지 포인트 19

센서만 설치한 경우, 경보가 발생해도 현장을 확인하지 않으면 경찰에게 제대로 통보되지 않기 때문에 확인을 위해 시간을 불필요하게 소요하는 경우가 있다. CCTV 카메라의 경우, 단순히 화면을 보내는 모니터를 계속 보고 있는 것은 불가능하다. 인체 감지센서를 배치하여 그것이 반응하였을 때에 모니터를 보도록 하는 구성이 필요하다. 범행을 CCTV 카메라로 확인한 시점에서 위협상황을 방송으로 보내 범행을 방지하는 것도 생각할 수 있다. 설계시점에서 철저히 범행을 생각한 레이아웃을 만드는 것이 가장 중요하다.

[5] 승강기설비

133 엘리베이터 문틀과의 부조화

엘리베이터 샤프트와 계단실이 그림 1과 같이 배치된 레이아웃의 건물에서 엘리베이터의 문틀과 계단실문의 출입구가 어긋나 버려 다시 설치하게 되었다. 계단실문은 아래층에서 철골계단의 배치에 의해 결정되고, 엘리베이터의 문틀도 아래층에서 수직의 위치에 결정되므로 반대방향으로 오차가 발생한 경우에는 이러한 오류가 발생한다.

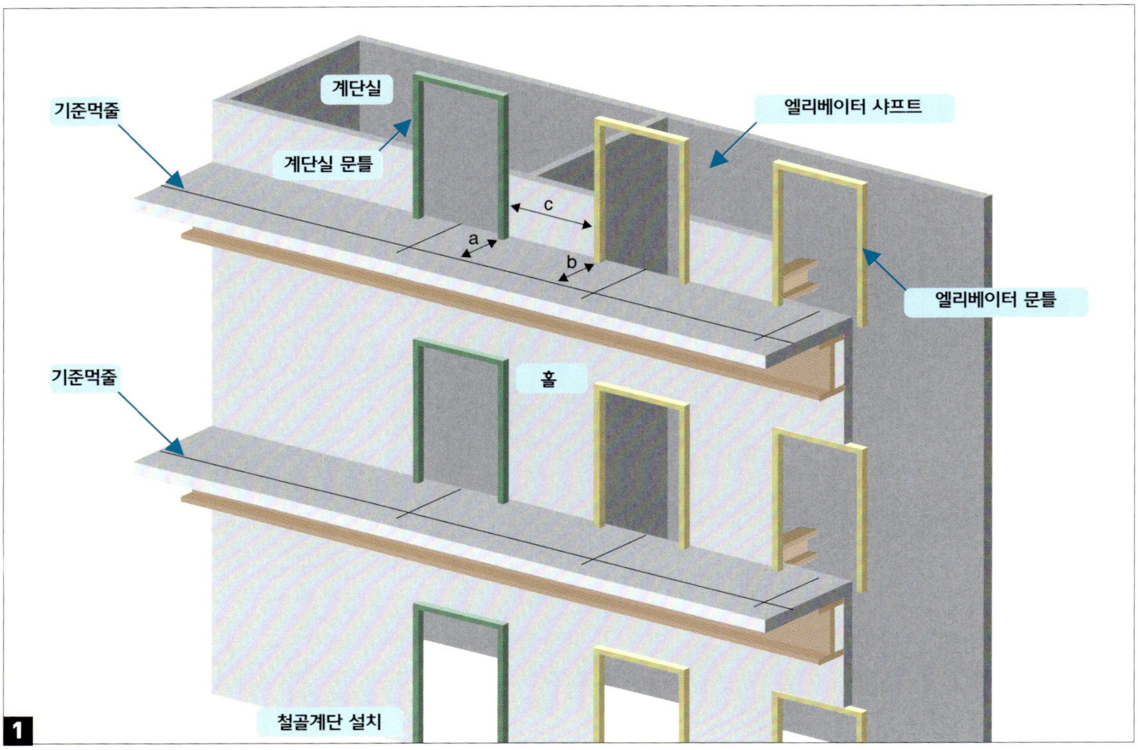

위의 그림과 같이 엘리베이터와 계단실이 나란히 배치된 레이아웃에서 바닥과 벽이 돌붙임 마감 구성이다. 길이 a와 b에 큰 차이가 발생하여 그 벽면의 석재마감이 경사져 버려 보기 흉하게 되어 재시공하는 경우가 있다. 길이 a와 길이 b는 아래층에서 필연적으로 결정되는 것임을 인식하고 석재 도면작성의 단계에서 그 오차를 추측하여야 한다.

철골계단은 철골에 맞추어 설치되어 그 측판에 의해 계단실 문의 위치가 결정되므로 회피가 불가능하다.

실패방지 포인트 20

엘리베이터의 시공은 그 기준층의 먹줄을 기준으로 수직 먹줄을 올려 피아노선으로 문틀을 설치한다. 각층의 기준 먹줄은 엘리베이터 설치에 영향이 없다. 또한, 계단실의 문틀은 사진 2에서 해설한 요령으로 결정되어 각각의 오차가 반대방향으로 작용하는 경우, 회피가 불가능한 상황이 되어 버린다. 출입이외의 벽 길이(그림 1의 길이 c)도 같은 형태의 오차가 발생하기 때문에 바닥 · 벽마감석재가 납품될 때 비로서 길이부족을 알아채는 경우가 많다. 엘리베이터 시공자에게 각층 문틀의 설치 먹줄을 긋게 하여 기준 먹줄과의 차를 추측한 후에 다음 단계로 이어가는 자세가 요구된다.

134 엘리베이터 샤프트 내의 수직정밀도 확보

148페이지에서 서술한 바와 같이 엘리베이터 샤프트 내의 수직 정밀도는 매우 중요하다. 그 정밀확보를 위해서는 각 층에서 올리는 기준 먹줄의 오차를 적게 하기 위해 최종적으로 샤프트 내부를 통과하여 먹줄의 검사를 실시하면 좋다. 구체적으로는 샤프트 내를 발판 없이 하여 눈이 큰 수평망을 걸어 각층의 기준에서 낸 엘리베이터 개구부 중심 먹줄을 바닥면에서 샤프트 내의 벽면으로 내려 놓는다. 이렇게 함으로서 그림 1에 나타내는 것과 같은 오차의 확인이 가능하다. 또한, 승강장 벽면의 출입은 그림 2와 같이 하여 확인가능하다.

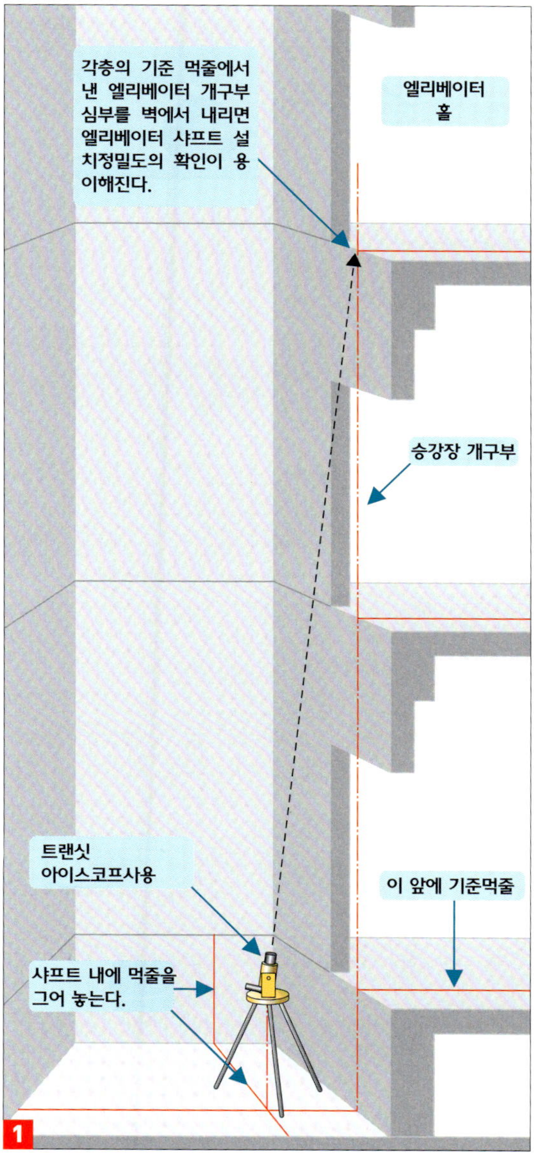

위의 그림과 같이 기준먹줄의 오차가 허용치 내에 들어가는지를 3층 단위로 확인함으로서 마감공사에서 오류를 발생시키지 않는 시공이 가능해진다.

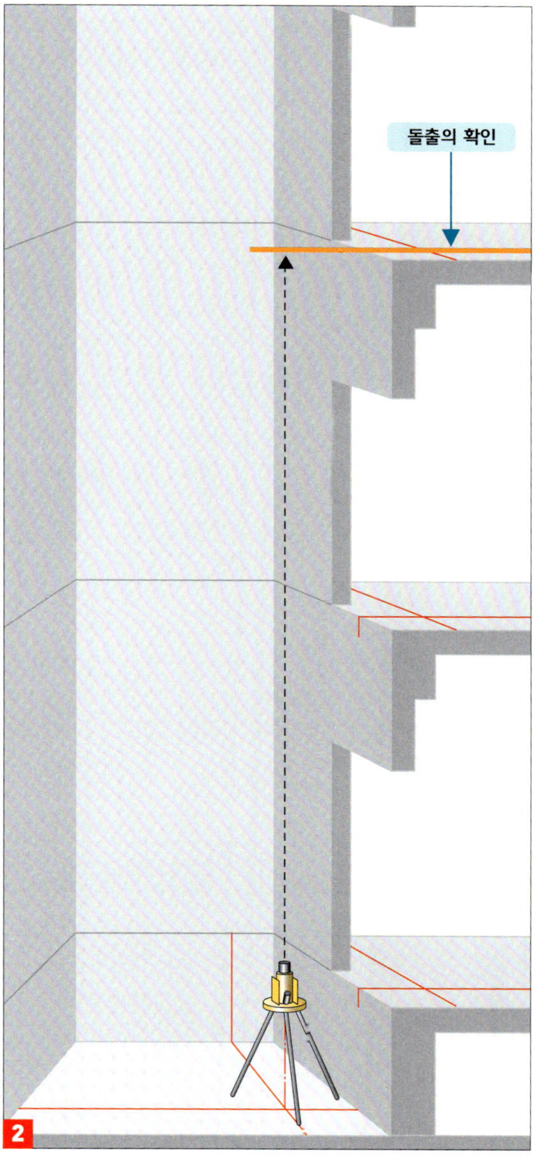

홀문의 돌출은 트랜싯을 90° 회전시켜 각층에서 자를 사용하여 그 오차를 확인한다.

135 회피할 수 없는 구성

그림 1과 같은 엘리베이터 홀의 구성 설계를 깔끔히 하기 위해 매우 많은 고생을 하였다. 일단, 상부 안쪽의 PC판을 설치하고, 엘리베이터 문틀, 벽의 석재를 붙인 후에 천장패널, 그 후에 바닥의 돌붙임으로 옮겨 진행하였으나 엘리베이터 문틀의 위치를 사전에 추측하지 않고 바닥 먹줄대로 먼저 PC판을 설치하였기 때문에 재 설치하게 되었다.

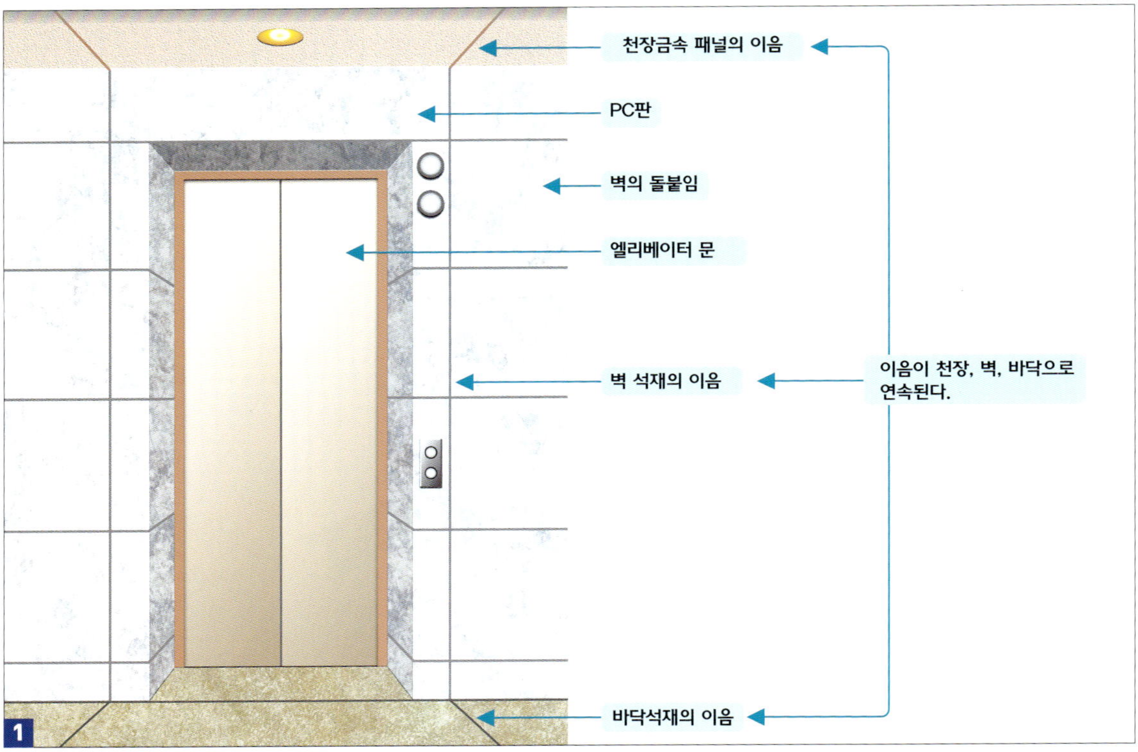

위의 그림과 같이 벽 석재의 세로방향의 이음이 바닥 석재의 이음, 천장 패널의 이음과 맞도록 구성되어 있어 오차를 흡수하는 회피처가 없으므로 재시공하게 되었다.

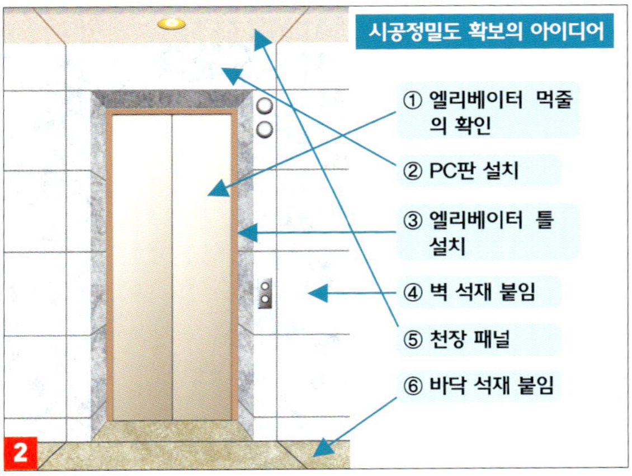

실패방지 포인트 21

엘리베이터 문틀 상부 PC판을 바닥 먹줄을 기준으로 설치한 후에 엘리베이터의 문틀을 설치한 결과, 위치가 맞지 않아 PC판을 다시 설치하지 않으면 안 되었다. 엘리베이터를 기준층에서 수직으로 올렸기 때문에 오차가 발생해 버렸는데 이렇게 회피할 수 없는 구성의 경우, 통상 허용되는 오차가 있어도 받아들여지지 않는다. PC판을 설치할 때에 이상을 체크하였다면 이러한 불필요한 일은 하지 않아도 되었다. 입면도만으로는 추측하기 힘든 부분은 다시 한 번 그림 2와 같은 간단한 구성 확인용 투시도를 작성하여 설치 순서를 검토해 놓으면 오류가 적어진다.

136 엘리베이터 레일의 지지간격 확인

엘리베이터가 표준타입의 경우, 레일의 지지간격은 3m와 3.5m로 설정되어 있다. 엘리베이터 샤프트의 벽이 콘크리트일 경우, 자유롭게 레일의 고정이 가능하나, 철골(S)조로 층고가 높을 경우, 각 플로어사이에 레일을 고정하기 위해 철골을 준비하지 않으면 안 된다. 엘리베이터 레일의 사이즈를 올려 지지간격을 크게 하는 것이 가능하나, 특별주문이 되어 비용이 대폭 상승하는 경우가 있으므로 그림 4와 같은 레일 받침 철골의 배치와의 비용 비교 검토도 필요하다.

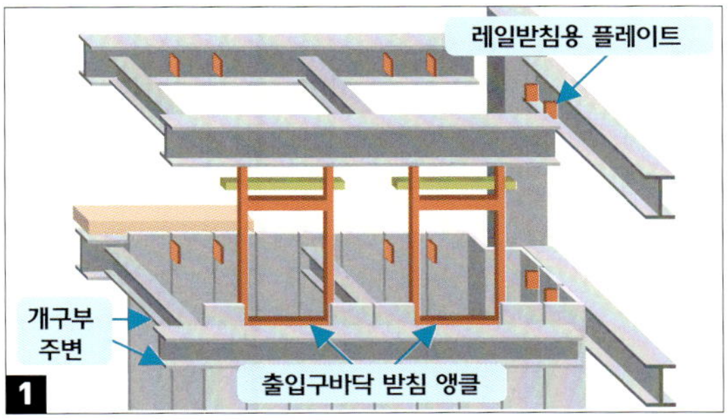

1 층 높이가 높은 경우, 위의 그림과 같은 엘리베이터 레일 지지용 플레이트를 배치하려면 지지간격이 너무 커져 버린다.

2 사진 2는 엘리베이터 레일과 고정되어 있는 부재의 상황이다.

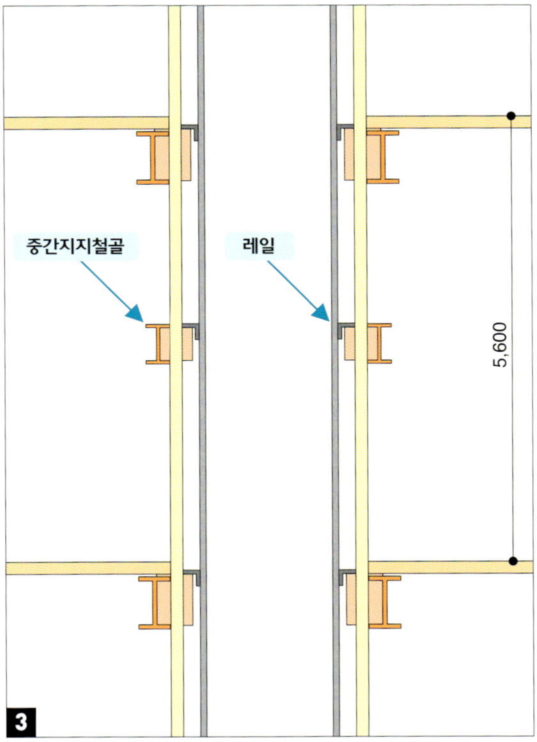

3 위의 그림은 층고가 높은 경우의 엘리베이터 레일의 중간지지철골의 상황이다. 중간보를 지지하기 위한 사이 기둥이 필요하게 된다.

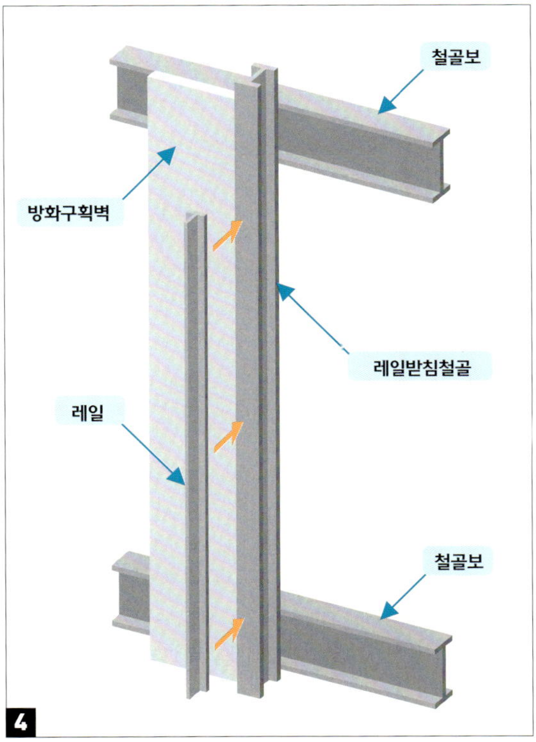

4 위의 그림과 같이 엘리베이터 레일 방향으로 레일 설치용 H강 등의 받침철골을 설치하여 엘리베이터 레일에 맞춘 고정이 가능하도록 하는 것도 검토해 봐야 한다.

137 엘리베이터 피트 누수로 인한 불합격

지하외벽부분에서 침입한 물이 엘리베이터 피트에 고여 완성검사에서 불합격하였다. 피트 내부는 모르타르 방수를 하였으나 방수효과는 없었다. 엘리베이터 피트가 지반에서 너무 내려가지 않은 경우에 지수를 태만히 하는 경향이 있으나 재시공하게 되는 지수공사는 지수에 매우 많은 노력이 소요되므로 제대로 대책을 세워야 한다.

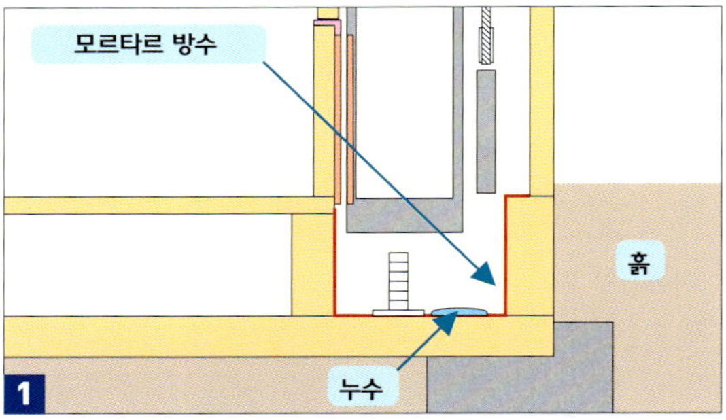

위의 그림과 같이 피트 아래가 지반에서 얕은 경우, 방수에 대해서 방심할 수 있으나 큰 비가 오는 경우 등 이어치기 부분에서 물이 침투하는 경우가 있다.

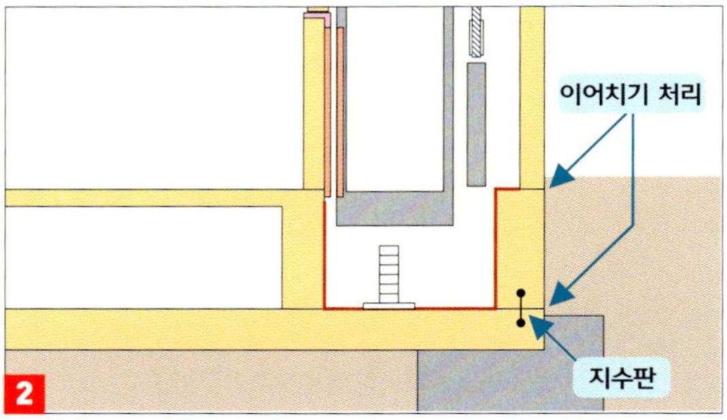

이어치기 부분의 방수처리를 확실히 하지 않으면 안 되며, 또한 지수판은 반드시 넣는다.

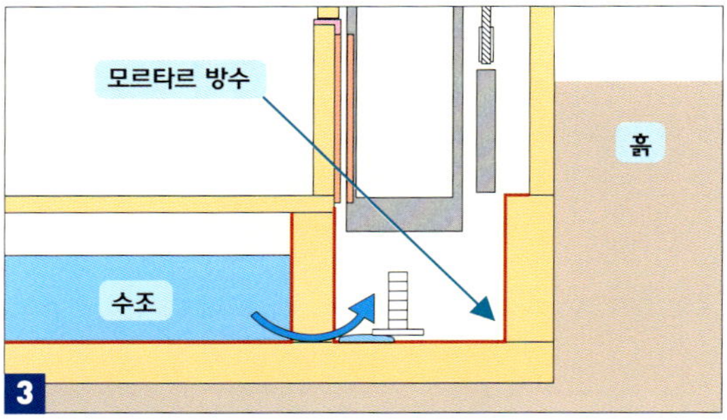

위의 그림과 같이 엘리베이터 피트 옆에 수조가 있으면 수조의 수압에 의해 누수가 발생하기 쉽다.

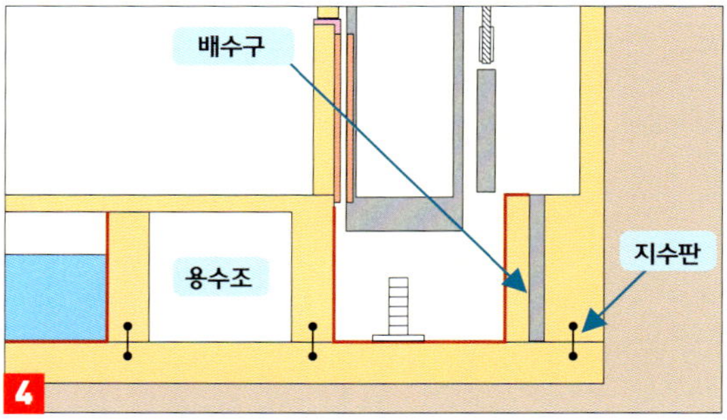

위의 그림과 같이 엘리베이터와 수조와의 사이에는 용수조를 설치해야 한다. 외벽측에는 배수구의 재료를 끼워 침입하는 물을 안쪽의 용수조로 옮긴다.

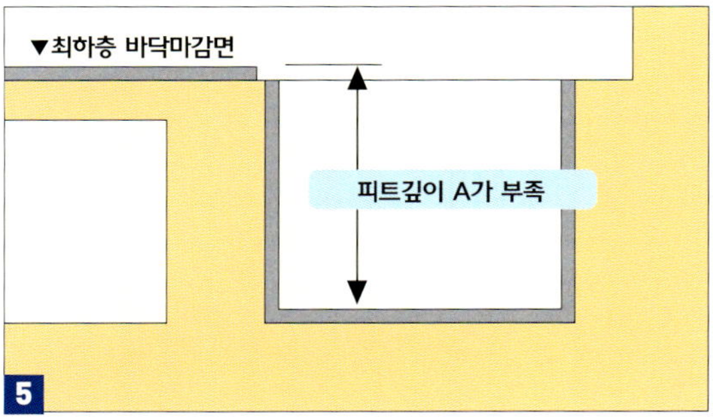

엘리베이터의 피트깊이는 일본 건설성 고시에 규정되어 있으나 모르타르 방수 두께를 고려하지 않아 깊이 부족이 되는 경우가 있으므로 주의가 필요하다.

실패방지 포인트 22

엘리베이터 피트의 깊이는 최하층의 바닥 마감면에서 피트의 방수 모르타르의 마감면까지이다. (그림 5의 A) 예를 들어 엘리베이터의 정격속도가 120m/분을 넘어 150m/분 이하의 경우 피트 깊이는 2.4m 이상 필요하다고 규정하고 있으나 너무 깊은 경우는 다시 메워야하므로 주의해야 한다. 엘리베이터의 속도가 시공 도중에 변경되면 대응이 어렵다.

138 엘리베이터 홀 방화벽의 실패

엘리베이터 문은 일본 건축기준법 개정에 의해 방화구조로서 인정되지 않기 때문에 엘리베이터 승강로는 차연성능을 지닌 방화문으로 구분하여야 한다. 엘리베이터 문과 방화문은 50㎝ 떨어뜨려야 하므로 대수가 많은 엘리베이터의 경우, 인디케이터가 안쪽에 배치되어 엘리베이터가 도착하여도 승강객이 보기 힘들어 알아채지 못하는 문제가 발생하였다.

※ 본 건은 국내와 상이한 일본의 예임

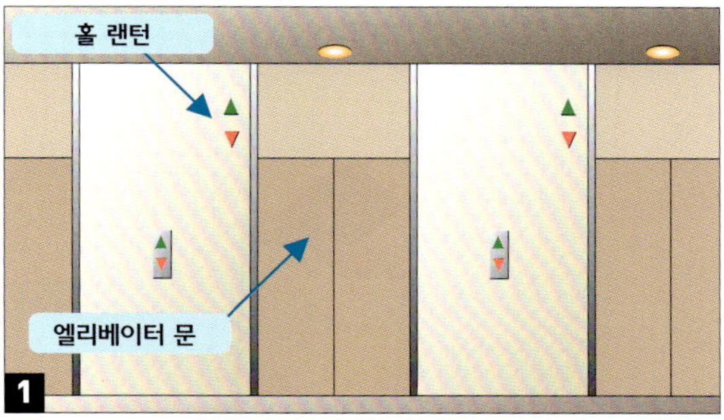

종래의 엘리베이터는 그림 1과 같이 되어 있기 때문에 어느 엘리베이터가 도착하는 지를 홀 랜턴으로 보기 쉬웠다.

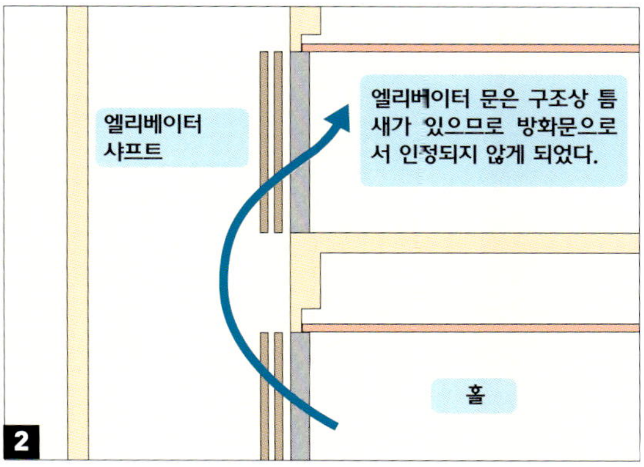

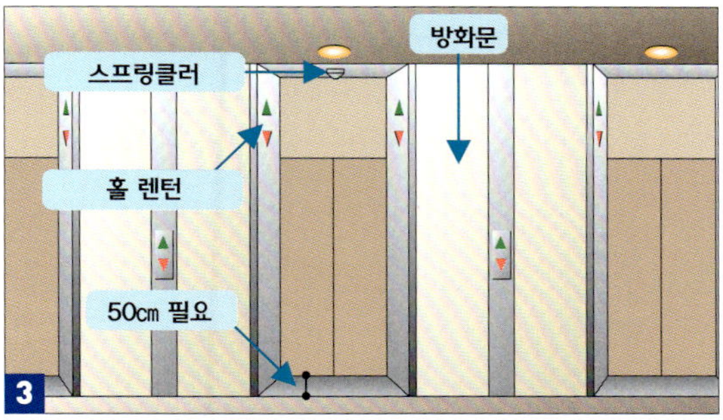

엘리베이터 옆의 방화문이 가동식이기 때문에 홀 렌턴이 설치되어 있지 않다. 문틀의 양측에 설치되었으나 3대가 배치되면 어느 것이 점등되어 있는지 보기 힘들다.

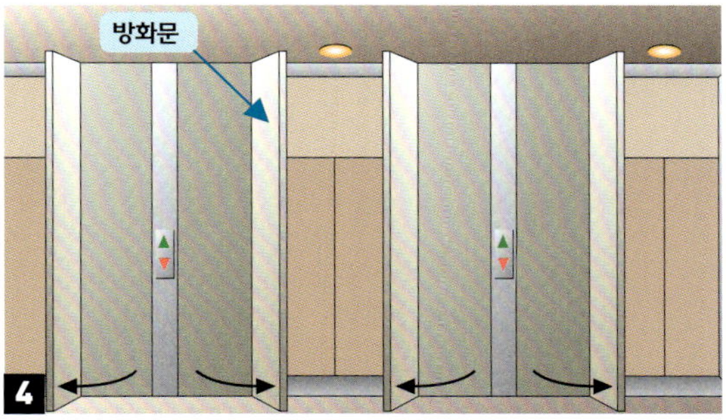

위의 그림과 같이 방화문이 닫히기 때문에 홀 렌턴을 설치하는 장소가 없다. 따라서 그림 3의 위치에 홀 렌턴을 설치하였다.

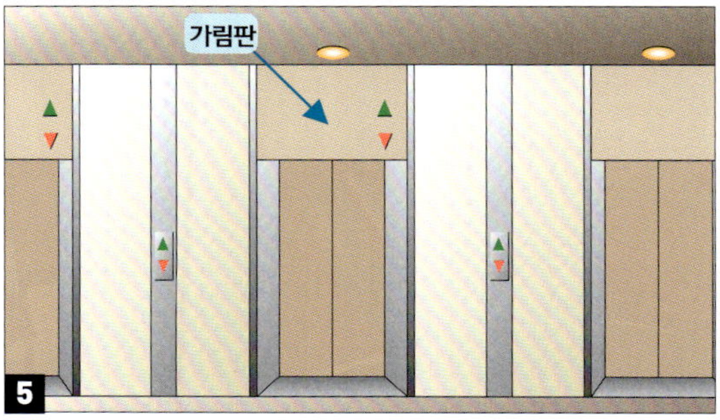

홀 렌턴 설치위치를 가림판 전면까지 내어 설치하든지, 또는 천장에서 내리든지 등 디자인적인 아이디어가 필요하다.

실패방지 포인트 23

집단 관리를 하는 엘리베이터는 가장 가깝게 있는 엘리베이터가 도착한다고 보장할 수 없기 때문에 홀에 엘리베이터 위치를 나타내는 인디케이터를 설치하지 않는 경우가 많다. 그러나 이 경우 기다리는 시간이 길어지면 고장이 난 것인지 아닌지 불안감을 조성하게 된다. 엘리베이터는 많은 내객에게 크게 영향을 주기 때문에 디자인과 기능에 대해 충분한 검토를 한 후에 선택해야 한다. 또한, 스프링클러가 필요한 건물에 대해서는 엘리베이터 문과 방화문과의 사이가 미치지 않는 곳이 생기지 않도록 천장에 스프링클러 설치를 잊지 말아야 한다.

139 엘리베이터 기다리는 시간

어느 음식점 건물에서 그림 1과 같이 3대의 엘리베이터에 의한 집단 관리 시스템을 채용하였다. 그러나 각 점포에서 내리는 시간이 집중되기 때문에 최상층에서의 손님이 엘리베이터를 본 관점은 만원(적재중량 80%를 초과하여 실재의 만원상태가 되면 홀버턴을 눌러도 통과하게 되어 있다.)이 되어 엘리베이터가 각층에서 정지하게 되어 수송효율이 극단적으로 떨어진다고 볼 수 있다. 그렇기 때문에 운전원을 배치해 수동으로 전환하여 만원이 된 시점에서 1층으로 직통하도록 하였다. 이 규모의 건물의 경우, 처음타는 사람이라도 타기 쉽도록 존 구분을 하지 않는 것이 일반적이나 중간층의 이동이 적은 건물의 경우, 그림 2와 같은 존 구분이 보다 효율적이라 사료된다.

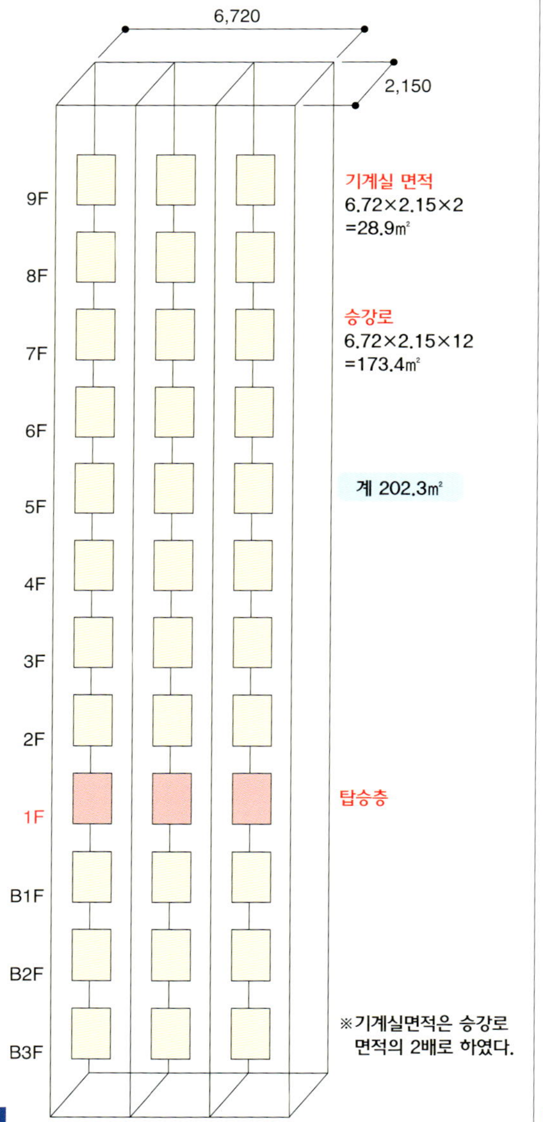

1

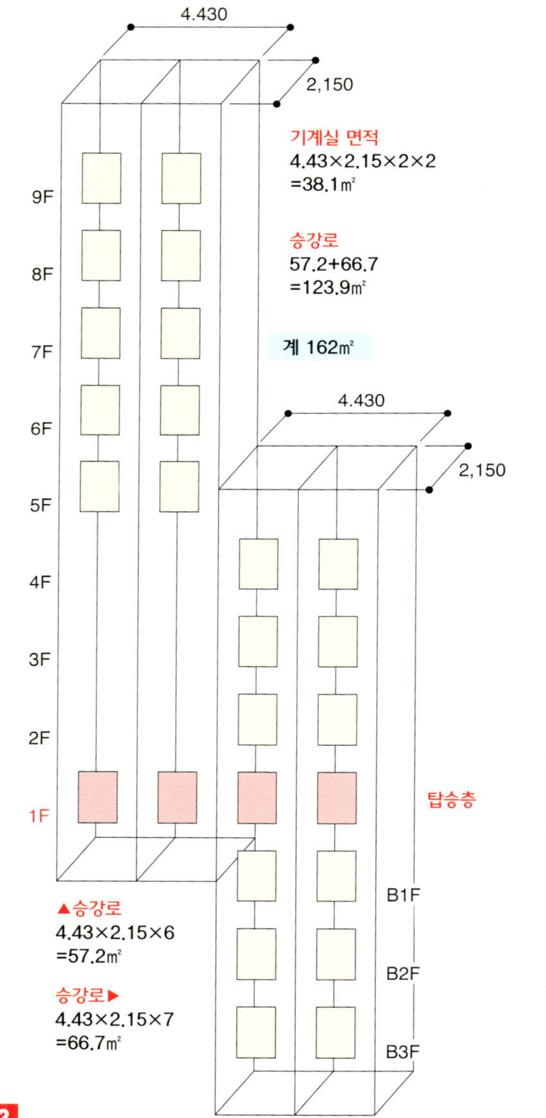

2

그림 1 · 2와 같은 환경에서는 그림 2와 같이 고층용 · 저층용 엘리베이터로 나눔에 따라 고층용 엘리베이터의 속도가 확보된다. (2~4층 통과로 인해) 통과층은 바닥면적에 여유가 있기 때문에 그림 1의 경우 202.3㎡이었던 것이 162㎡로 적어지므로 임대면적을 늘릴 수 있다.

140 엘리베이터 문의 안닫힘

강풍으로 인하여 엘리베이터 문이 개폐 동작을 반복하여 엘리베이터가 정지한 상태가 되어버렸으며, 다른 층에서는 풍절음이 크게 울렸다. 지하 엘리베이터 홀을 주차장에서 들어가기 쉽도록 상시 개방문으로 하였기 때문에 태풍시에 강풍이 차로에서 엘리베이터 홀, 그리고 샤프트 쪽으로 불게된것이 원인이었다.

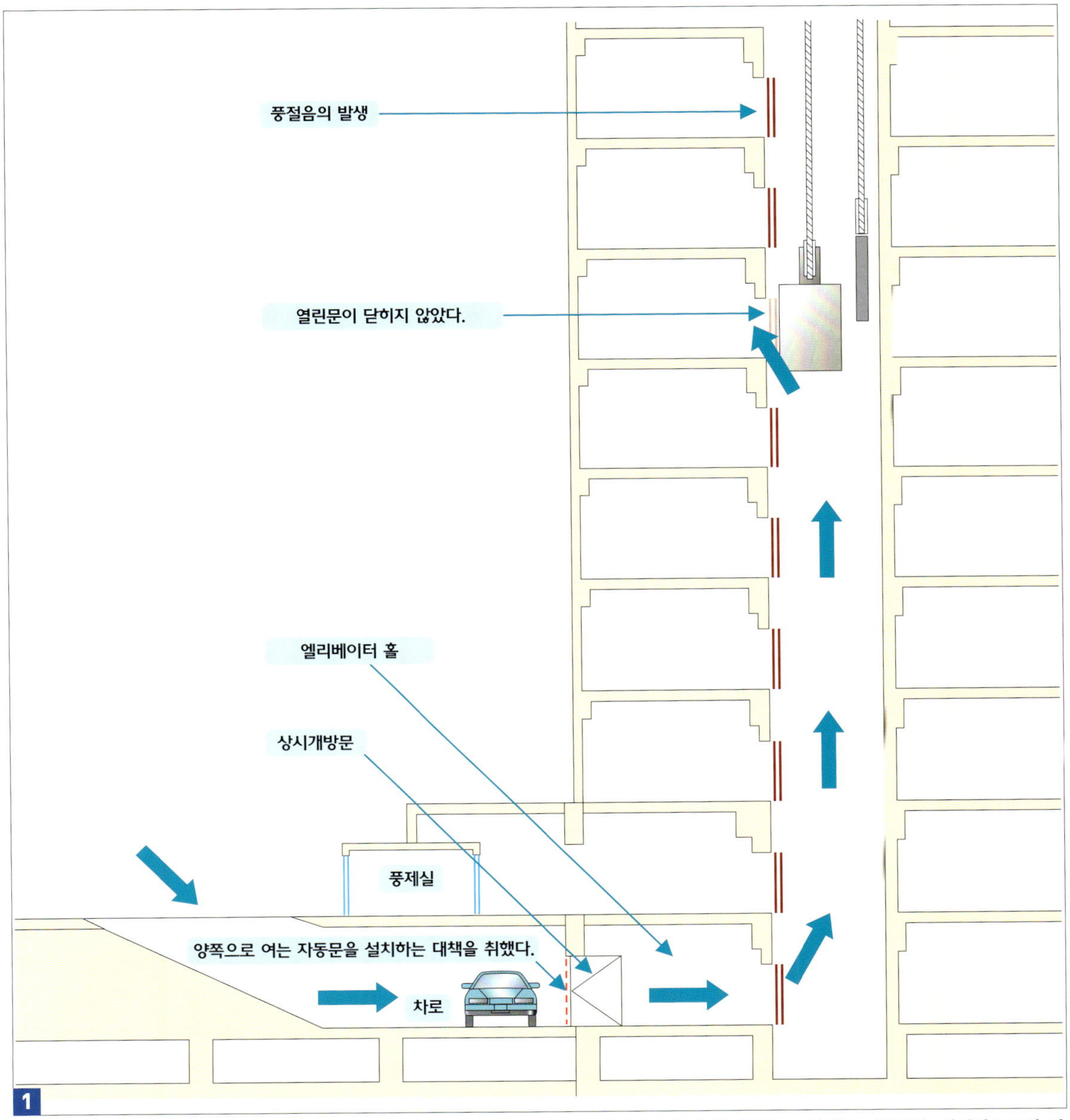

1

강풍이 끝나고 엘리베이터는 움직이도록 되었으나 재발방지를 위해 지하의 엘리베이터 홀에 양쪽으로 열리는 자동문을 설치함으로서 바람의 영향을 감소시켜 문제를 해결하였다. 지하의 엘리베이터 홀에서는 이러한 것이 일어나지 않도록 충분히 레이아웃을 검토하지 않으면 안 된다.

141 엘리베이터 기계실 소음의 울림

초고층건물의 최상층에 직원 플로어를 배치하였기 때문에 고성능 모터의 구동음이 조용한 엘리베이터 홀에 울리게 되었다. 직원층 엘리베이터 홀의 천장은 금속패널, 벽 · 바닥은 대리석 마감이었기 때문에 음의 반사가 컸다는 것도 원인의 하나였다. 조용한 층은 엘리베이터 기계실에서 거리를 두어야 한다.

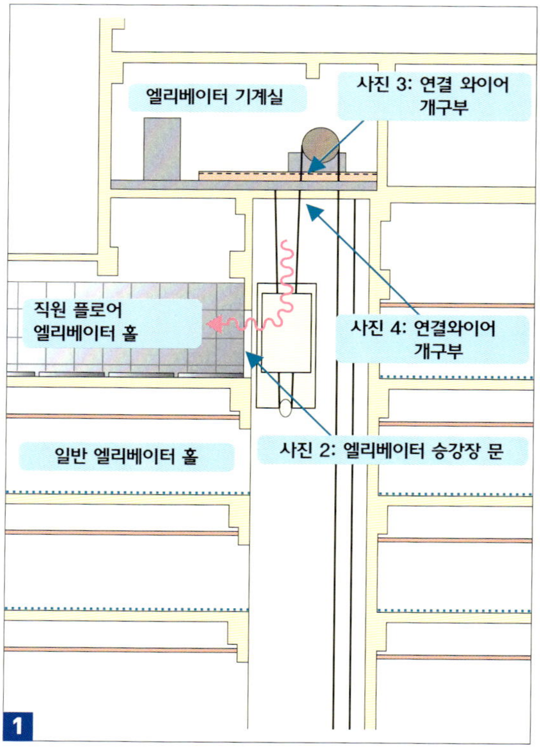

1 직원 플로어는 다른 플로어와 비교하여 재실인원이 극단적으로 적어 잡음이 없는 가운데 엘리베이터 음만이 크게 들리게 되었다.

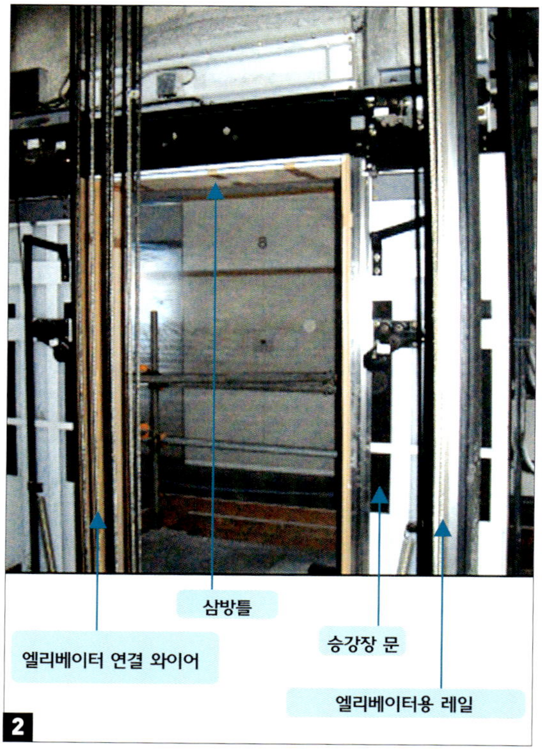

2 승강장 문은 틈새가 커서 차음효과는 거의 기대할 수 없다.

3 사진 3은 기계의 와이어 로프의 개구부이다. 기계실 벽천장에 흡음재, 바닥은 신더콘크리트가 타설되어 있으나 직원 홀에 전달되어 버렸다.

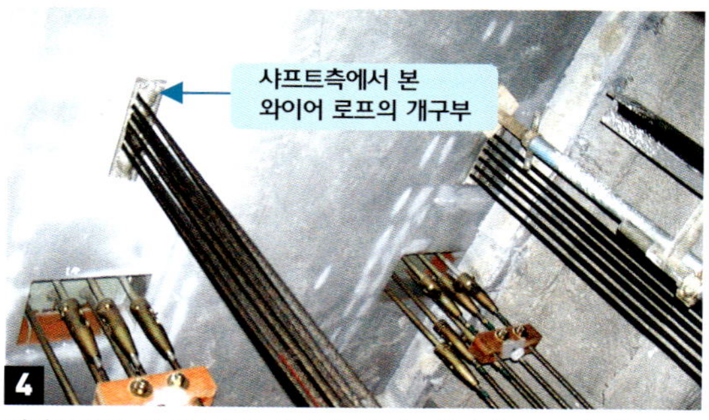

4 엘리베이터 샤프트에서 올려다 보면, 와이어 로프의 개구부는 이러한 상황이 되어 있다. 소음을 줄인 모터라도 개구부를 통과해 전달된다.

142 비상용 엘리베이터 계획의 실패

비상용 엘리베이터를 설치할 때에는 그것을 위한 부속이 필요하나 의장, 전기, 공조 도면의 조정이 이루어지지 않기 때문에 대응이 늦어 레이아웃을 변경할 수 밖에 없게 된 실패사례가 종종 있다. 또한, 비상용 엘리베이터는 원칙상 높이 31m를 넘으면 필수가 되고, 15층 이상의 층에서는 특별피난계단과 부속실을 겸하는 일이 많다. 여기서는 비상용 엘리베이터의 설치에 있어서 계획단계에서의 실패를 막기 위해 필요하다고 생각되는 설비류를 투시도에 종합하여 보았다. 실제의 계획시에도 이하와 같은 투시도를 작성하면 좋다.

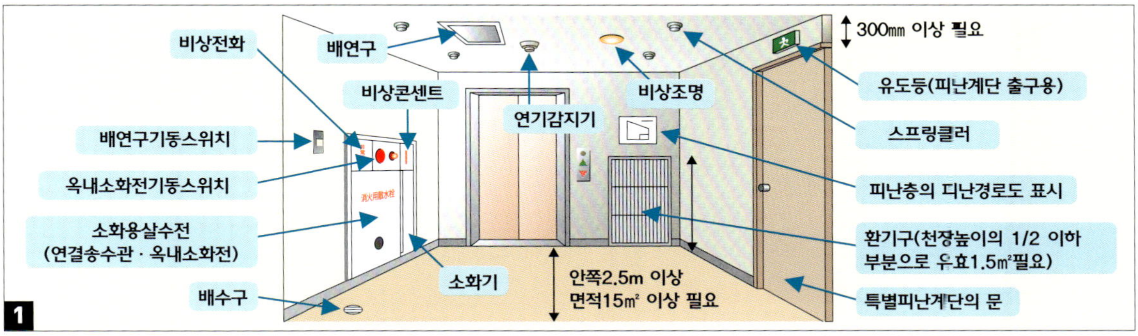

비상용 엘리베이터 설비에는 건축기준법과 소방법상 각각의 설비가 혼재하는 형태이며 그것에 더해서 각각의 지도가 발생하므로 충분한 조정을 하지 않으면 안 된다. 소화용수가 비상용 엘리베이터 샤프트에 흘러들어가지 않도록 위의 그림과 같이 배수구를 설치하도록 소방 중간검사의 단계에서 지도를 받아 매우 많은 고생을 한 사례가 있다.

급기풍도의 단면적은 3㎡ 이상이 필요하나 부족한 경우가 있으므로 충분히 확인해야 한다. (부속실겸용 이외는 2㎡)

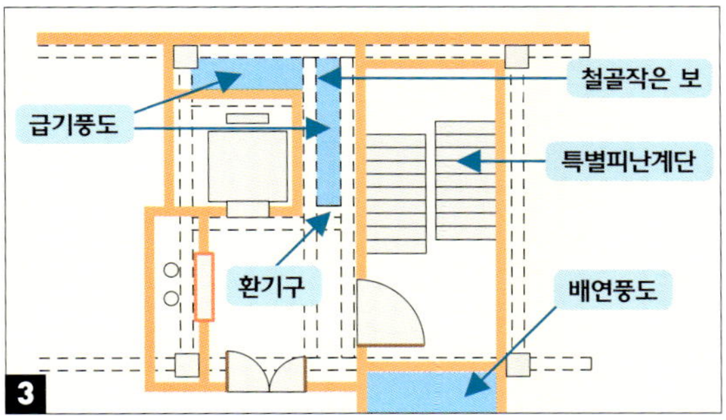

철골보에는 내화피복이 필요하여 급기구와 급기풍도 · 배연풍도의 면적을 확보하는 것은 간단하지 않지만 이러한 구성이 표현된 설계는 적다.

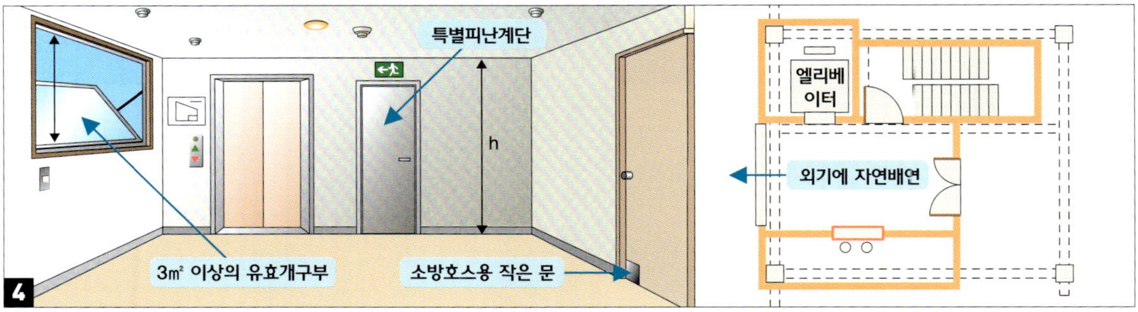

위의 그림과 같이 자연배연 방식으로 하면 배연의 풍도는 불필요해져 레이아웃은 간단해 진다. 창의 유효개구부가 천장 높이 1/2 이상의 부분에서 유효 3㎡이상 필요하다. 하지만 그 크기의 배연창은 건물전체에서 볼 때 영향을 미치므로 미리 조정을 하는 것이 필요하다.(2개소로 분할하는 방법도 있다.)

143 엘리베이터 기계실에 필요한 설비

엘리베이터 기계실은 일반적으로 옥탑에 배치되나 모터류의 발열에 의해 기계실의 온도가 상승하면 제어기기에 영향을 미치기 때문에 환기와 공조에 의한 발연대책이 필요하다. 하지만, 환기개구부가 충분히 고려되지 않기 때문에 강우시 에는 우수의 침입이 있어 기기가 고장나는 경우도 있다. 아래 엘리베이터 기계실에 필요한 설비를 그림 1과 사진 2에 나타내고, 설치하면 안 되는 것을 그림 3에 나타낸다.

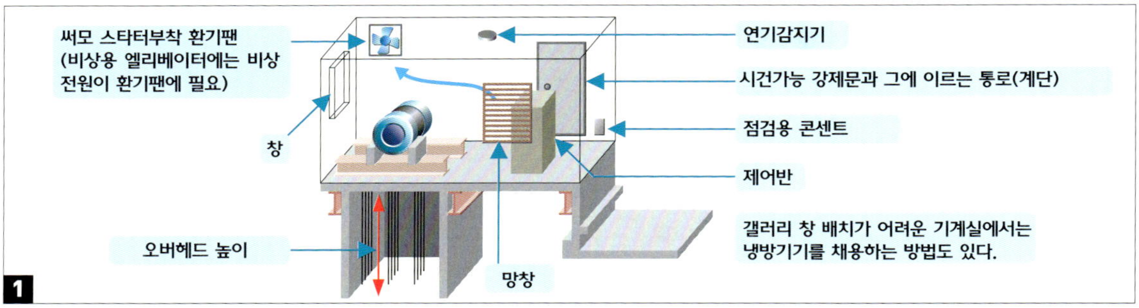

1

엘리베이터 기계실의 갤러리 창과 환기팬은 대각의 위치에 설치하여 높은 효율의 공기흐름을 만든다. 그러나 비바람이 심할 때에 빗물이 갤러리 창에서 제어반으로 들어오는 경우가 있으므로 배치상 충분한 주의를 하지 않으면 안 된다. 또한, 눈이 내리는 지역에서는 눈이 들어오는 것을 막기 위해 필터가 필요한 경우가 있다. 이 필터를 포함한 유지보수 계약을 고려해야 한다.

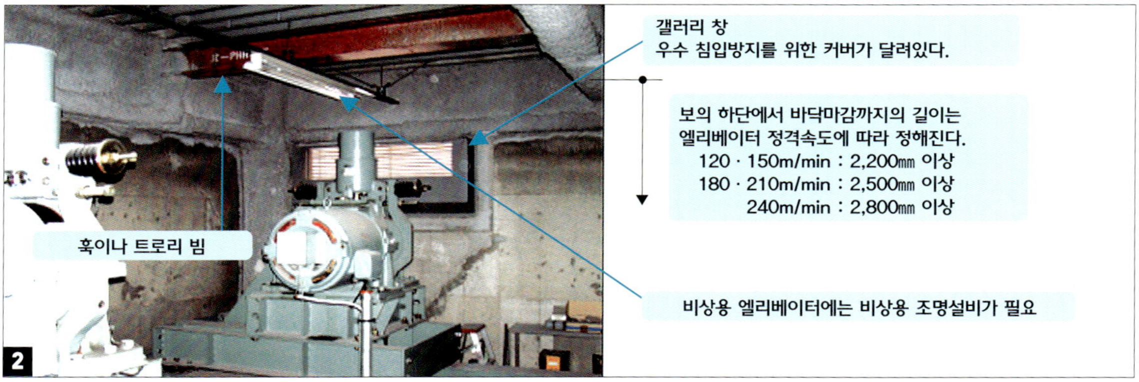

2

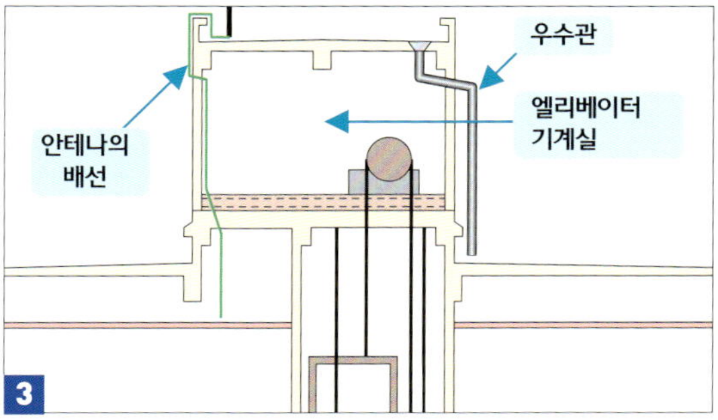

3

엘리베이터 기계실과 샤프트 내에는 엘리베이터와 관계없는 배관류를 통과시켜서는 안 된다. 여기에 옥상의 배수와 안테나의 배선을 통과시켜 지적을 받는 경우가 많다.

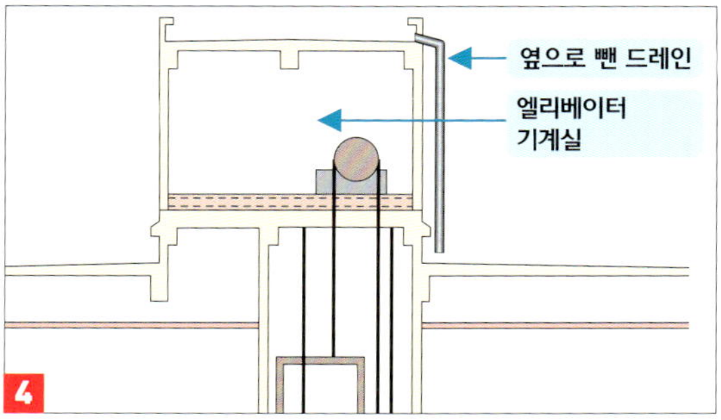

4

위의 그림과 같이 옆으로 뺀 드레인을 설치하여 외부로 관을 설치하지 않으면 안 된다.

144 엘리베이터 기계실로의 루트부재

엘리베이터 기계실에는 긴급시에 출입에 지장이 없도록 확실한 루트를 확보하지 않으면 안 된다. 또한, 통로으 폭도 규정되어 있으나, 당초의 계획에서 변경된 경우 통로가 확보되지 않음을 늦게 알아채 커다란 손실을 입는 경우가 있다.

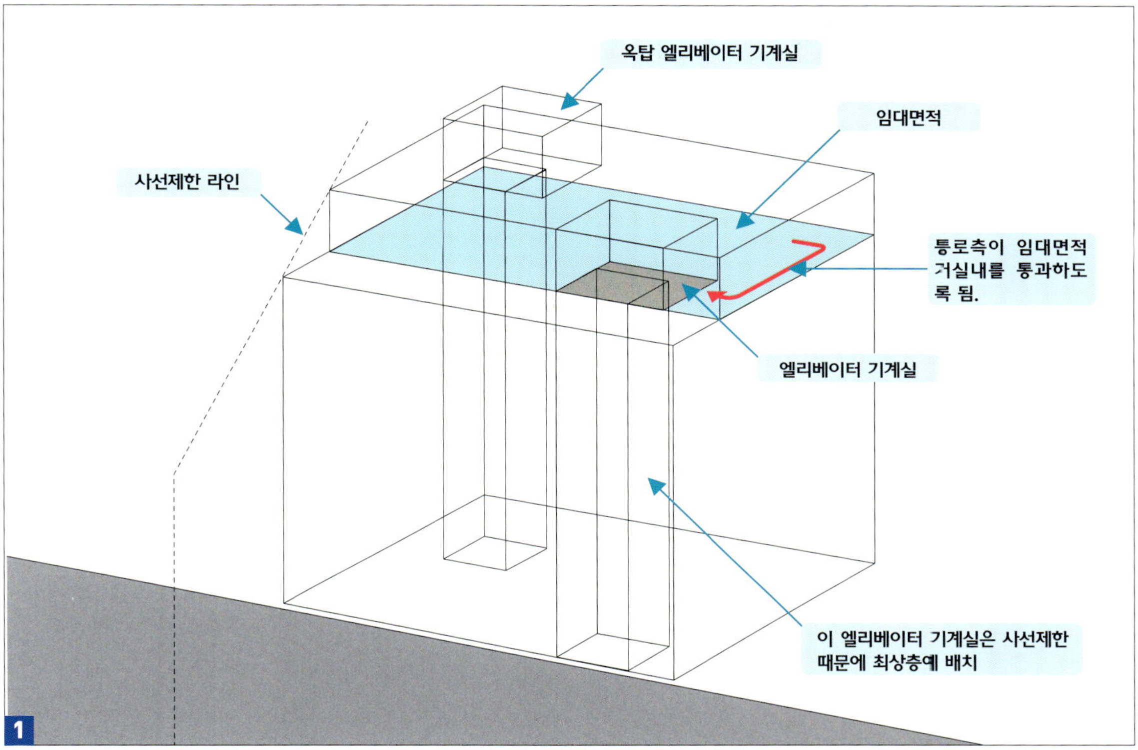

1

전체 레이아웃 상, 메인 엘리베이터의 배치가 사선제한이 있는 정면도로측이 되어 그 기계실은 최상층에 배치될 수 밖에 없었다. 최상층은 임대자에게 1층을 임대하게 되었다. 임대자의 레이아웃을 진행할 때에 기계실로의 루트가 테넌트 거실 내를 통과하지 않으면 안 되어 검사에서 지적을 받게 되었다.

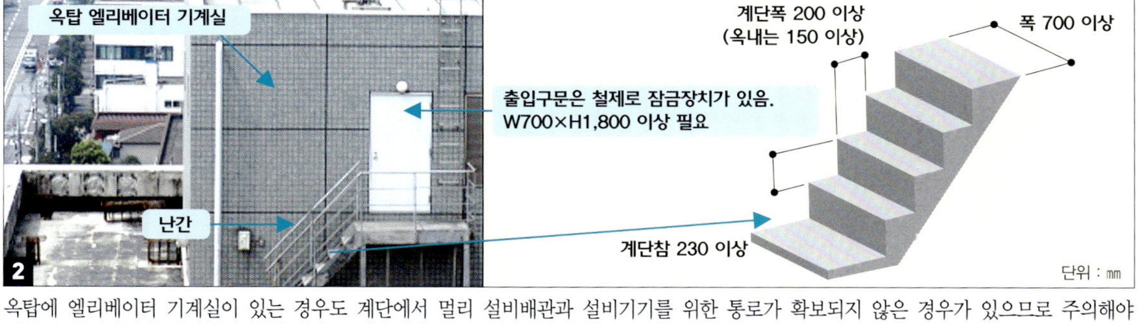

2

옥탑에 엘리베이터 기계실이 있는 경우도 계단에서 멀리 설비배관과 설비기기를 위한 통로가 확보되지 않은 경우가 있으므로 주의해야 한다. 또한, 야간에 옥상을 통과하는 일을 생각하여 그 통로상의 조명 설치를 잊지 않도록 한다.

145 전망 엘리베이터 계획 시 주의점

전망 엘리베이터는 열을 받아 샤프트 내의 온도가 올라가기 쉬우므로 충분한 환기 설비가 필요하다. 열을 계산하여 결정하여야 하하며, 온도상승을 막는데에 적지 않은 큰 팬이 필요하며 배기루트의 확보 또한 매우 어렵다. 엘리베이터 기계실의 슬래브 아래에 있는 샤프트 벽의 옆으로 덕트를 빼는 일이 구조적으로 가능한지 여부, 팬을 어디에 설치해야 좋을지 등의 충분한 검토가 필요하다.

1

샤프트 내에 열이 높아지기 쉬우므로 상부에 배기를 위한 팬을 설치할 필요가 있다. 급기 갤러리에는 필터를 설치하여 놓지 않으면 먼지가 내부 유리에 붙게 된다.

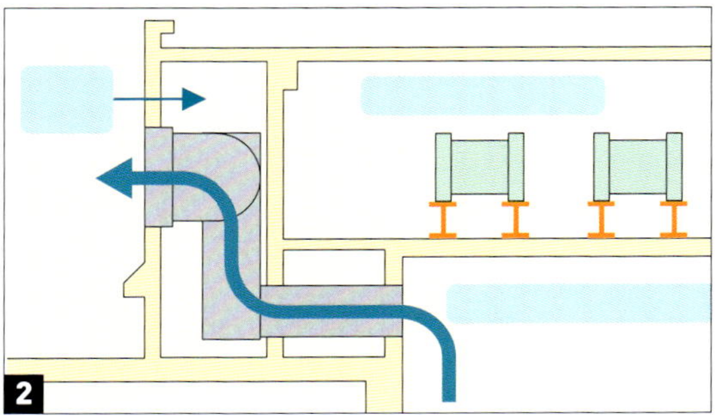

2

유리면과 직각방향에 덕트의 배기를 설치하게 되므로 공간의 확보가 필요하다.

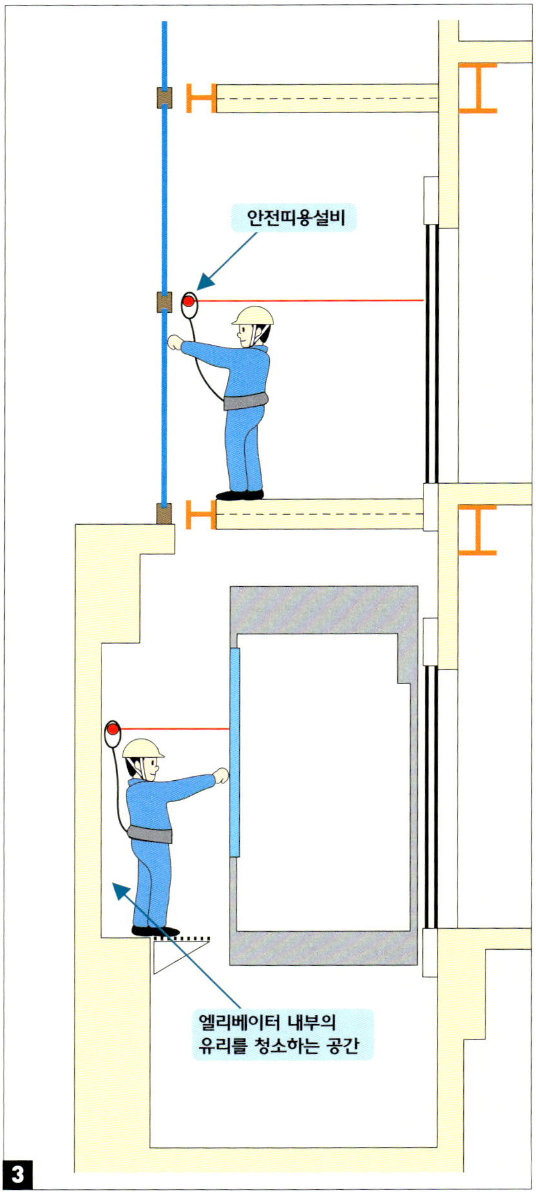

3

엘리베이터면의 유리는 더럽혀 진 모습이 잘 보이기 때문에 정기적으로 청소가 가능하도록 이를 위한 설비를 계획해 놓지 않으면 안 된다.

146 전망 엘리베이터 시공 시 주의점

전망 엘리베이터의 샤프트 내의 엘리베이터와 레일의 시공은 샤프트 벽과 유리의 시공이 완료된 후에 실시하는 경우가 많으나, 엘리베이터 공사 용접과 산소절단 작업에 의해 유리에 불꽃이 닿거나 상처를 주는 경우가 있다. 엘리베이터가 운행하기 시작한 후 흠집이 난 것을 알게되면 유리 교체에 많은 노력과 시간이 소요된다.

1

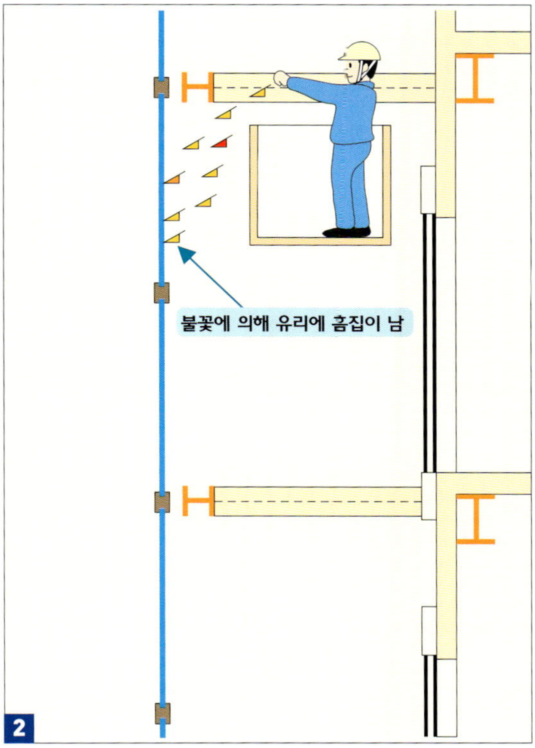

2

불꽃은 아무리 작은 틈새에서도 유리에 도달하여 흠집을 만드는 경우가 있으며, 유리의 양생 부족으로 흠집이 나는 문제가 발생하고 있다. 엘리베이터의 시공자와 충분한 조정을 하고 전망 부분의 유리설치는 불꽃 작업 후에 하는 것이 관리면에서는 합리적이다.

3

산소절단 작업에도 이 정도의 많은 불꽃이 발생한다. 유리는 불꽃에 매우 약하다는 것을 인식해야 한다.

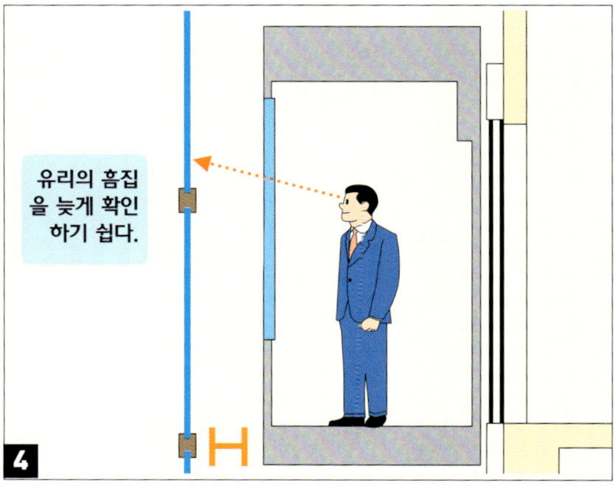

4

147 엘리베이터 기기의 조기설치 (1)

양중용으로 사용하였던 가설 엘리베이터를 미리 해체 철거하여 본래 설비의 엘리베이터를 가설용으로 변경하기 위해서는 사전에 본래 설비인 엘리베이터가 원활히 설치가능하도록 계획해 놓을 필요가 있다. 그렇기 위해서는 타워크레인 등을 사용하여 기기류의 조기 반입과 문틀 등의 선조립과 레일을 평면적으로 배치하는 것을 공정에 포함시켜 놓아야 한다.

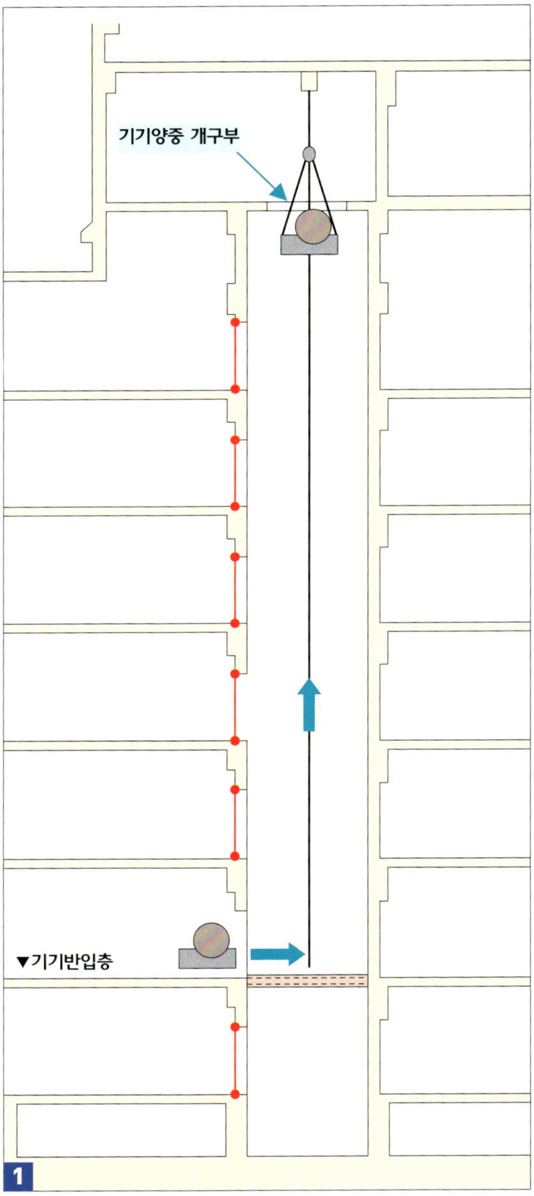

1 종래는 위의 그림과 같이 모든 구조체가 완성된 후에 기기류를 양중하였기 때문에 엘리베이터 공사의 착수시기가 늦어졌다.

2 착수시기만이 아닌, 엘리베이터 기계실의 기기류를 샤프트로 양중하기 위해서는 그 만큼의 시간이 소요된다.

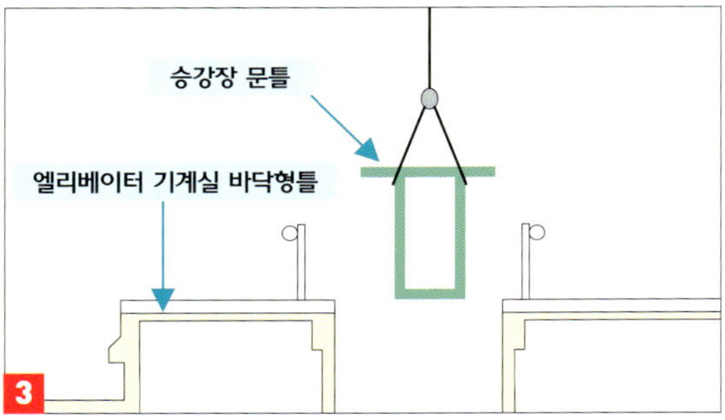

3 엘리베이터 샤프트의 바닥형틀 시공 전에 승강장 문틀의 가설 및 레일 등을 반입함으로서 대폭 능률이 오른다.

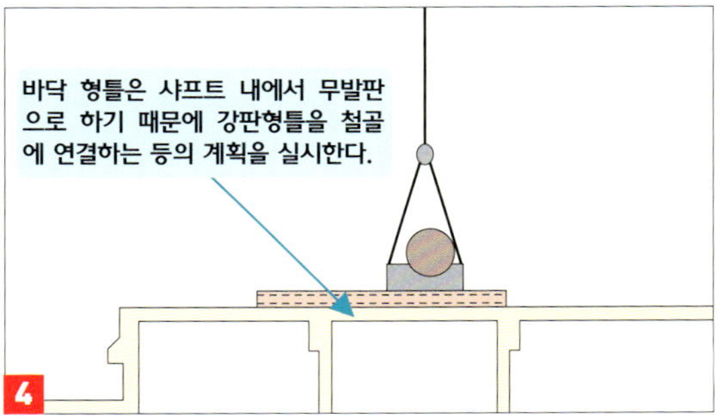

4 바닥 콘크리트 타설 후, 강도를 확보한 후에 엘리베이터 기계실의 상부 구조체공사 전에 기기류를 반입하는 단계를 이행하면 큰 기기양중 개구부를 열지 않아도 된다.

148 엘리베이터 기기의 조기설치 (2)

고층건물은 본래 설비의 엘리베이터를 가설에 사용가능하도록 하면 작업원의 이동이 부드럽게 되어, 공사전체의 진척도가 급히 오르는 경험이 누구나 있을 것이다. 일반적으로는 기계실 바닥 개구부의 거푸집공사, 콘크리트타설, 그리고 양상 후에 모터류의 기기설치가 이루어지고 있으나, 그 공기가 단축되기 때문에 사진 1과 같이 엘리베이터 기계실의 바닥에 PC판을 채용하였다. 다소의 비용상승이 되어도 엘리베이터를 조기에 이용하도록 함에 따라 충분한 이점이 있다.

사진 1은 엘리베이터 기계실의 바닥에 PC판을 설치하고 있는 상황이다. PC바닥 판과 보와의 조인트부를 나중에 시공 가능하도록 해 놓으면 이 직후에 엘리베이터 기계와 조작반류(우수양생은 필요)를 설치하는 일이 가능하기 때문에 시공성이 비약적으로 향상된다. 162페이지에서 서술한 바와 같이 바닥판을 놓기 전에는 레일의 반입 · 문틀의 가설 설치 등을 시공해 놓으면 보다 시공 스피드가 오른다.

실패방지 포인트 24

가설사용이라도 엘리베이터가 움직이면 기계실 내의 작업은 거의 불가능해 진다. 그렇기 때문에 기계실 내부의 작업을 철저히 하여 완료시켜야 된다. 건축적으로는 시건관리를 위해 문과 자물쇠가 불가결하다. 설비적으로는 전원을 엘리베이터 기계실까지 끌어오지 않으면 안 된다.

이 단계에서는 본설의 수전에는 이르지 않기 때문에 가설전기를 사용하게 된다. 옥상에 설비기계류가 있는 경우, 용접 등 가설사용의 양이 많기 때문에 그것과는 별도 계통으로 가설 전기의 배선계획이 필요하다. 또한, 엘리베이터 전압이 200V가 아닌 400V의 경우도 있으므로 승압 트랜스의 준비도 제대로 하지 않으면 안 된다. 엘리베이터가 움직이기 시작하면 기계실의 온도가 상승한다. 이를 방지하기 위해 본설비용 환기설비의 수배를 늦지 않도록 할 필요가 있다.

실패방지 포인트 25

본 설비의 엘리베이터 설치가 급하게 필요하지 않은 상황이라도 불필요하게 범하기 쉬운 점은 엘리베이터 기계실의 콘크리트 타설시기를 잊어 이미 콘크리트 타설용의 세로 배관을 제거한 경우, 소량의 콘크리트를 타설하기 위해 매우 많은 노력이 소요되는 현장이 있다. 옥상 방수에 보호콘크리트가 있는 경우는 늦어도 엘리베이터 기계실의 콘크리트와 한 번에 타설해야 한다. 또한, 관청과의 협의가 필요한 것도 있으나 샤프트에서의 소음대책에 문제가 없으면 배선에 대한 아이디어를 내어 콘크리트 작업을 삭제해 보는 계획도 좋다.

149 화재시의 엘리베이터의 움직임

엘리베이터는 화재와 지진 · 사고 시에 안전유지에 가장 좋다고 생각되는 제어운전이 시행되도록 장치가 설치되고 있다. 하지만 그 경우에 엘리베이터에서 피난한 사람이 내린 층에서의 피난경로가 확보되지 않은 레이아웃이 있다. 엘리베이터를 내린 후의 피난 경로에 대해 다시 한 번 충분한 검토를 하지 않으면 안 된다.

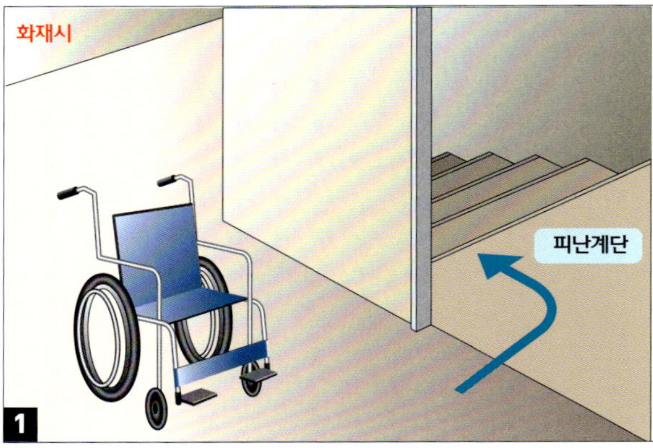

일반적으로 화재발생 신호를 엘리베이터의 제어반이 받으면 기존의 정해진 피난층에 엘리베이터가 직행해 운전중지가 되고, 위 층에 남겨진 사람은 피난계단을 사용하여 피난하도록 한다. 엘리베이터가 정지한 상태에서 위층에 남겨진 휠체어를 필요로 하는 사람과 병자에 대해서 어떠한 구조수단이 있는지를 생각해 놓을 필요가 있다. 비상용 엘리베이터는 재해시는 소방대가 사용하는 용도와 계단을 사용할 수 없는 사람을 위해서는 피난에 사용되는 것을 포함해 해당 소방서와 조정을 해 놓아야 한다.

지진에 의해 엘리베이터에 탄 사람이 피해를 받는 것을 막기 위해 승강로 내에 설치된 센서가 지진을 감지한 경우, 엘리베이터를 재빨리 피난층에 정지시키고 문을 열고 피난시키는 기능이 설치된 것이 많아 졌다. 이것은 고장 시에도 같은 형태로 움직이는 경우도 있으나 엘리베이터와 피난계단이 떨어져 있다든지, 1개를 임대에 많은 엘리베이터 자체가 임대실내에 있는 경우가 있다. 이 경우, 피난 상의 문제 이외에 그 입주자의 보안이 형성되지 않고 큰 변경이 되는 사례가 있다. 레이아웃을 정할 때는 이것에 충분히 주의하여야 한다.

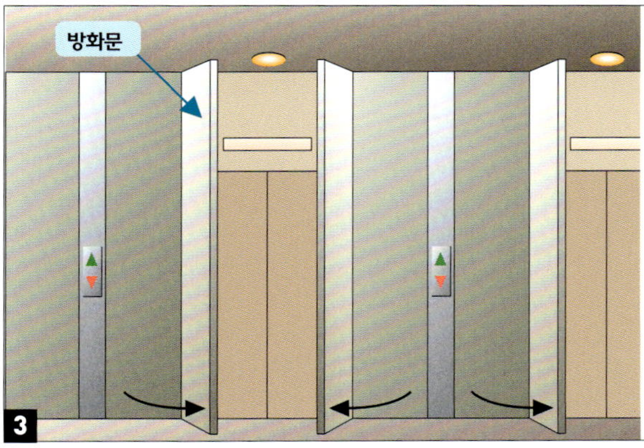

엘리베이터 문이 방화문으로서 인정되지 않기 때문에 전면에 방화문을 설치하는 일이 많아졌다. 왼쪽 그림과 같이 엘리베이터 앞의 방화문이 잠겨있는 층에는 엘리베이터가 정지하지 않도록 릴레이를 조직하는 경우도 있다. 피난층의 엘리베이터 홀이 화재가 된 경우의 상정도 필요할지도 모른다. 이 외에 정전시에는 각각의 엘리베이터에 베터리를 장착하여 지진시와 같이 피난 층에 도착한다.

150 덤 웨이터와 점검구

덤 웨이터의 점검구는 크기를 600×600(㎜) 이상으로 하도록 행정 지도를 받은 일이 많다. 그러나 아래 그림과 같이 부엌이 최상층에 있으면 부엌천장에 설치되어 있는 설비가 많아 천장 점검구의 크기가 확보되지 않는 경우가 있다.

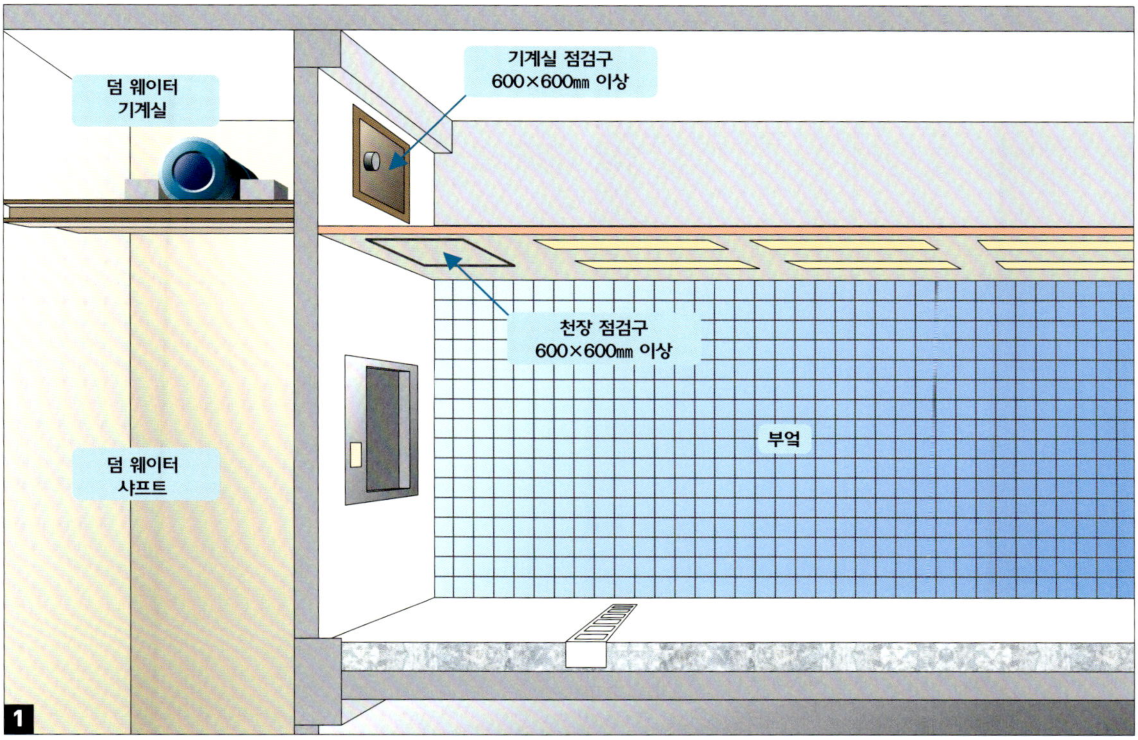

고장시의 수리와 유지보수를 하기 쉽도록 천장점검구는 지도된 길이보다 큰 개구부를 취하도록 천장기기류의 배치를 생각해야 한다.

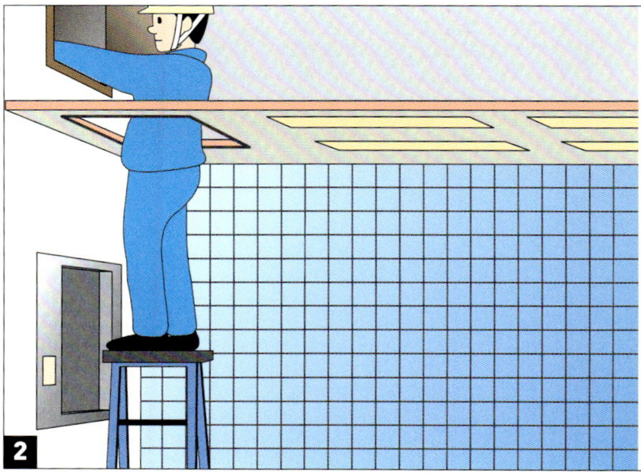

덤 웨이터 설비도 고장나거나 영업이 불가능할 우려가 있다. 그것에 대해서는 그것에 대응하는 수리 · 유지보수 방법을 설계단계에서 계획해 놓아야 한다. 난해함이 유지보수불량이 되어 고장으로 이어질 수 있으므로 왼쪽 그림과 같은 점검상황을 생각하고 보다 사용하기 좋은 설계가 요구된다.

151 에스컬레이터 철골의 실패

에스컬레이터를 설치하기 위한 받침보의 위치는 그림 1과 같은 관계에 따라 필연적으로 결정된다. 메이커에 따라 차이가 있으므로 철골을 발주하기까지 어느 메이커의 것을 채용할지를 결정하지 않으면 안 된다. 그 때에 그림 2와 같이 그 부분의 내화피복의 두께도 고려해 두어야 한다. 또한 사진 5 · 그림 6과 같이 층고가 높을 경우 중간에 지지보가 필요해 진다.

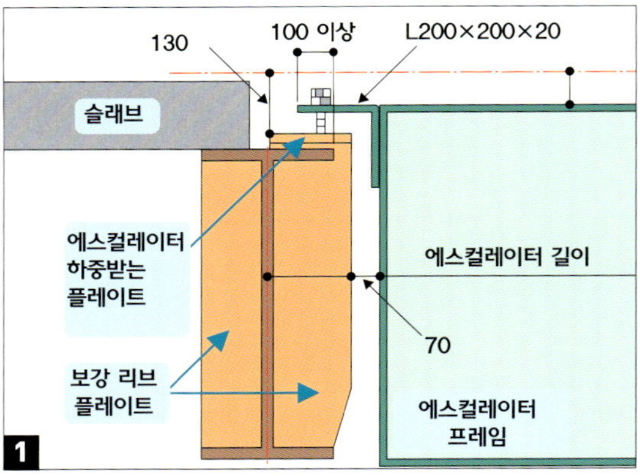

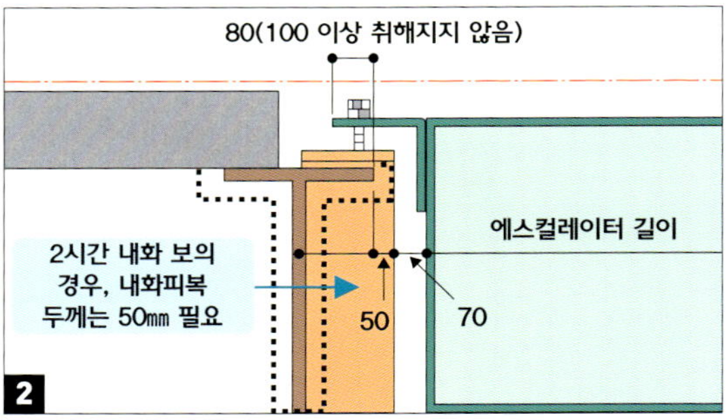

철골의 위치를 결정할 때에는 내화피복의 두께를 고려하여 결정하는데 여유를 둘 수 없는 경우의 검토도 필요하다.

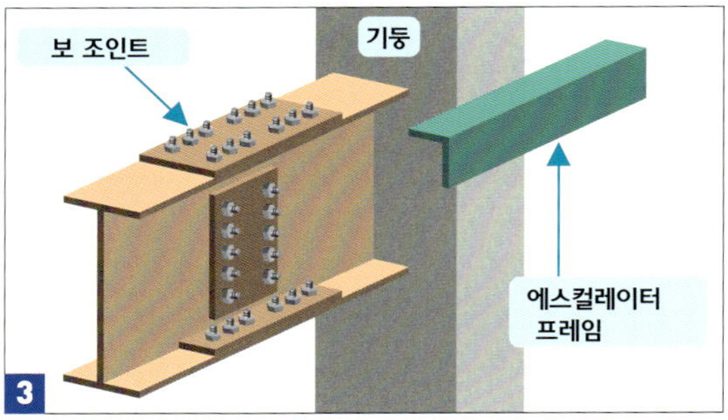

에스컬레이터가 보의 조인트 위치에 배치되면 하중을 받는 플레이트와 리브플레이트가 용접이 불가능하므로 조인트 위치를 바꿔야 한다.

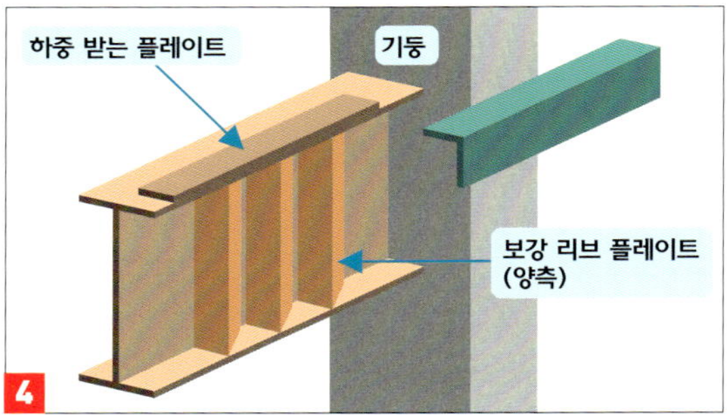

위의 그림과 같은 철골을 설치하기 위해 조인트 위치는 에스컬레이터 부분을 피하지 않으면 안 된다.

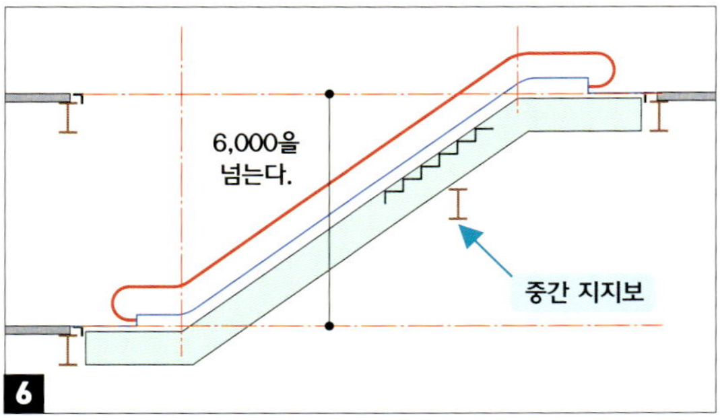

사진 5 · 그림 6과 같이 계단 높이가 6m를 넘으면 에스컬레이터의 중간에 지지하기 위한 보가 필요해 지므로 그 보를 받는 기둥을 배치하기 위한 공간과 레이아웃을 생각해야 된다.

152 에스컬레이터를 위한 구조

계단 높이가 높은 부분에 에스컬레이터를 설치하려고 할때 에스컬레이터를 받는 보의 위치는 아래 그림과 같다. 일반적인 구조에서는 스팬이 너무 길기 때문에 건물의 구조를 변경할 경우 에스컬레이터의 아래에 보를 통과시키는 것을 생각할 수 있으나, 그 경우는 구성을 충분히 확인하지 않으면 안 된다. 또한, 최근 수평길이를 줄이기 위한 경사 35° 의 에스컬레이터가 등장하였으나, 어느 정도를 줄일지의 측정이 필요하다. 계단 높이 4.8m 정도에 설치한 30° 와 35° 에 대한 비교 도면을 참고를 제시한다.

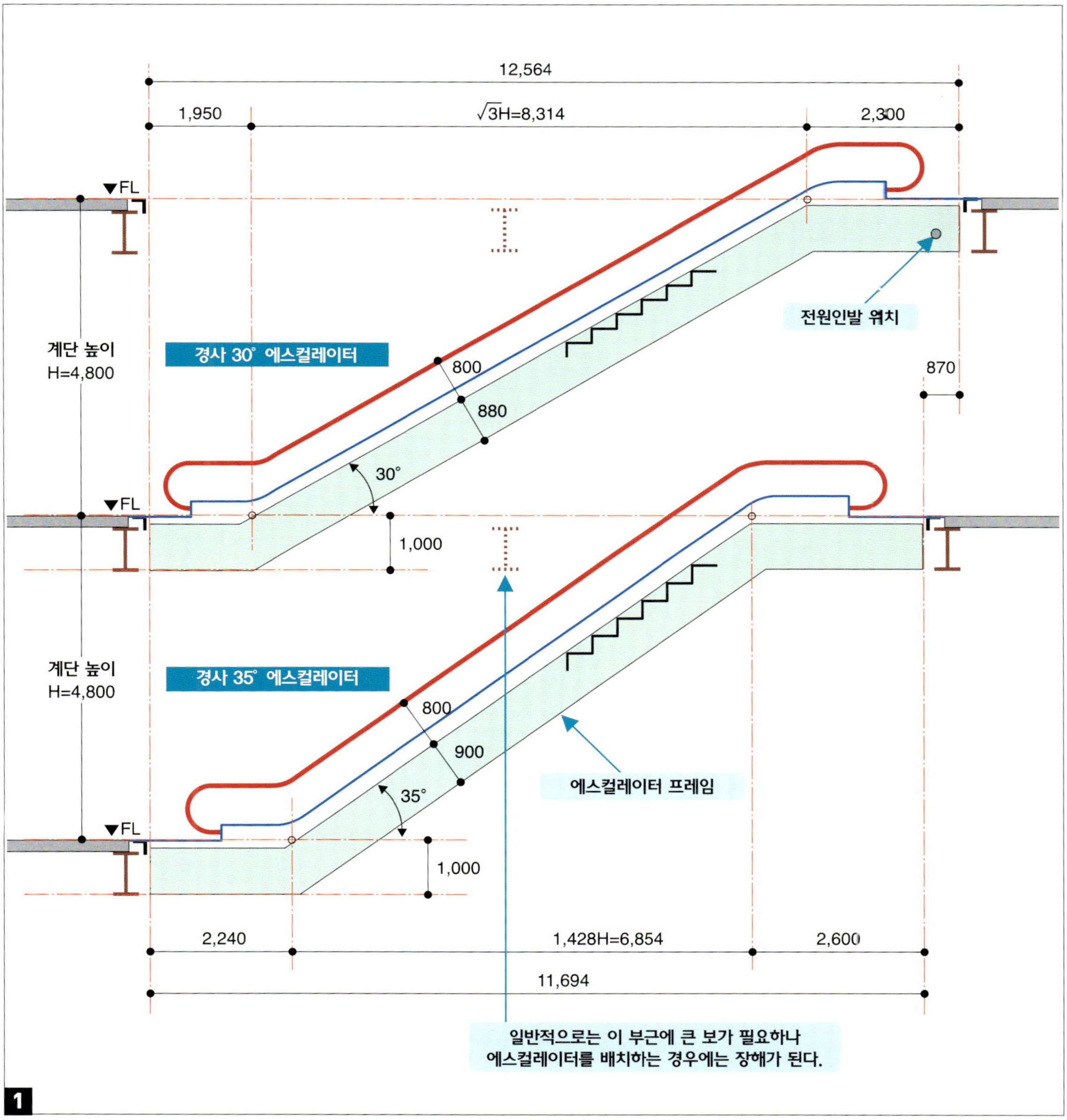

1

위의 그림은 어느 메이커의 카탈로그에 의한 경사 30°와 35°의 에스컬레이터 각부의 길이 비교도이나, 계단 높이가 4,800㎜의 경우 경사가 35° 에스컬레이터 쪽이 870㎜ 짧아 진다.

153 에스컬레이터 공간구획

아래 그림은 W800타입의 에스컬레이터를 공간구획 내에 배치한 단면도로서 최소한의 폭으로 마감되어 있다. 우측의 마감위치는 기둥 철골의 내화피복 마감면과 마감재료로 부터 결정된다. 또한, 좌측은 유리스크린과 방화셔터를 배치하고 있다. 이러한 도면을 참고로 미리 마감위치를 결정하여야 철골의 발주가 원활해져 후의 오류 발생을 방지하는 것이 가능하다.

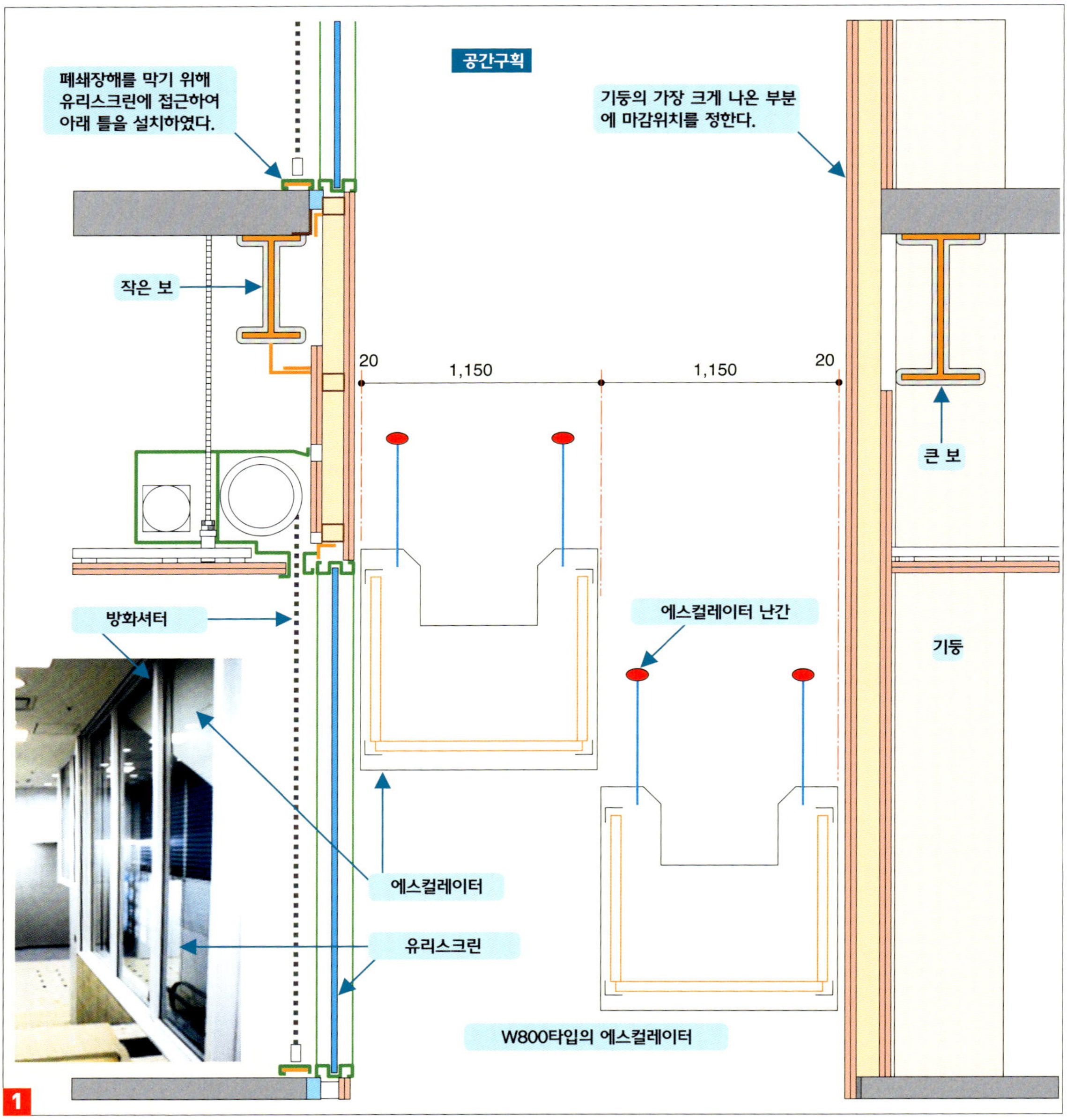

1

위의 그림은 어느 건물에 있어서 실제로 작성된 구성 도면이다. 알기 쉽게 하기 위해 세세한 길이는 생략하였다. 폐쇄장해방지를 위해 셔터를 벽면측에 배치하도록 지도를 받은 경우가 있으나 Dead Space가 발생하여 셔터의 점검이 곤란해지므로 유리스크린에 근접시켜 셔터 아래에 틀을 설치하는 등의 아이디어로 설득하는 것이 좋다.

154 에스컬레이터와 방화셔터 연동설비

비상시에 있어서 에스컬레이터의 승강구와 대면하는 셔터가 폐쇄되기 시작해서 바닥 면위로 1.8m까지 도달하기 전에 에스컬레이터를 정지시키지 않으면 안 된다. 즉, 그림 1에서 셔터 A가 폐쇄되기 시작한 경우, 맞은 편의 보라색 에스컬레이터 2대에 정지신호를 보내 에스컬레이터를 정지시켜야 한다. 또한, 에스컬레이터의 핸드레일과 셔터 사이의 길이는 최소 1.2m가 필요하다.

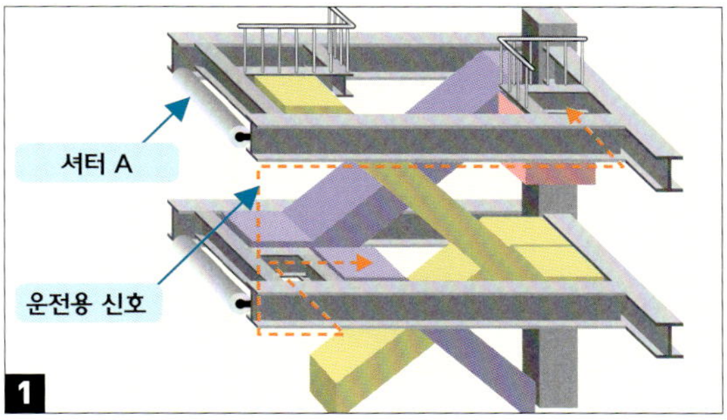

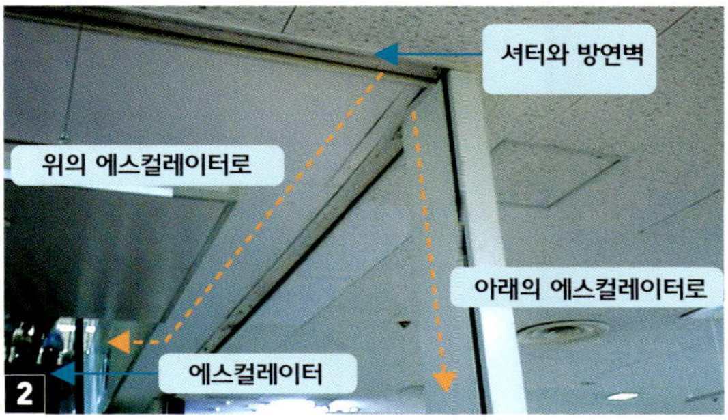

셔터에서 들어오는 접점의 위치는 에스컬레이터의 높은 곳에 있기 때문에 그 배관·배선은 에스컬레이터 트러스내를 통과하지 않고 각각의 에스컬레이터에 접속하지 않으면 안 된다.

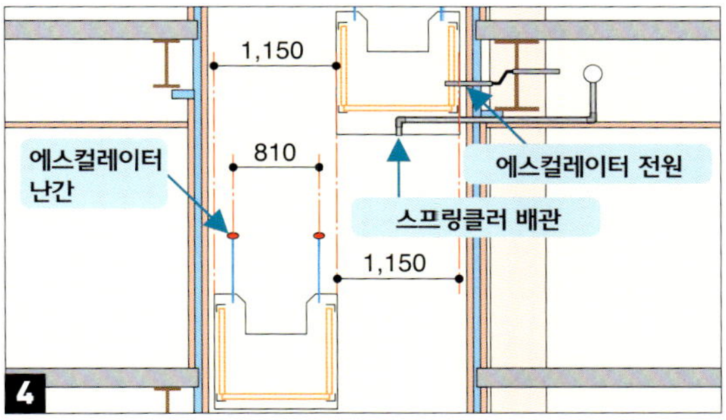

에스컬레이터로의 스프링클러의 배관 루트를 빼놓을 수 있다. 벽과의 이격이 없는 경우에는 배선을 돌릴 수 없으므로 미리 검토를 하여 철골 슬리브를 준비한다.

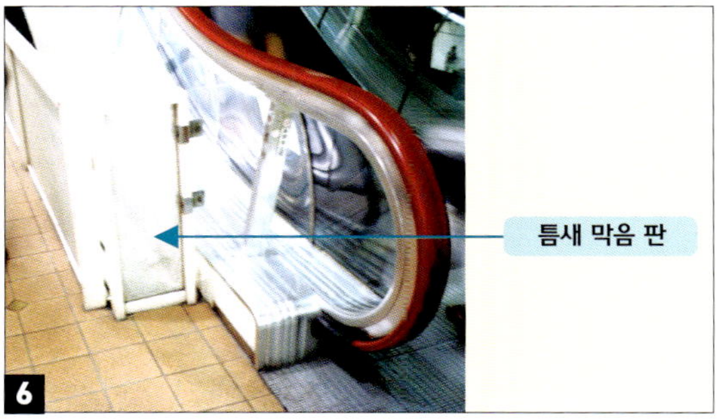

에스컬레이터에는 틈새가 생기기 쉬운데 완성된 후에 그 틈새를 막으려면 디자인적으로 깔끔한 구성이 되지 않는 경우가 많으므로, 제대로 그 부분의 낙하방지 구성을 생각해 놓아야 한다.

155 곤돌라 설비가 없는 위험한 청소

외부의 유리 · 벽면의 청소는 건물이 완성된 후에 연속적으로 이루어지기 때문에 설계단계에서 시공하기 좋은 정도(=부담이 적은 청소방법)를 발주자에게 제안해야 한다. 또한, 그것은 장기적으로 제3자에 대한 안전을 최우선으로 계획하여야 한다. 공공 도로상에서 작업하는 경우는 그 해당 경찰서에 도로사용 신청을 제출하여 허가를 받아야 한다.

1

사진 1 · 2는 이른바 내림줄에 의한 벽면청소이다. 로프를 내려 위에서 로프의 진동 범위까지 차례로 아래로 내려간다. 작업하고 있는 부분의 아래에는 낙하방지를 위한 감시가 필요하나 감시원에 의한 감시가 이행되지 않는 경우가 있다.

2

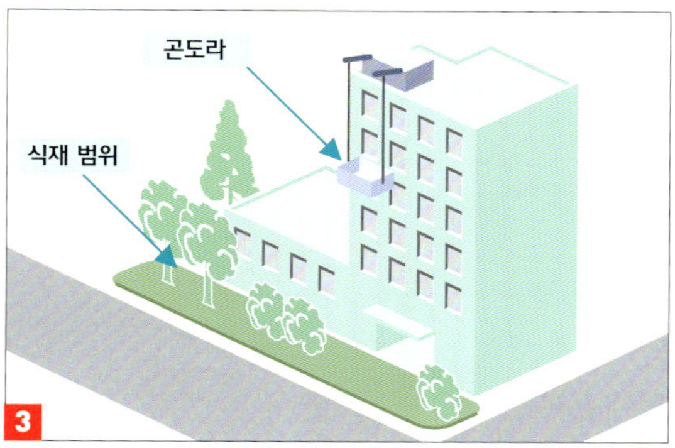

3

곤도라를 내리는 장소에 식재 범위를 설치함으로서 하부로의 위험한 상태를 조금이라도 줄일 수 있다. 고층부를 저층부보다 셋백시키는 방법도 유효하다.

156 곤돌라 계획상 유의점

건물의 설계를 하는 경우, 외관이 우선되어 그 유지보수까지의 배려에 결함이 생겨 기껏 곤돌라를 설치하더라도 건물외부의 모든 주변을 커버할 수 없는 상황이 발생해 버린다. 또한 건물의 외벽에 요철이 있는 경우는 곤돌라에 의한 작업이 불안정하게 되어 결과적으로 청소에 소요되는 비용이 너무 커지게 된다. 계획 시에는 이러한 일들을 충분히 염두에 두어야 하며, 건물의 모서리에 붙는 간판의 외측의 간판면 교체가 불가능한 경우도 있으므로 다시 한 번 검토해야 한다.

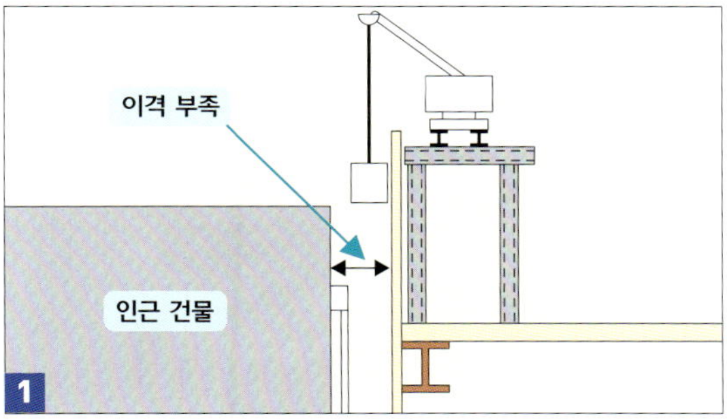

인근 건물과의 사이 경계선까지의 이격이 적어 곤돌라의 상자를 내릴 수 없는 사례이다.

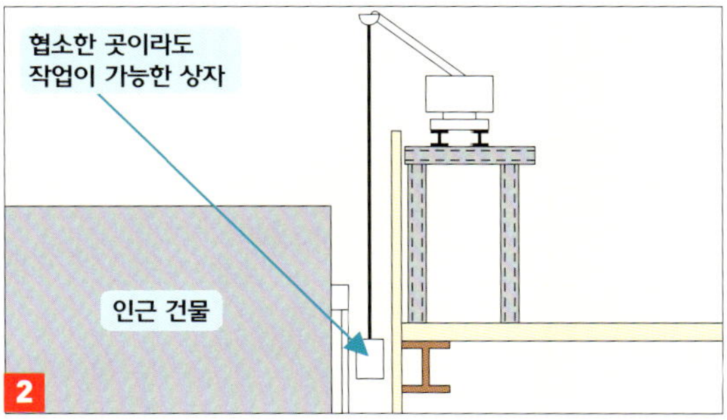

인근 건물의 소유자와 조정을 실시하여 안쪽으로 들어가는 작은 특수한 상자를 제작하여 청소와 유지보수를 가능하게 하였다.

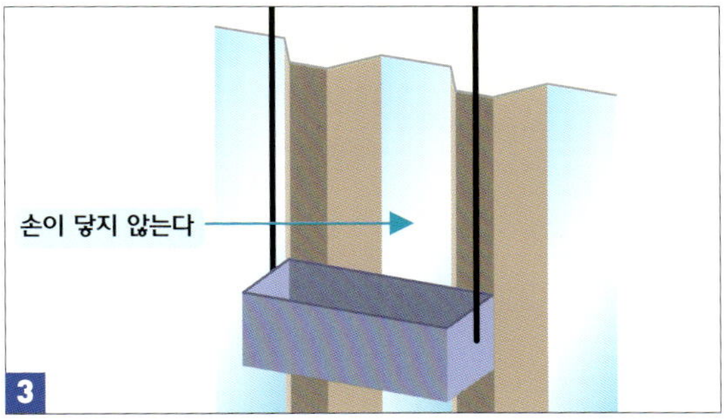

유리면이 외벽면보다 안쪽에 있어 손이 닿지 않아 불안정한 작업이 되고 만다.

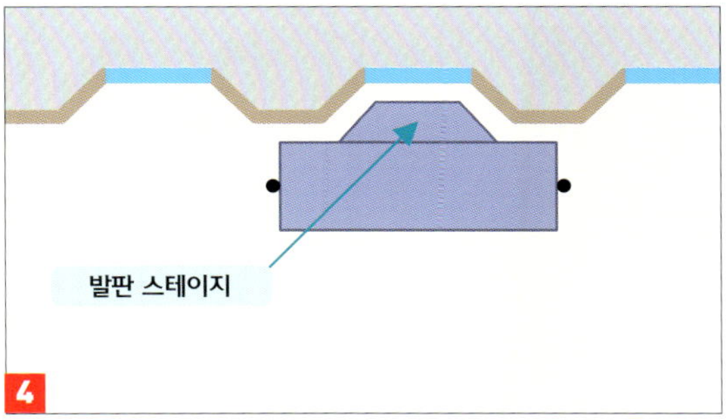

그림 3과 같은 건물의 경우 발판 스테이지가 필요하나 옆으로 흔들릴 때에 벽에 부딪히기 쉬우므로 밸런스가 무너지지 않도록 하여야 한다.

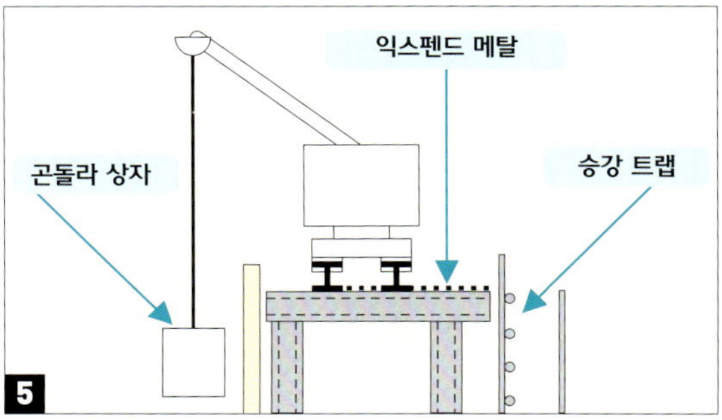

위의 그림의 경우, 곤돌라 레일에 연결되어 점검복도가 필요하나 난간의 높이를 확보할 수 없는 경우가 있다. 안전설비에 대해서는 관청과의 조정이 필요하다.

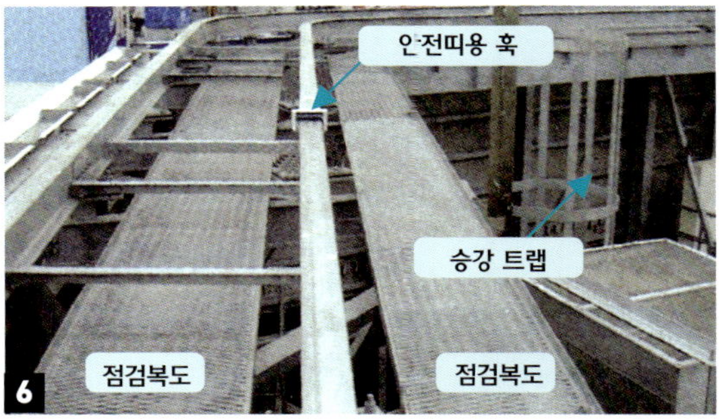

사진 6은 관청과의 조정에 의해 레일에 가동식 안전띠를 걸 수 있는 훅을 설치한 것이다.

157 곤돌라 레일 시공의 유의점

사진 1은 어느 건물의 옥상 곤돌라의 상황이다. 외벽과 곤돌라 레일과의 위치관계에 의해 레일 반력이 다르기 때문에 방침을 미리 결정하지 않으면 안 된다. 또한 레일 높이의 결정도 중요하다. 옥탑 엘리베이터 기계실의 옥상 슬래브보다 충분히 위에 레일을 배치 가능하면 좋으나, 사진 2와 같이 슬래브와 거의 비슷한 구성이 되면 방수 처리가 어렵게 된다.

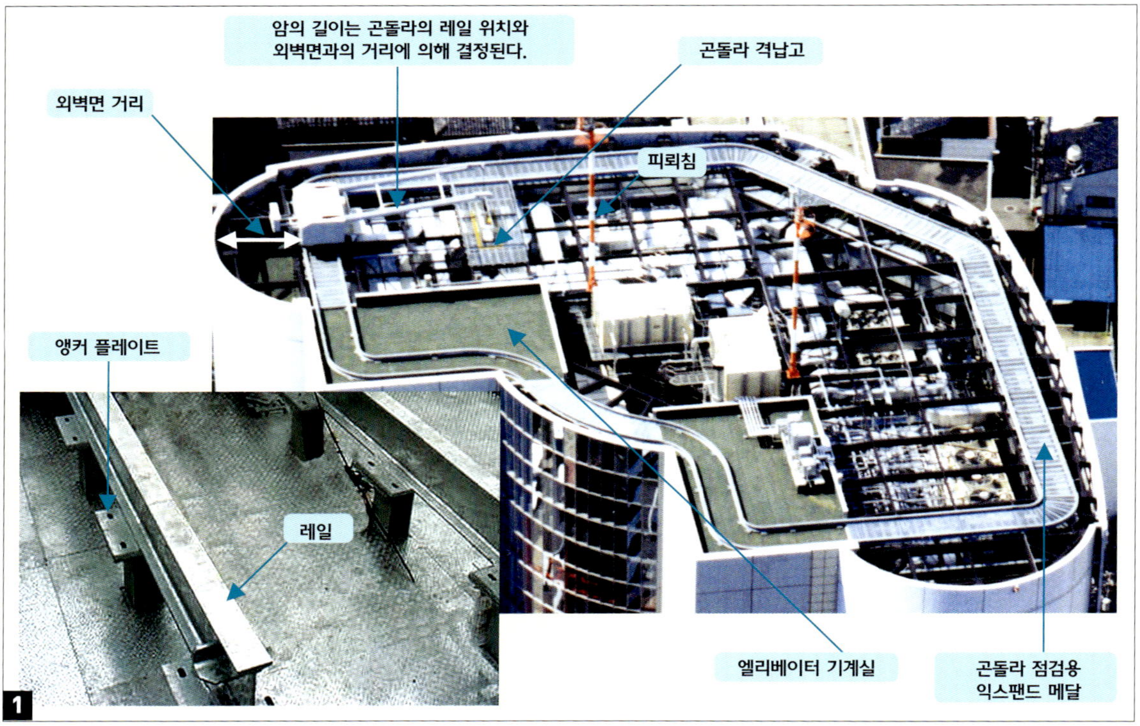

곤돌라 레일용 앵커 플레이트는 정밀도를 필요로 한다. 앵커 플레이트와 레일 측 베이스 플레이트의 루즈홀은 직각방향으로 배치하는 것이 일반적이다.

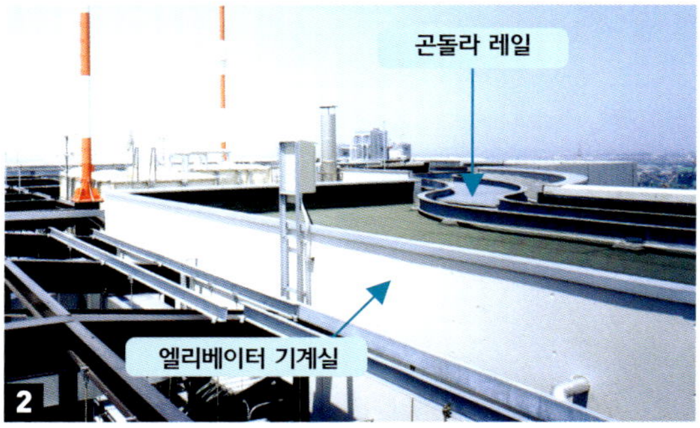

곤돌라 레일과 기계실 슬래브와의 높이가 확보되지 않기 때문에 방수 구성이 어렵게 되었다.

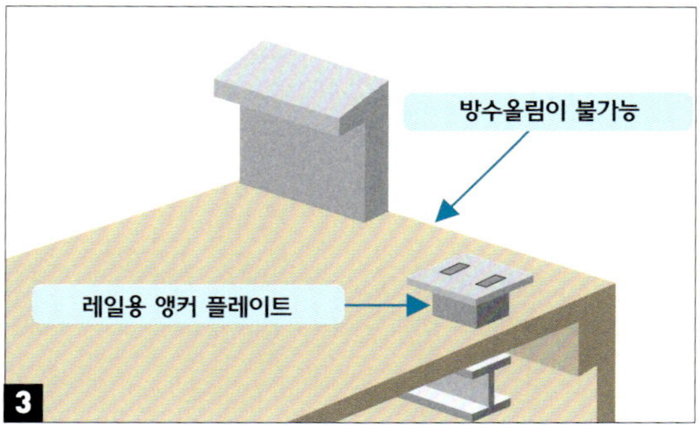

방수는 치켜올림 부분도 포함하여 외벽 측으로 돌려 단부를 씰링한다. 앵커 플레이트 부분은 방수를 말아 올려 들어간 모서리로 씰링한다.

158 곤돌라에 어스설치 누락

옥상의 곤돌라가 암을 늘렸을 때에 피뢰침의 보호주변에 들어가지 않는 경우가 많으나, 이를 위한 피뢰설비가 준비되지 않는 경우가 있으므로 반드시 미리 확인하지 않으면 안 된다.

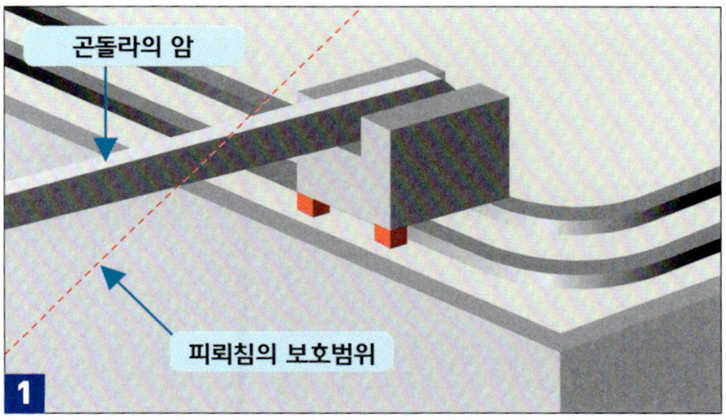

피뢰침을 설계할 때에 곤돌라까지 생각하지 않는 경우가 있어 위의 그림과 같이 곤돌라가 피뢰침의 보호범위에서 빠져 나오는 경우가 있다.

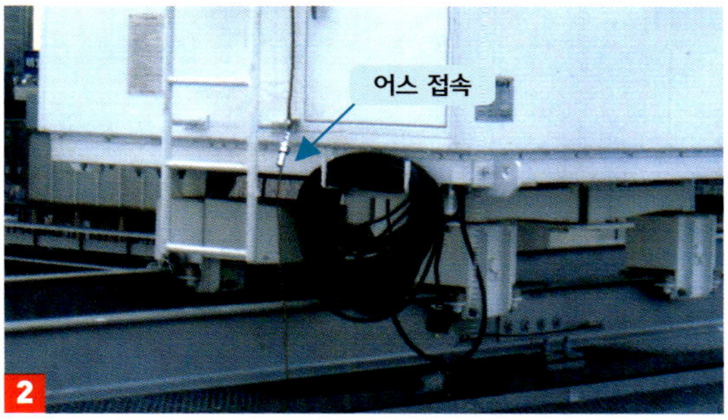

곤돌라를 위한 어스 단자를 15~20m 단위로 설치하여 접속하지 않으면 안 된다.

곤돌라 레일을 끌어내려 도체로서 전기적으로 접속하여 그 다음에 곤돌라 본체에서 단자로 접속하여 어스를 취한다. 단자는 접속하기 좋도록 박스를 배치 고정한다.

159 카 리프트 화재 시 소방지도

지하 1층에서 차량을 입장시켜 카 리프트로 운전수가 탄 채로 지하 2층 및 3층에 주차시키는 설비에 있어서 화재 시에 카 리프트 출입구의 전면에 차량이 정체하여 피난에 지장이 없도록 사전협의 하는 과정에서 소방서에서 아래 그림과 같은 표시를 설치하도록 지도를 받았다.

1) 카 리프트 운전시에 화재가 발생한 경우, 차량의 피난층에 있는 지하 1층에 도착한다.
2) 지하 1층의 카 리프트 앞에 다른 차량이 있는 경우 나올 수 없으므로 [화재발생 비켜 주시기 바랍니다.]의 조명표시를 한다.
3) 그 때에 카 리프트로 향하는 다른 차량에 대해 [화재발생 진입금지]의 조명표시를 한다.

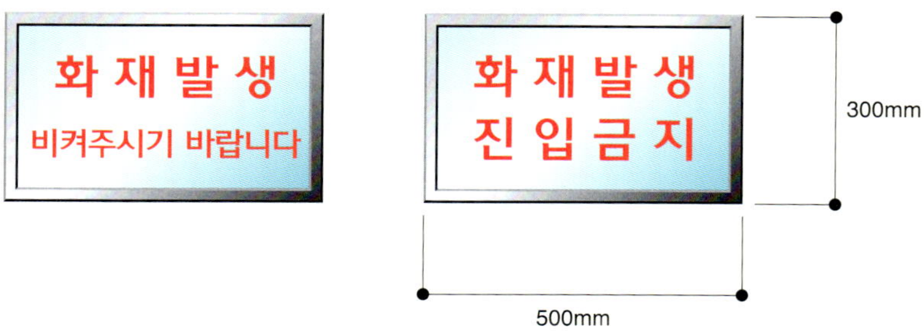

1

중요관리항목별 실패사례일람

●: 전기설비 ●: 공조설비 ●: 위생설비 ●: 방재 · 방범설비 ●: 승강기설비
( ) 안의 숫자는 이 책의 수록 페이지를 나타냄

1. 업종간 조정 · 공정조정 부족에 의한 실패

- 특별주문품의 조명기기를 설치하기엔 너무 큰 개구부(16)
- 다운라이트의 설치 위치에 덕트가 닿아 설치 불가(16)
- 상자 넣기의 공간이이 부족(20)
- 경량철골면을 잘라내어 벽설치 기기를 구성(21)
- 환기구 · 통 · 배선 · 배관 등의 외벽설치의 밸런스가 보기 흉함(31)
- 어스의 설치를 잊어 내압반을 파쇄함(35)
- 옥상중량물의 반입시기 지연(38)
- 공조기의 드레인 배수 루트의 무리한 통과로 보온재가 찌그러짐(42)
- 공조기 드레인이 미접속되어 천장에 누수 발생(43)
- 천장 내부가 좁아 전열교환기의 필터교환이 불가능(46)
- 레인지 스위치를 넣으면 현관문 안열림(49)
- SRC조의 설비 슬리브가 길어 거푸집 돌출(52)
- 슬리브 위치와 칸막이 벽과의 위치 충돌(53)
- 비밀리에 코어를 뚫어 버린 공포(54)
- 외부 개구부의 길이가 너무 큼(59)
- 공기흡입구와 창과의 이격부족으로 벽면의 갈라짐(59)
- 부엌배기 · 덕트의 기름기가 벽면에 부착(60)
- 배기위치가 너무 가까워 배기의 흉기구유입(60)
- 시트방수 위에 집접 발전기의 기초콘크리트 타설(62)
- 크리닝 타워 운전에 의해 아래층에 진동 발생(63)
- 지하저수조의 설치 공간이 좁아 용량확보 곤란(72)
- 저수조의 물이 오버플로관에서 넘침(73)
- 고가수조의 물이 오버플로우 관에서 넘침(75)
- 화장실에서 공공 정화조로 이르는 루트가 경사부족으로 막힘(79)
- 특별주문의 스테인리스 싱크대에 수도꼭지 설치 불가능(100)
- 순환식 급탕설비의 순환펌프의 용량이 너무 커서 급탕전에서 에어유입(96)
- 천장 내의 배연풍량 부족(113)
- 천장점검구의 바로 옆에 스프링클러 헤드 설치(117)
- 천장점검구의 바로 위에 스프링클러 배관 통과(117)
- 스프링클러의 살수장해(123, 124, 125, 126)
- 방범계획이 늦어 최종교체에 불필요한 지출발생(144)
- 방화문 설치 엘리베이터 홀에 홀 랜턴 설치 불가(153)
- 엘리베이터 기다리는 시간 장기소요(154)
- 엘리베이터 문의 닫힘 불가(155)
- 엘리베이터 기계실의 소음이 엘리베이터 홀에 울림(156)
- 전망 엘리베이터 샤프트 내부의 고온(160)
- 인근 건물과의 경계까지의 이격이 없어 곤돌라 상자 하강 불가(171)

- 유리면이 외벽면보다 안쪽에 있는 형상의 건물로 손이 닿지 않아 불안정한 청소작업 불가피(171)
- 곤돌라 레일이 슬래브와 거의 붙어 있어 방수시공 곤란(172)

2. 유지보수에 관한 검토부족에 의한 실패

- 높은 천장에 설치된 조명의 전구교환이 불가능(15)
- 정원등의 넘어짐(22)
- 정원등의 식재에 묻힘(23)
- EPS 반 내의 내화보드가 미시공되어 화재 시 연소의 원인(24)
- 파쇄 콘크리트의 개구부 처리불량으로 인한 배선상처(25)
- 절단된 데크플레이트 개구부 처리불량으로 배선상처(25)
- EPS에서 사무소측으로 배선 루트협소(27)
- 옥상의 통로가 배선용 랙으로 가려짐(29)
- 환기구 · 통 · 배선 · 배관 등의 외벽설치의 밸런스불량(31)
- 시공장소가 좁아 간선인발 곤란(32)
- 에어컨 실내기의 배치불량으로 외부의 드레인과 냉매관의 구성불량(40)
- 천장 내부가 좁아 전열교환기의 필터교환 불가능(46)
- 일본식 방의 목제공조흡출구 제거에 노력이 소요됨(48)
- 공조실외기의 설치불량으로 쇼트서킷 발생(56)
- 히트펌프 실외기의 외벽설치용 브라켓의 앵커가 느슨해져 빠짐(57)
- 외벽면에 설치된 실외기의 진동에 의한 벽의 공진(57)
- 작업통로가 없어 스테인리스 덕트 위에 올라타 파손됨(58)
- 외기 흡입 챔버에서 누수가 발생(61)
- 탈의실 환기 밸런스 불량에 의한 녹 발생(68)
- 수도의 양수기함이 침수되어 검침이 불가능(102)
- 좁은 샤프트 내에 배관류를 배치해 검사가 불가능(103)
- 배관에 표시 누락(104)
- 천장점검구 바로 옆에 스프링클러 헤드 설치(117)
- 천장점검구 바로 위에 스프링클러 배관 통과(117)
- 스프링클러 배관과 다른 설비류의 천장 내 정리불량(122)
- 포말소화설비의 기동 밸브에 접촉하여 거품배출(131)
- 방재 · 방범 관리실의 배치의무 계획성(145)
- 범죄의 종류에 맞춘 범죄관리가 불가능(146)
- 댐 웨이터 웨터의 점검구 크기부족(165)
- 곤돌라 설비가 없어 위험한 청소 강행(170)
- 인근건물과의 경계까지의 이격이 없어 곤돌라 하강불가(171)
- 유리면이 외벽면보다 안쪽에 있는 형상의 건물이어서 손이 닿지 않아 불안정한 청소작업실시(171)

3. 작업효율 · 시공성 검토 부족에 의한 실패

- 리브천장에 설치한 조명이 의장 · 구성 상이(12)
- EPS 반 내의 내화보드가 미시공되어 화재 시 연소의 원인(24)
- 파쇄 콘크리트의 개구부 처리불량으로 배선에 흠집발생(25)

- 절단된 데크플레이트의 개구부 처리불량으로 배선에 흠집발생(25)
- EPS에서 사무소측으로의 배선루트가 협소(27)
- 시공장소가 좁아 간선인발 곤란(32)
- 공장제작 배관의 오차가 현장에서 흡수 불가능(44)
- 덕트 공사가 선행되어 벽 보드 부착 누락(50)
- 작업통로가 없어 스테인리스 덕트 위에 올라가 파손(58)
- 계획이 나빠 배수변 · 배수관의 공사 곤란(81)
- 유닛화장실천장 내의 결선작업 중에 변기에 올라가 파손(89)
- 인도 전의 극방싱크의 녹(95)
- 좁은 샤프트 내에 배관류를 배치하여 검사가 불가능(103)
- 스프링클러의 통과 위치 어긋남(120)
- 스프링클러배관과 다른 설비류가 천장 내에서 조정이 불가능(122)
- 옥내소화전의 배관을 보를 피해서 굽혀 시공(135)
- 옥내소화전 배관을 엘보를 두지 않고 현장 맞춤으로 용접(135)
- 소화전박스의 내화벽 관통(136)
- 엘리베이터 문틀이 다른 구성과 부조화(148)
- 엘리베이터 샤프트 내의 수직정밀도 불량(149)
- 엘리베이터 홀의 바닥 · 벽 · 천장의 이음이 동일해 오차의 흡수 불가능(150)
- 엘리베이터 피트에 누수 발생(152)
- 전망 엘리베이터 내의 시공 중에 불꽃으로 유리 흠집(161)
- 실제 엘리베이터 이용으로의 전환지연으로 공사 진척에 장해(162, 163)
- 에스컬레이터가 철골보 조인트 위치에 배치되어 하중 플레이트와 리브 플레이트가 용접불가(166)

4. 방화 · 방연구획에 관한 검토 부족에 의한 실패

- 가스레인지와 레인지 후드의 필요이격거리가 부족(107)
- 생선굽기 기기와 레인지 후드의 필요이격거리가 부족(108)
- 가스레인지 가까이에 가스 밸브 설치(110)
- 칸막이 벽 위치의 변경으로 배연면적 부족(112)
- 스프링클러의 경계범위가 충족되지 못함(121)
- 스프링클러가 살수장해(123, 124, 125, 126)
- 담배의 연기가 충만되어 연기 감지기 작동(127)
- 부엌배기덕트 입구의 방화댐퍼가 작동하지 않고 덕트 출구까지 불이 도달(137)
- 소방검사가 원활이 이루어지지 않음(139, 140)
- 소방관계제출서류가 제대로 이루어지지 않음(141)
- 흡기부의 방화문과 셔터폐쇄 불량(143)
- 엘리베이터 피트에 누수 발생(152)
- 비상용 엘리베이터 설치를 위한 부실 레이아웃이 각종 설비와 조정이 안 됨(157)
- 엘리베이터 기계실에 불필요한 배관류 통과(158)
- 엘리베이터 기계실로의 루트가 확보 안 됨(159)
- 엘리베이터를 내린 후의 피난경로가 확보 안 됨(164)
- 곤돌라의 어스가 피뢰침의 보호범위에 들어가지 않음(173)

5. 검사시의 확인 부족에 의한 실패

- 공조기 드레인이 미접속으로 천장에 누수 발생(43)
- 공조기의 접속불량(45)
- 천장 내가 좁아 전열교환기의 필터 교환이 불가능(46)
- 배연팬의 연결 볼트가 빠져 공조기 낙하(47)
- 레인지의 스위치를 넣으면 현관문이 열리지 않게 됨(49)
- 코어오류(54)
- 저수전의 물이 오버플로관에서 넘침(73)
- 고가 수조의 물이 오버플로관에서 넘침(75)
- 정수조의 물을 펌프로 올릴 수 없음(76)
- 변기에서 오물(82)
- 유닛화장실 배관이 접속불량역류로 바닥에 물이 넘침(88)
- 벽 내 세로 배관의 고정불량으로 소변기의 플러쉬밸브가 패널이음에서 분리(90)
- 수도꼭지를 잠그는 것을 잊은 것이 원인이 되어 통수개시와 동시에 누수 발생(97)
- 배수 트랩의 연결 너트가 느슨해져 누수 발생(98)
- 배관에 표시누락(104)
- 소화펌프의 가동 손잡이 설치 위치오류(134)
- 방재감시 시스템의 동작불량발생(138)

6. 설계 및 시공에 관한 초보적인 오류에 의한 실패

- 변기에서 오물이 역류(82)
- 거실 내에 악취 발생(83)
- 욕실 내에 악취 발생(84)
- 급수관에서 녹물발생(91)
- 순환식 급탕설비의 순환펌프의 용량이 커서 급탕전에 에어유입(96)
- 욕실의 배수량이 많아 원활한 배수가 불가능(100)
- 녹이나 쓰레기로 망이 막혀 우수관에서 우수 넘침(101)
- 가스온풍기의 열풍이 얼굴에 닿음(106)
- 옥내소화전의 배관을 보를 피하기 위해 굽혀 시공(135)
- 옥내소화전배관을 엘보 없이 현장 맞춤으로 용접(135)
- 방범계획이 늦어 최종 교체로 불필요한 지출(144)
- 많이 긴 엘리베이터를 기다리는 시간(154)
- 인근 건물과의 경계까지의 이격이 없어 곤돌라의 상자가 내려가지 않음(171)
- 유리면이 외벽면보다 안쪽에 있는 형상의 건물로 손이 닿지 않아 불안정한 청소작업(171)

7. 기구류 등 설치와 관련된 효과 검토 부족에 따른 실패

- 리브 천장에 설치한 조명이 의장 · 구성에 오류(12)
- 그림에 조명이 닿지 않음(14)
- 엘리베이터 내의 안내판이 천장조명의 그늘이 되어 보이지 않음(14)
- 상자를 넣는 부분의 부족(20)

- 에어컨 실내기의 배관불량으로 외부로의 드레인과 냉매관의 구성이 보기 흉함(40)
- 통로측 에어컨 실외기 위치의 배관루트 오류(41)
- 일본식 방의 목조공조흡출구 제거에 고생(48)
- 공조기 실외기의 배치불량으로 쇼트서킷 발생(56)
- 공용 화장실의 흡연관리가 나빠 바닥오염(87)
- 세면대 주변에 콘센트를 설치하여 가전제품의 플러그가 수조 내에 들어가 버림(92)
- 3점식 유닛 화장실의 타올 걸이 하부에 재떨이 설치(92)

8. 안전대책의 검토 부족에 의한 실패

- 천장 내 작업 중 감전(18)
- 배선단자의 증가에 태만하여 화재 발생(28)
- 무정전장치의 해체공사 중 감전(33)
- 시공 중의 건물 내에서의 일사증(51)
- 히트 펌프 실외기의 외벽 설치용 브라켓의 앵커가 느슨해져 빠짐(57)
- 가스 온풍기의 열풍이 얼굴에 닿음(106)
- 가스레인지 가까이에 가스의 밸브 설치(110)
- 밸브를 잠갔을때 스프링클러 헤드에서 살수(116)
- 스프링클러 헤드에 물건이 닿아 살수(118)

9. 온도 · 습도의 영향에 대한 검토 부족에 의한 실패

- 조명기구를 점등하자 소음이 발생(17)
- 공조기의 흡출구 결로(65)
- 서버룸 전용 덕트의 보온재에 내부결로 발생(66)
- 탈의실의 환기 밸런스 불량에 의한 녹 발생(68)
- 공조시스템의 타이에 의해 복도에 기온차 발생(70)
- 급탕실 내의 온도 상승(70)
- 히트펌프와 팬코일 방식으로 체감온도 차 발생(70)

10. 민원 · 입주자의 크레임에 대한 검토 부족에 의한 실패

- 정원등 넘어짐(22)
- 정원등이 식재에 묻힘(23)
- 인근에 전파장해 발생(36, 37)
- 부엌배기 덕트의 기름기 벽 부착(60)
- 배기위치가 너무 가까워 배기가 흡기구로 유입(60)
- 가스 온풍기의 열풍이 얼굴에 닿음(106)

11. 진동의 영향에 대한 검토 부족에 의한 실패

- 배기팬의 연결 볼트가 빠져 공조기 낙하(47)
- 외벽면에 설치되어 있던 실외기의 진동이 벽에 공진(57)
- 크리닝 타워의 운전에 반해 아래 층에 진동 발생(63)

- 지진의 진동으로 스프링클러 작동(119)

12. 발주자의 의향 확인 부족에 의한 실패

- 리브천장에 설치된 조명이 의장 · 구성에서 상이(12)
- 천장 내 작업 중 감전(18)
- 상자를 넣는 부분이 부족(20)
- 정원등의 넘어짐(22)

13. 기구류 설치에 관한 적재적소의 검토 부족에 의한 실패

- 외부에 설치한 조명기구의 녹(19)
- 전극봉이 작동불가(77)
- 방류조 내에서 결선된 케이블이 결로와 가스로 부식(78)

14. 업종간의 검토시간 부족에 의한 실패

- 상자를 넣는 부분이 부족(20)
- 어스의 설치를 잊어 내압반을 파쇄(35)
- 공조기 드레인이 미접속되어 천장에 누수 발생(43)

15. 공사의 책임범위 불명확성에서 발생하는 실패

- 경량철골면을 잘라내어 벽에 부착할 기구 설치(21)

저자

나카자와 마사이치
1947년, 요코하마 국립대학 공학부 건축학과 졸업
27년간 건축현장에서 일했다.

자격증
1급건축사, 1급건축시공관리기사, 위생관리사
현재 컨스트럭션 매니저

역자

임 남 기
영남대학교 건축공학과 졸업
단국대학교 대학원(공학박사)
공군시설장교, (주)건영, (주)창조건축
건축시공기술사
동명정보대학교 초대 건축대학장 역임
현 동명대학교 건축공학과 교수

정 순 성
동아대학교 건축공학과 졸업
동아대학교 대학원(공학박사)
현 동명대학교 건축공학과 전임강사(기간제)

건축실패 사례

신뢰받는 설비공사의 현장관리

2010년 2월 20일 1판 1쇄 인쇄
2010년 2월 25일 1판 1쇄 발행

저 자	나카자와 마사이치
감 수	(사)한국건축시공학회
역 자	임 남 기 정 순 성
발 행 인	강 해 작
발 행 처	도서출판 기 문 당
주 소	서울시 성동구 공명길 39 (왕십리동 966-22)
전 화	02) 2295-6171(代)~5
팩 스	02) 2296-8188
출판등록	1976. 10. 7(1-44)
홈페이지	http://기문당 www.kimoondang.com
I S B N	978-89-6225-206-4 93540 978-89-6225-212-5 93540(세트)
정 가	25,000원